ÖSTERREICHISCHE AKADEMIE DER WISSENSCHAFTEN
PHILOSOPHISCH-HISTORISCHE KLASSE
SITZUNGSBERICHTE, 758. BAND

VERÖFFENTLICHUNGEN DES INSTITUTS FÜR
REALIENKUNDE DES MITTELALTERS UND DER FRÜHEN NEUZEIT

NR. 19

IMAGINÄRE RÄUME

SEKTION B DES INTERNATIONALEN KONGRESSES „VIRTUELLE RÄUME. RAUMWAHRNEHMUNG UND RAUMVORSTELLUNG IM MITTELALTER“

KREMS AN DER DONAU
24. bis 26. März 2003

MIT 33 ABBILDUNGEN

Verlag der
Österreichischen Akademie
der Wissenschaften

ÖAW

Wien 2007

Vorgelegt von k. M. HEINZ DOPSCH in der Sitzung
am 18. März 2005

Herausgeberin: Elisabeth Vavra

Umschlagbild:
Der Makrokosmos. Liber Scivias der Hildegard von Bingen, Visio I,3
Kopie des Rupertsberger Kodex, Abtei St. Hildegard, Eibingen

niederösterreich kultur

Die verwendete Papiersorte ist aus chlorfrei gebleichtem Zellstoff hergestellt,
frei von säurebildenden Bestandteilen und alterungsbeständig.

ISBN 978-3-7001-3482-4

Druck und Bindung: Börsedruck Ges.m.b.H., A-1230 Wien

http://hw.oeaw.ac.at/3482-4
http://verlag.oeaw.ac.at

INHALTSVERZEICHNIS

Vorwort

Die Tradition der Kongresse des Instituts für Realienkunde der Österreichischen Akademie der Wissenschaften reicht bis in das Jahr 1976 zurück. Damals trat das Institut zum ersten Mal als Veranstalter eines internationalen Kongresses in Erscheinung. Daraus entwickelte sich eine Veranstaltungsreihe, die sich einzelnen Themenbereichen von Alltag und Sachkultur sowie Fragen der Methodik widmete. Immer galt dabei das Interesse dem Diskurs der Disziplinen. 2003 trat das Institut als Veranstalter des Symposiums des deutschen Mediävistenverbandes auf; damit fand diese bedeutende mediävistische Tagung zum ersten Mal außerhalb Deutschlands statt.

Als die Idee geboren wurde, einen Kongress zum Thema „Raum" zu veranstalten, war von Anfang an klar, dass die Vielfalt des Begriffes einer rigorosen Einschränkung bedurfte. Daher wurden der geographische, der mathematische und der physikalische Raum als Themen ausgeklammert. Die Tagung erfolgte in fünf parallel geführten Sektionen, die sich mit den unterschiedlichen Aspekten des Themas auseinandersetzten. Sie beschäftigten sich mit der Überlagerung von realem Raum durch alternative Wahrnehmungsmuster, mit der Konstitution imaginärer Räume, mit der Inszenierung von imaginären Räumen und ihrer Einbindung in den erlebten Raum, mit Raumwahrnehmungen und Raumtranszendierungen. Um den Vortragenden die Möglichkeit zu geben, ihre Beiträge in ausführlicher Form zu Papier zu bringen, erscheinen die Kongressbeiträge in zwei Bänden. Der vorliegende Band vereint die Beiträge zur Sektion „Imaginäre Räume". Die Vorträge der anderen Sektionen erschienen in einem Band der Publikationsreihe des Mediävistenverbandes.[1]

[1] Elisabeth Vavra (Hg.), Virtuelle Räume. Raumwahrnehmung und Raumvorstellung im Mittelalter. Berlin 2005.

Zuletzt gilt es Dank auszusprechen, Dank an Prof. Dr. Johann Günther, dem damaligen Vizepräsidenten der Donau-Universität Krems und Leiter der Abteilung für Telekommunikation, Information und Medien, dessen tatkräftiger Unterstützung wir es zu verdanken hatten, dass wir in den Räumen dieser jungen, aufstrebenden Universität den Kongress abhalten konnten. Finanzielle Förderungen durch die Kulturabteilung des Landes Niederösterreich und die Österreichische Forschungsgemeinschaft ermöglichten die Einladung einer großen Zahl von Vortragenden. Besonderer Dank gilt der Österreichischen Akademie der Wissenschaften, die dem Institut für Realienkunde des Mittelalters und der frühen Neuzeit seit seiner Gründung 1967 ihre Unterstützung und ihr Wohlwollen angedeihen lässt. Dies kommt auch darin zum Ausdruck, dass sie die Publikation in die Reihe der Sitzungsberichte der phil.-hist. Klasse aufnahm. Dank gilt den Teilnehmern an der Tagung für konstruktive Diskussionen und den Vortragenden dafür, dass sie ihre Beiträge für diesen Band zur Verfügung stellten.

Dass die Publikation in dieser Form nun vorliegt, dafür schulde ich ganz besonderen Dank meinen beiden Mitarbeiterinnen Birgit Karl und Gundi Tarcsay, die mich mit bewundernswerter Geduld auf der Jagd nach falschen Satzzeichen und fehlenden Buchstaben unterstützten.

Elisabeth Vavra

ELISABETH VAVRA

Einleitung

‚Raum' war lange Zeit eine vernachlässigte Kategorie. Erst ab den späten 1970er Jahren begann ‚Raum' in verschiedenen Wissenschaftsdisziplinen wieder eine Rolle zu spielen. Für das beginnende 21. Jahrhundert ortet Karl Schlögel bereits einen ‚spatial turn' und spricht von „einer Wiederkehr des Raumes".[1] Ein auslösendes Moment für diese Wende war sicher eine generell um sich greifende Verunsicherung, ausgelöst durch die rasanten Veränderungen des Raumgefüges und der Raumwahrnehmung. In nur dreieinhalb Stunden legte die Concorde die Strecke von Paris über den Atlantik nach New York zurück. Der Globus schrumpft zu nie da gewesener Kleinheit. Das Raum-Zeit-Gefüge verschiebt sich. Moderne Technologien verbreiten Informationen sekundenschnell über die gesamte Welt, schaffen virtuelle Realitäten, in denen Menschen mit Hilfe von Datenanzug, Datenhelm oder Datenhandschuh agieren.[2] Der als Container gedachte Raum wird durch einen als Netzwerk gedachten Raum abgelöst. Aus dem euklidischen Raumbild wird ein immaterielles, unendliches, vielfältig verknüpftes Netz.

Zum anderen war der zeitliche Abstand zur nationalsozialistischen Ideologie und ihrem spezifischen Raumdiskurs, in dem es um den ‚Ostraum' ging, um ‚Volk ohne Raum', usw., nun groß genug, um nicht in den Verdacht eines Reaktionismus zu geraten, wenn man sich wieder mit dem Thema ‚Raum' auseinandersetzte.

Die unterschiedlichsten Disziplinen nahmen sich nun des Raumes an. PhänomenologInnen erschlossen durch systematische Schilderungen den affektiv und emotional erlebten Raum sowie den handelnd erschlossenen

---

1 Karl Schlögel, Im Raume lesen wir die Zeit. München-Wien 2003, 11f.

2 Vgl. zu den Auswirkungen dieser Technologie auf den Menschen Sybille Krämer, Verschwindet der Körper? Ein Kommentar zu computererzeugten Räumen. In: Rudolf Maresch und Niels Weber (Hg.), Raum – Wissen – Macht. Frankfurt am Main 2002, 49–68.

Raum.[3] SozialwissenschaftlerInnen hatten jahrzehntelang ‚Raum' aus ihren Forschungen ausgeklammert und jene Personen, die dieses Thema in ihre Forschungen miteinbezogen, wie etwa Michel Foucault[4], als reaktionär bezeichnet; nun setzten sie den Raumdiskurs auf ihre Tagesordnung.[5] Die soziologischen Arbeiten, die sich mit Raum auseinandersetzten, trennten bis dahin zumeist entweder absolutistisch zwischen Raum und Körper oder sie leiteten relativistisch Raum als Folge der Beziehung zwischen Körpern her: „Die absolutistische Unterscheidung zwischen Raum und Körpern (Handeln) schließt die Annahme ein, daß Raum unabhängig vom Handeln existiert. Als Vorstellung verdichtet sich die absolutistische Perspektive in dem Bild, daß es einen Raum gibt, *in* dem die Körper sind. In der relativistischen Raumtheorie dagegen wird Raum aus der Anordnung der Körper abgeleitet. Da sich diese Körper (Handlungen) immer in Bewegung befinden, sind auch die Räume in einen permanenten Veränderungsprozeß eingebunden. Räume existieren demnach nicht unabhängig von den Körpern. Während im absolutistischen Denken Räume die unbewegte und für alle gleichermaßen existente (deshalb homogene) Grundlage des Handelns sind, geht im relativistischen Denken die Aktivität des Handelns unmittelbar mit der Produktion von Räumen einher."[6]

Neben dem territorialen, dinglichen Raum existiert in der Soziologie weiters ein metaphorisch gemeinter ‚sozialer' Raumbegriff, der sich durch die Beziehung zwischen den Menschen und der Dingwelt konstituiert. Mit der Raumbezogenheit sozialen Handelns setzte sich u. a. Elisabeth Konau auseinander.[7] Norbert Elias, der sich in seinen Arbeiten mit der sozialen Konstruktion von Zeit und Raum beschäftigte, behandelte Raum ausgehend von einem absolutistischen Raumverständnis als Niederschlag gesellschaftlicher

---

[3] Maurice Merleau-Ponty, Phänomenologie der Wahrnehmung (Phänomenologisch-psychologische Forschungen 7) Berlin 1966, 284–346; Gaston Bachelard, Poetik des Raumes. Frankfurt am Main 1987; Otto Friedrich Bollnow, Mensch und Raum. Stuttgart-Bern-Köln [6]1989; Lenelis Kruse, Räumliche Umwelt. Berlin 1974.

[4] Colin Gordon (Hg.), Power – Knowledge. Michel Foucault: Selected Interviews and Other Writings 1972–1977. New York 1980, 146–165.

[5] Vgl. jüngst Peter Noller, Globalisierung, Raum und Gesellschaft. Elemente einer modernen Soziologie. In: Berliner Journal für Soziologie 10 (2000) 21–47.

[6] Martina Löw, Raumsoziologie. Frankfurt am Main 2001, 18.

[7] Elisabeth Konau, Raum und soziales Handeln. Studien zu einer vernachlässigten Dimension soziologischer Theorienbildung (Göttinger Abhandlungen zur Soziologie 25) Stuttgart 1977.

Strukturen.[8] Raum entsteht bei ihm aus der positionalen Relation zwischen bewegten Ereignissen. Raum und Zeit sind für ihn nicht trennbar, denn „jede Veränderung im ‚Raum' ist eine Veränderung in der ‚Zeit', jede Veränderung in der ‚Zeit' ist eine Veränderung im ‚Raum'. Man lasse sich nicht durch die Annahme irreführen, man könne ‚im Raum' stillsitzen, während ‚die Zeit' vergeht: man selbst ist es der dabei älter wird."[9]

Dieter Läpple bringt den Begriff des ‚Matrix-Raumes' in die Diskussion ein. Demnach ist Raum gesellschaftlich produziert, verfüge aber über eine je nach Kultur unterschiedlich wahrgenommene Wirkung. Raum sei, so Läpple, ein „Resultat menschlicher Syntheseleistung, eine Synopsis der einzelnen ‚Orte', durch die das örtlich Getrennte in einen simultanen Zusammenhang, in ein räumliches Bezugssystem gebracht wird."[10] Bestimmt wird dieser Matrix-Raum durch das materiell-physische Substrat, durch die gesellschaftlichen Interaktions- und Handlungsstrukturen, durch ein institutionalisiertes und normatives Regulationssystem sowie durch ein räumliches Zeichen-, Symbol- und Repräsentationssystem.[11]

Die Philosophin Elisabeth Ströker will im gelebten, dem im Handeln konstituierten Raum drei Raumtypen erkennen: den gestimmten Raum (Räume der Wünsche und Hoffnungen, Räume der Heimat und Ferne), den Aktionsraum, der sich über zielgerichtetes Handeln des bewegten Leibes definiert, und den Anschauungsraum, der sein Zentrum im Leibsubjekt besitzt und den Wahrnehmungsprozess der Figurationen von Dingen zu Räumen bezeichnet.[12]

Für Pierre Bourdieu manifestiert sich der auf physischer Ebene realisierte (oder objektivierte) soziale Raum „als die im physischen Raum erfolgte Verteilung unterschiedlicher Arten gleichermaßen von Gütern und Dienstleistungen wie physisch lokalisierter individueller Akteure und Gruppen (im Sinne von an einen ständigen Ort gebundenen Körpern beziehungsweise Körperschaften) mit jeweils unterschiedlichen Chancen der Aneignung die-

---

[8] Norbert Elias, Über die Zeit (Arbeiten zur Wissenssoziologie 2) Frankfurt am Main 1984.

[9] Ebd. 74f.; eine Analyse des Raumverständnisses von Norbert Elias bei Löw, Raumsoziologie 134–137.

[10] Dieter Läpple, Essay über den Raum. In: Hartmut Häußermann (Hg.), Stadt und Raum. Soziologische Analysen (Stadt, Raum und Gesellschaft 1) Pfaffenweiler 1991, 157–207.

[11] Zur Kritik an Läpple vgl. Löw, Raumsoziologie 140f.

[12] Elisabeth Ströker, Philosophische Untersuchungen zum Raum. Frankfurt am Main ^{2}1977.

ser Güter und Dienstleistungen."[13] Martina Löw wiederum definiert Raum als eine „relationale (An)Ordnung von Körpern, welche unaufhörlich in Bewegung sind, wodurch sich die (An)Ordnung selbst ständig verändert. Das bedeutet, Raum konstituiert sich auch in der Zeit. Raum kann demnach nicht der starre Behälter sein, der unabhängig von den sozialen und materiellen Verhältnissen existiert, sondern Raum und Körperwelten sind verwoben."[14] Bereits die „(An)Ordnung" zweier Menschen zueinander, deren Nähe und Distanz abhängig ist von deren sozialem Verhältnis, konstituiert Raum. Dabei kann je nach Perspektive ein Mensch oder ein soziales Gut selbst ein Raum oder ein Element einer Raumkonstruktion sein. „Raum wird konstituiert durch zwei analytisch zu unterscheidende Prozesse, das Spacing und die Syntheseleistung. Letzeres ermöglicht es, Ensembles von Gütern und Menschen zu einem Element zusammenzufassen."[15]

Parallel zur gesteigerten Auseinandersetzung mit dem Raum in Disziplinen wie der Soziologie, greifen auch die Geschichtswissenschaften diese Thematik vermehrt auf. Peter Dinzelbacher und Hans-Henning Kortüm widmen in ihren mentalitätsgeschichtlichen Studien eigene Abschnitte dem Raum.[16] Kortüm fordert aus mentalitätsgeschichtlicher Sicht für die mittelalterliche Raumerfahrung eine Differenzierung in physische und metaphysische Räume ein. Unter physischen Räumen versteht er historisch-geographisch definierbare, während er für Räume, die sich einer geographischen Bestimmung entziehen, die Bezeichnung metaphysisch vorschlägt.

Kongresse zum Thema ‚Raum' wurden veranstaltet: So organisierte 1994 die Residenzen-Kommission der Göttinger Akademie der Wissenschaften ein Symposium, das sich mit dem Verhältnis von Zeremoniell und Raum auseinandersetzte. Werner Paravicini liefert im Vorwort seine Definition des Begriffes ‚Raum': „Unter Raum verstehe ich organisierte Abstände, zunächst zwischen Menschen, dann aber auch zwischen Gegenständen und Mauern, Gebäuden und Straßen, Fluß und Berg. Konstituierend für den Raum ist die Grenze, an der er endet und seine Qualität wechselt. [...] Raum

---

13 Pierre Bourdieu, Physischer, sozialer und angeeigneter physischer Raum. In: Martin Wentz (Hg.), Stadt-Räume. Die Zukunft des Städtischen. Frankfurt am Main-New York 1991, 25–34, 29.

14 Löw, Raumsoziologie 131.

15 Ebd. 159f.

16 Peter Dinzelbacher (Hg.), Europäische Mentalitätsgeschichte. Hauptthemen in Einzeldarstellungen. Stuttgart 1993; Hans-Henning Kortüm, Menschen und Mentalitäten. Einführung in Vorstellungswelten des Mittelalters. Berlin 1996.

ist im übrigen stets eine Folge der Vorstellungen und nicht umgekehrt.“[17] Wie Raum sich als relationale Anordnung von Menschen und sozialen Gütern konstituiert, zeigt Michail Bojcov in seiner Analyse der Raumqualitäten in zeremoniellen Situationen. Der durch symbolische und reale Güter konstituierte Raum wird als in Zonen gegliederter, geordneter Raum rezipiert, der Ritus selbst wird zu einer ganzheitlichen räumlichen Erscheinung.[18] Die Ergebnisse einer Tagung auf der Reichenau 1995 spiegelt ein Band, dessen Beiträge sich mit Raumerfassung und Raumbewusstsein im späteren Mittelalter auseinandersetzen.[19]

1996 veranstaltete das Thomas-Institut der Universität Köln die 30. Kölner Mediävistentagung und stellte diese unter das Generalthema „Raum und Raumvorstellungen im Mittelalter“. Im Vorwort konstatieren die Herausgeber, dass das Thema überraschenderweise ein Desiderat in der Mittelalterforschung darstelle. Eine Ursache dafür orten sie in der semantischen Vielfalt des Begriffes in mittelalterlichen Quellen – *locus, ubi, spatium, orbis, mundus, universum, vacuum, continuum, perspectiva.*[20] Um dieser terminologischen Fülle gerecht zu werden, behandelte die Kölner Tagung ein breit gelagertes Spektrum des Raumbegriffes. Raumvorstellungen wurden u. a. aus der Sicht der mittelalterlichen Theologie, Philosophie, Physik und Geographie aufgerollt.

Erst nach der Kremser Tagung erschienen zwei Bände, die Ergebnisse von Tagungen des Jahres 2001 reflektieren: Mit der Konstituierung öffentlichen und privaten Raumes befasste sich 2001 eine Tagung in Dresden.[21] Ein wichtiges Ergebnis der Tagung war, dass öffentlich konnotierte Räume privat erfahren werden können und umgekehrt. Man kann nicht zwischen absoluten öffentlichen und privaten Räumen unterscheiden, sondern muss von einem komplexen Geflecht sich überlappender und überschneidender Räume

---

[17] Werner Paravicini, Zeremoniell und Raum. In: ders. (Hg.), Zeremoniell und Raum (Residenzenforschung 6) Sigmaringen 1997, 11–36, 14.

[18] Michail A. Bojcov, Qualitäten des Raumes in zeremoniellen Situationen. Das Heilige Römische Reich, 14.–15. Jahrhundert. In: Paravicini (Hg.), Zeremoniell und Raum 129–153.

[19] Peter Moraw (Hg.), Raumerfassung und Raumbewußtsein im späteren Mittelalter (Vorträge und Forschungen) Stuttgart 2002.

[20] Jan. A. Aertsen und Andreas Speer (Hg.), Raum und Raumvorstellungen im Mittelalter (Miscellanea Mediaevalia 25) Berlin-New York 1998, VII.

[21] Susanne Rau und Gerd Schwerhoff (Hg.), Zwischen Gotteshaus und Taverne. Öffentliche Räume im späten Mittelalter und in der frühen Neuzeit. Köln-Weimar-Wien 2004.

ausgehen. Die von Löw entwickelte Raumtheorie erweist sich somit auch für Mittelalter und Frühe Neuzeit als tragfähig.[22]

Auf narrativen Quellen des 10. bis 16. Jahrhunderts basierten die Beiträge einer Tagung in Frankfurt am Main, die reale und imaginäre Raumkonzepte untersuchte.[23] Dabei zeigte sich, dass die in der Forschung vertretene Prämisse, reale und imaginäre Raumkonzepte ließen sich in eigene, klar voneinander getrennte Bereiche unterteilen, sich als nicht einlösbar erwies. Die Herausgeber plädieren „für einen weiter gefassten Raumbegriff, der beide Aspekte in unterschiedlicher Gewichtung und Akzentuierung“ zu integrieren versucht.[24] In erster Linie in ‚Räumen‘ der Neuzeit bewegte sich eine Tagung der Schweizerischen Gesellschaft für Symbolforschung 1995, die sich mit der Symbolik von Ort und Raum auseinandersetzte. Im Mittelpunkt der Beiträge stand der erlebte, inhomogene, anisotrope, oft polyzentrisch orientierte Raum, dessen Regionen bestimmte Konnotationen, Valenzen, eigene Gesetzmäßigkeiten und symbolische Bedeutungen besitzen, wie Paul Michel in seinem Vorwort ausführte.[25] Der Münsteraner Sonderforschungsbereich „Symbolische Kommunikation und gesellschaftliche Wertesysteme vom Mittelalter bis zur Französischen Revolution“ befasst sich seit 2001 in Arbeitsgruppen unter den Leitperspektiven ‚Raum und Konflikt‘ mit den Strategien, die zur symbolischen Konstituierung gesellschaftlicher Ordnung in Mittelalter und früher Neuzeit eingesetzt wurden. Ergebnisse dieser Arbeitskreise flossen in eine Publikation ein.[26] Unter ‚Raum‘ werden sowohl soziale Räume und Raumbilder als auch materielle Räume verstanden. „Raum ist folglich nicht als bloße Umwelt oder Gehäuse sozialer Beziehungen zu betrachten, sondern stets in soziales Handeln eingebunden und wird durch solches erst hervorgebracht.“[27]

Die vom Institut für Realienkunde gemeinsam mit dem Mediävistenverband 2003 ausgerichtete Tagung brachte den Begriff ‚virtuell‘ ins Spiel. Der

[22] Vgl. Martina Löw, Epilog. In: ebd. 463–468.

[23] Laetitia Rimpau und Peter Ihring (Hg.), Raumerfahrung – Raumerfindung. Erzählte Welten des Mittelalters zwischen Orient und Okzident. Berlin 2005.

[24] Laetitia Rimpau, Einleitung. In: ebd. 12.

[25] Paul Michel, Vorwort. In: ders., Symbolik von Ort und Raum (Schriften zur Symbolforschung 11) Bern u. a. 1997.

[26] Christoph Dartmann, Marian Füssel und Stefanie Rüther (Hg.), Raum und Konflikt. Zur symbolischen Konstituierung gesellschaftlicher Ordnung in Mittelalter und Früher Neuzeit (Symbolische Kommunikation und gesellschaftliche Wertesysteme 5) Münster 2004.

[27] Marian Füssel und Stefanie Rüther, Einleitung. In: ebd. 9–18, 12.

Terminus ‚virtuell' besitzt in unterschiedlichen Kontexten unterschiedliche Bedeutungen. In der Optik bezeichnet der Terminus ‚virtuell' Bilder wie etwa Spiegelbilder, die den Eindruck vermitteln, dass sich die gespiegelten Objekte hinter der Spiegelfläche befinden. „Virtualität bringt also nicht einfach illusorische Objekte hervor, sondern verschafft realen Objekten illusorische Platzierungen."[28] Im ‚virtuellen Raum', geschaffen durch Computertechnologien, wird der Körper gleichsam digital verdoppelt, um dann in Kommunikation mit anderen, auf gleiche Weise verdoppelten Körpern zu treten. „Im virtuellen Raum sind die Kommunizierenden so zur gleichen Zeit anwesend wie auch abwesend: Anwesend in einer digitalen Verdoppelung, aufgrund derer jede Körperaktion außerhalb des virtuellen Raumes sofort in Bewegungen innerhalb des virtuellen Raumes umgesetzt wird, und abwesend mit den Körpern, die sich in weit voneinander entfernten Räumen befinden können, wenn auch nicht müssen."[29]

Für die Tagungsthematik wurde ‚virtueller' Raum als Raum definiert, der immer dann entsteht, wenn reale topographische Koordinations- und Raumstiftungselemente durch Konstituenten anderer Kategorien überformt werden. Sinneswahrnehmungen, funktional oder intentional geforderte Raumgrenzsetzungen oder alternative Wahrnehmungen, z. B. literarischer oder bildnerischer Art, können zur Überlagerung alltäglicher Raumwahrnehmungsmuster mit anderen Raumvorstellungen führen und damit einen ‚virtuellen' Raum im realen Raum situieren.

Die Vielfalt der sich so ergebenden Möglichkeiten gewährleistete die gewünschte interdisziplinäre Auseinandersetzung mit dem Thema. Um den Vortragenden die Möglichkeit zu geben, ihre Beiträge ohne Kürzungen in ausführlicher Form zu Papier zu bringen, entschlossen sich die Veranstalter dazu, die Kongressbeiträge in zwei Bänden erscheinen zu lassen. Der vorliegende Band vereint die Beiträge zur Sektion „Imaginäre Räume". Die Vielschichtigkeit der angesprochenen Thematik brachte es mit sich, dass die zur Organisation des Kongresses notwendige Gliederung in Sektionen immer wieder thematische Überschneidungen aufwies. Weitere Sektionen beschäf-

---

[28] Sybille Krämer, Verschwindet der Körper? Ein Kommentar zu computererzeugten Räumen. In: Rudolf Maresch und Niels Werber (Hg.), Raum – Wissen – Macht. Frankfurt am Main 2002, 49–68, 52.

[29] Ralf Schlechtweg-Jahn, Virtueller Raum und höfische Literatur am Beispiel des *Tristan*. In: Elisabeth Vavra (Hg.), Virtuelle Räume. Raumwahrnehmung und Raumvorstellung im Mittelalter. Berlin 2005, 71.

tigten sich mit der Überlagerung von realem Raum durch alternative Wahrnehmungsmuster, mit der Inszenierung von imaginären Räumen und ihre Einbindung in den erlebten Raum, mit Raumwahrnehmung und mit Raumtranszendierung. Diese Vorträge erschienen in einem Band der Publikationsreihe des Mediävistenverbandes.[30]

Die hier vereinten Beiträge beschäftigen sich exemplarisch mit der Konstitution imaginärer Räume. Wendelin Knoch erläutert die Entwicklung mittelalterlicher Himmelsvorstellungen im theologischen Schrifttum. Ausgehend von der Bibel zeichnet er die Aussagen theologischer Autoritäten zur Beschaffenheit des Himmels nach. Johann Konrad Eberlein unternimmt eine Neuinterpretation der Miniatur zur Visio I,3 im *Liber Scivias* der Hildegard von Bingen und liest diese als Reflex der weiblichen Geschlechtsorgane.

Spätmittelalterliche Großkarten untersucht Brigitte Englisch und zeigt die Spannbreite visualisierter Raumvorstellungen auf. Sie weist nach, dass man bewusst zwischen virtuellen und realen Räumen unterschied. Als imaginär betrachtete Räume wurden konzeptionell von der Darstellung des *Orbis terrae* separiert. Biblische, antike, patristische, enzyklopädische und empirische Quellen besaßen gleichwertigen Informationsgehalt für die Konzeption der Karten. Vom frühen zum hohen Mittelalter stellt die Autorin eine Entwicklung fest, die ein wachsendes Interesse an den Konditionen der erfahrbaren sowie der entfernten Topographien erkennen lässt. Die Beschreibung imaginärer Orte wird zu einem entscheidenden Motor der Entdeckungsreisen.

Die spirituelle Topographie Roms untersucht Maximilian Diesenberger anhand bayerischer Handschriften aus der Zeit um 800. Mit der Überlieferung eines topographischen Textes in drei unterschiedlichen Sammelhandschriften analysiert er die unterschiedlichen Formen der Aneignung eines prominenten Raumkonzeptes.

Susanne Friede zeigt, dass französische Epentexte mit einer Binäropposition von vertrautem und fremdem, wunderbarem Raum arbeiten und die Helden in den Räumen jeweils unterschiedliche Rollen spielen: So übernimmt beispielsweise Alexander im vertrauten Raum die Rolle des Eroberers, im wunderbaren Raum tritt er als Mediator auf, der über seine eigene Wahrnehmung diesen Raum dem Publikum erst zugänglich macht. Lancelot wird auf seiner Reise im wunderbaren Raum seiner Funktion als Befreier gerecht und hebt die Verzauberung der Bewohner dieses Raumes auf. Partonopeus'

[30] Elisabeth Vavra (Hg.), Virtuelle Räume. Raumwahrnehmung und Raumvorstellung im Mittelalter. Berlin 2005.

Liebe führt schließlich zur Verschmelzung beider Räume und zur Aufhebung der Dualität.

Das literarische Modell des Minnegerichtshofs nimmt Karin Lichtblau zum Ausgangspunkt ihrer Untersuchungen. Sie erläutert die unterschiedlichen Zugangsweisen zu diesem Thema in der arthurischen Epik, in Romanen und im Genre der Minnereden.

Im Mittelpunkt der Untersuchungen Antje Wittstocks stehen der ‚Denkraum' als reale Studierstube, seine Überformung zum Topos und seine Konstituierung als imaginärer Raum. Als Grundlage für die Analyse dienen ihr Belege in der humanistischen Literatur, in erster Linie die Selbstzeugnisse von Hermann von Weinsberg, Felix Platter, Caspar von Barth und Ulrich von Hutten. Sie zeigt anhand der literarischen Darstellung realer und gedachter Räume auf, dass ‚gelehrte Stuben' in der Literatur des Humanismus sowohl Räume zum Denken als auch gedachte Räume sind, die in ihrer Verbindung und Überformung zu virtuellen Räumen werden.

Einem Außenraum – dem Garten – widmet Ulrich Ernst seinen Beitrag. Gegenstand seiner literaturwissenschaftlichen Erörterung sind imaginierte Gärten in weltlichen und geistlichen Texten des Mittelalters. Die Studie beschreibt anhand repräsentativer Quellen das Überschreiten des realen Gartens in alternative virtuelle Ebenen der Vorstellung. Das sind unter anderem allegorische Konstrukte, erotische Fluchträume oder utopische Modelle einer Einheit von Natur und Kunst, Einzelnem und Gesellschaft.

Spätmittelalterliche Liebesbeschwörungen dienen Wernfried Hofmeister als Ausgangspunkt für seine Überlegungen zum virtuellen magischen Macht-Raum. Er kommt zu dem Schluss, dass dieser Raum aus der Sicht der Textgläubigen allumfassend war, den in ihm wirkenden Wesen eine Omnipräsenz ermöglichte und an den realen Raum unmittelbar angrenzte. Gleichzeitig lässt sich dieser magische Raum als mythischer Erinnerungsraum begreifen, da die Kontaktnahme durch die aktive Erinnerungsarbeit der Hilfesuchenden geleistet wird. Für Hofmeister ist magisches Raumdenken über Zeiten und Kulturen gleich geblieben; verändert hat sich immer nur die numinose Besetzung des imaginären Raumes.

Erinnerung und Räume der Erinnerung untersucht Ulrich Müller. Antike und mittelalterliche Autoritäten empfehlen virtuelle Räume als Gedächtnishilfe zu verwenden; imaginäre Räume sollten mit dem sinnvoll gegliederten und diskursiv angeordneten Inhalt des zu Lernenden ausgestattet und dann im Zuge des Vortrages abgeschritten werden. In der epischen Dichtung sind solche Erinnerungsräume Lancelots Turmgefängnis, an dessen Wände er Szenen seiner Liebe zu Ginover malt, und Tristans Statuen-Höhle, die er mit Figuren seiner Sehnsucht ausstatten lässt. Der burgundische Adelige Roger Bussy-Rabutin verwirklichte solche Erinnerungsräume in seinem Chateau in der Bourgogne. Das, was in der mittelalterlichen Literatur als Denkmöglichkeit geschaffen wurde, führte er in der Realität aus. Gleichzeitig aber überschneiden sich diese realen Räume mit virtuellen Räumen, schaffen sie doch eine künstliche Welt, imaginieren die Erinnerung an eine glanzvolle Vergangenheit und helfen damit die existentielle Enttäuschung zu ertragen.

WENDELIN KNOCH

‚Der Himmel' – ein bergender ‚Raum' für die Ewigkeit?

Theologische Anmerkungen zu einem kontrovers diskutierten Thema

1. ZUR EINFÜHRUNG: MITTELALTERLICHE HIMMELSVORSTELLUNGEN, EIN AKTUELLES THEMA DER MEDIÄVISTIK

Mittelalterliche Himmelsvorstellungen begegnen uns heute in vielfacher Weise. Und dementsprechend weit gestreut sind auch die Untersuchungen und Forschungsarbeiten, welche sich dem Thema ‚Himmel' zuwenden. Weltkarten[1], Stadtpläne[2], Kirchenbauten[3] und Klöster mit ihren Gärten[4], zudem das breite Feld der Kunst (in Mosaik und Malerei[5]) entbergen auf je eigene Weise Vorstellungen vom ‚Himmel'. Überdies wollen auch Handschriftenil-

---

[1] Vgl. Hartmut Kugler, Hochmittelalterliche Weltkarten als Geschichtsbilder. In: Hans Werner Goetz (Hg.), Hochmittelalterliches Geschichtsbewußtsein im Spiegel nichthistoriographischer Quellen. Berlin 1998, 179–198.

[2] Vgl. Werner Müller, Die Heilige Stadt, Roma Quadrata, himmlisches Jerusalem und die Mythe vom Weltnabel. Stuttgart 1961.

[3] Vgl. Otto von Simson, Die gotische Kathedrale. Beiträge zu ihrer Entstehung und Bedeutung. Darmstadt [5]1992; Joseph Sauer, Symbolik des Kirchengebäudes und seiner Ausstattung in der Auffassung des Mittelalters. Münster [2]1964; Günter Bandmann, Mittelalterliche Architektur als Bedeutungsträger. Berlin 1951. Siehe auch den Beitrag von Michael Viktor Schwarz, Kathedralen verstehen (St. Veit in Prag als räumlich organisiertes Medienensemble. In: Elisabeth Vavra (Hg.), Virtuelle Räume. Raumwahrnehmung und Raumvorstellung im Mittelalter. Berlin 2005, 47–68.

[4] Vgl. Konrad Hecht, Der St.-Galler Klosterplan. Wiesbaden 1997; Naomi Miller, Paradise Regained: Medieval Garden fountains. In: Medieval Gardens. Washington D.C. 1986, 133–153.

[5] Vgl. Horst Appuhn, Einführung in die Ikonographie der mittelalterlichen Kunst in Deutschland. Darmstadt 1979.

luminationen[6] und Zeugnisse der Literatur[7] beachtet sein. Und es wundert nicht, dass fachbezogen zum Thema ‚Himmel' teilweise kontroverse Positionen diskutiert werden, wo die Fragen nach Herkunft und Quellenlage und deren Ausformungen und Umsetzungen gestellt werden. Zwingt das Thema ‚Himmel' deshalb zu intensivem Hören und Sehen, so sieht es auch der Theologe als geboten an, die Nähe der Stadt Wien gewichtend, an dieser Stelle an den Nestor der Handschriftenforscher Otto Pächt zu erinnern, selbst wenn sein Schaffen über die hier zu bedenkende Epoche weit hinaus reicht.[8] Die „Apotheose des Schauens", die als Leitperspektive seiner Auffassung von Kunstgeschichte gelten kann, mag uns zur Kernfrage unseres Vortrags führen: Ist der Himmel ein ‚Raum'? Unbestreitbar ist, dass sich die mittelalterlichen Vorstellungen vom Himmel ganz allgemein wie auch in konkreten Einzelausformungen vom biblischen Hintergrund her speisen,[9] – unbeschadet mannigfacher Quellen, die außerchristliches Gedankengut einführen und somit abweichende Einzeldetails erklärbar machen.[10]

2. DER HIMMEL, EINE BIBLISCH BEZEUGTE WIRKLICHKEIT ALS KONKRETER IMPULS FÜR WISSENSCHAFT UND KULTUR – BEOBACHTUNGEN ZUR EPOCHE DER FRÜHSCHOLASTIK

2.1. Das biblische Fundament

Die Rede vom ‚Himmel' durchzieht die gesamte Heilige Schrift. Unter Aufnahme kosmologischer Elemente aus dem Alten Orient formt das Alte Testament das klare Bekenntnis zu Gott, der „Himmel und Erde" geschaffen hat.

---

[6] Vgl. Lieselotte E. Saurma-Jeltsch, Die Miniaturen im „Liber Scivias" der Hildegard von Bingen. Die Wucht der Vision und die Ordnung der Bilder. Wiesbaden 1998.

[7] Siehe Ulrich Ernst, Der „Gregorius" Hartmanns von Aue. Theologische Grundlagen – Legendarische Strukturen – Überlieferung im geistlichen Schrifttum. Köln-Weimar-Wien 2002, bes. Heillose Räume und Heilsräume, 84–105, hier 104: „Als Heilsräume figurieren die Klosterinsel, die eremus und die Städte Jerusalem und Rom" VIII. („Mit den Termini eremus, desertus, solitudo wird in den mittelalterlichen Quellen verlassenes oder preisgegebenes, unbearbeitetes oder noch nicht kultiviertes Land bezeichnet"; ebd. 95).

[8] Otto Pächt, Buchmalerei des Mittelalters. Eine Einführung. 3. verbesserte Aufl. München 1989, bes. „Didaktische Bildseiten" (Kosmosdarstellungen), 155–160. Er weitet den Blick hin auf die Unsterblichkeit des Menschen, der ein Leben im himmlischen Paradies erhofft.

[9] J. Belzer und O. Knoch, Himmel. In: Neues Bibel-Lexikon II. Einsiedeln 1995, 152–156.

[10] Ebd. 155; vgl. Hans Holländer, Himmel. In: Lexikon der christlichen Ikonographie 2. Freiburg 1994, 255–267.

Damit „gilt der Himmel im Alten Testament nicht als eigenständige göttliche Macht".[11] Er ist Gott, dem Erschaffer, unmittelbar zugeordnet. ‚Der Himmel' (als Tempel vorgestellt) ist seine Wohnung (siehe Dtn 26,15, Ps 11,4 u. ö.). Im Gegensatz zum Menschen, der auf der Erde lebt (siehe Ps 115,16), ist Gott damit jenseits aller geschaffenen ‚Himmel', die in der zwischentestamentlichen und neutestamentlichen Zeit in zahlenmäßiger Differenzierung benannt werden.

Ist mit ‚Himmel' alttestamentlich der Blick des Frommen auf Gott gelenkt, so bindet andererseits dieser Name auch all das, was von der Erde her an natürlichen Phänomenen wahrzunehmen ist. Gott, der über die Himmel auffährt (siehe Ps 18,1 u. ö.), kann auch herabsteigen, den Himmel öffnen.

Über den Himmeln thronend, hat Gott einen Hofstaat, Engel, die Gott lobpreisen (siehe Ps 103,20), seine Botschaft den Menschen bringen (siehe Gen 16,7–13; 18–19) und ihm eine Hilfe sind (bes. Tob 3,16ff.). Darunter sind benannt, – neben dem Satan, der als Ankläger der Menschen zum himmlischen Hofstaat gehört (siehe Hiob 1,6–12; 2,1–7; Sach 3,1f.), – die Kerubim (Ps 18,11 u. ö.) und die Serafim (Jes 6,1–7). Andere Himmelsbewohner finden ebenfalls Erwähnung: Lebewesen und Räder (Ez 1,5ff.; 15ff.), das Heer des Himmels und der Geist (1 Kön 22,19–23 u. ö.), Heilige (Dtn 33,2f., Ps 89,6.8 u. ö.) sowie Söhne Gottes bzw. des Höchsten (Gen 6,1–4; Ps 82,6).

Die alttestamentlichen Aussagen zum geschaffenen Himmel sind im Neuen Testament aufgegriffen und im Blick auf eine inhaltliche Füllung näher ausgefaltet. So findet sich die Vorstellung vom mehrschichtigen Himmelsgewölbe, nicht minder aber auch die Rede von den „Himmeln" als Umschreibung des Gottesnamens, während die feste Wendung „Himmel und Erde" die gesamte Schöpfung bezeichnet, die „durch Christus" ins Dasein gerufen ist (siehe Kol 1,16). Deutet die Metapher vom „himmlischen Paradies" bereits auf eschatologische Himmelsvorstellungen, so wird diese eschatologische Dimension im Rückgriff auf die Aussagen der Johannesapokalypse (Apk 21,9–27) durch die Rede vom ‚Himmlischen Jerusalem' in je eigener Weise nachdrücklich erweitert. Gott, der „im Himmel wohnt", wird am Ende der Welt „einen neuen Himmel und eine neue Erde" schaffen, für die das Symbol des „himmlischen Jerusalems" steht.[12]

---

[11] Belzer, Himmel 153.

[12] Hans Liebeschütz, Kosmologische Motive in der Bildungswelt der Frühscholastik. In: Vorträge der Bibliothek Warburg, hg. von Fritz Saxl, Vorträge 1923–1924. Leipzig-Berlin 1926, 83–148, hier 83.

2.2. Ausfaltungen in Wissenschaft und Kultur

2.2.1. Wegstationen zum Hochmittelalter

Das maßgebliche Gewicht der Heiligen Schrift erklärt, warum neben den biblischen Aussagen zum ‚Himmel' im frühchristlichen Vorstellungsbereich auch nichtchristliche Quellentexte aufgenommen und interpretiert werden, vor allem Platos Timaios, in der Übersetzung des Chalcidius (4. Jahrhundert) zugänglich,[13] und der Timaios-Kommentar des Porphyrius.[14] Die Kirchenväter sind davon überzeugt, „dass der wahre Kern der heidnischen Wissenschaft gerade in den heiligen Schriften zu finden sei, andererseits (wollen sie) rechtzeitig Grenzpfähle aufstecken zur Kennzeichnung des den Glauben Gefährdenden".[15] – Unter den Schriften der Bibel wird dem Buch Genesis besondere Aufmerksamkeit geschenkt. Seit der Väterzeit gehört die Auslegung des Hexaemeron zum Grundbestand theologischer Reflexion. Dabei ist nicht nur den Aussagen des Schöpfungsberichtes in Gen 1 Beachtung geschenkt, welche der Schöpfung „des Himmels und der Erde" die Erzählungen vom „Paradies" folgen lassen.[16] Überdies behält Augustinus (354–430), der bedeutendste der lateinischen Kirchenväter, bis in das Hochmittelalter hinein auch hier seinen Einfluss, wie z. B. der bedeutende Theologe Johannes Scotus[17] (9. Jahrhundert) bezeugt. Er greift auf das Frühwerk Augustins zurück, der bereits in seinem kleinen Genesiskommentar in den *Confessiones* die Verse Gen 1,1–2: „Im Anfang schuf Gott Himmel und Erde [...]" von den darauffolgenden Aussagen zum Sechs-Tage-Werk trennt. Damit ist fixiert, dass „das Hexaemeron ontologisch, nicht zeitlich auf die Protoschöpfung (sc. das Caelum caeli, die intellektuale Welt der Engel) folgt: In ihm formte Gott aus Materie die Schöpfung. Allerdings geschah diese Creatio

[13] Johannes Zahlten, „In principio creavit deus caelum ..." (Gen 1,1). Das Bild des Himmels in der Schöpfungsikonographie aus der Sicht mittelalterlicher Naturwissenschaftler. In: Der Himmel über der Erde. Kosmossymbolik in mittelalterlicher Kunst. Leipzig 1995, 47–58, hier 53: „Die von Macrobius und Martianus Capella, später von Isidor von Sevilla und Beda Venerabilis vertretene Sphärenform des Kosmos geht letztlich auf Platos Timaios zurück. In der Übersetzung und Kommentierung des Chalcidius am Anfang des 4. Jhdts. fand er im Mittelalter weite Verbreitung."

[14] Liebeschütz, Kosmologische Motive 84.

[15] Ebd. 97.

[16] Reinhold R. Grimm, Paradisus coelestis – Paradisus terrestris; Zur Auslegungsgeschichte des Paradieses im Abendland bis um 1200. München 1977.

[17] Liebeschütz, Kosmologische Motive 85ff.

nicht zeitlich abgestuft, wie es die priesterliche Gliederung nach Tagen nahe legt, sondern in ictu oculi. Die Tage der biblischen Erzählung müssen also allegorisch gedeutet werden".[18]

2.2.2. Das Verständnis von ‚Himmel' im Mittelalter

Es war bereits darauf hinzuweisen, dass das Fundament für eine ausgestaltende Fixierung von konkreten ‚Himmelsorten' in Wissenschaft und Kultur seit dem Frühmittelalter auch die eine hohe theologische Kompetenz voraussetzenden Einsichten scholastischer Theologie über die Weltschöpfung darstellen, wie sie etwa in Genesis-Kommentaren formuliert werden.[19] Dabei bietet der Rückgriff auf die Genesisauslegung Augustins gerade dort noch einen weiterführenden Aspekt, wo das *in principio* von Gen. 1,1 unzeitlich als „in Christo"[20] verstanden wird. – Alttestamentliche Aussagen erfahren somit ihre Ausdeutung in konkreter Bindung an Jesus Christus als dem lebendigen Felsen, der den Petrus zum Felsen machte, auf den die Kirche gebaut ist.[21] Das führt zu einer „Kosmisierung des Kirchbaus"[22], eschatologisch gewendet zum Blick auf das ‚Himmlische Jerusalem'.[23]

Damit sind konkrete Himmelsorte benannt, die ein differenziertes Weltbild voraussetzen: Die Welt als Kugel, umschlossen von den sieben Planetensphären, die ihrerseits vom Fixsternhimmel und dem Kristallhimmel als *primum mobile*[24] begrenzt sind. Die zehnte Sphäre ist das Empyreum, als Übergang zum „göttlichen Himmel" unbewegt, dem Himmel der Engel und Seligen. Die Bewegung der unter dem Empyreum existierenden Himmelskörper beweist höchste Weisheit, ist deshalb nicht durch Gravitation, sondern gemäß dem Willen Gottes durch die Hände der Engel hervorgerufen. Über dem Empyreum liegt der „Himmel Gottes", der nach oben offen ist, eine unzugängliche Wirklichkeit.

---

[18] Grimm, Paradisus 61.

[19] Vgl. Johannes Zahlten, „In principio" 13–47.

[20] Grimm, Paradisus 61.

[21] Siehe Mt 16, 16–18.

[22] Friedrich Möbius, Kosmosvorstellungen in der mittelalterlichen Sakralarchitektur. Zu religionsgeschichtlichen Aspekten von Grundsteinlegung und Orientation. In: Der Himmel über der Erde 107–123, hier: 114.

[23] Siehe: Bernhard Lang und Colleen McDannell, Der Himmel. Eine Kulturgeschichte des ewigen Lebens. Frankfurt 1990, 105–156.

[24] H. Meinhardt, Empyreum. In: Lexikon des Mittelalters III. München-Zürich 1986, 1898.

Dieses umfassende „Welt- und Himmelsbild“ lässt, auf seine Quellen hin entschlüsselt, die genuine Leistung der theologischen Reflexionen der Scholastiker leicht übersehen. Gegen die beherrschende Autorität des Augustinus wird hier nämlich das Empyreum wie selbstverständlich angenommen, eine Rezeptionsgeschichte, die Gregor Maurach gründlich nachgezeichnet hat.[25] Die Scholastiker kennen dabei nicht nur die Notwendigkeit, alle vorgängigen Quellen zu gewichten und deren Aussagen dann systematisch geordnet vorzustellen.[26] Sie erweitern die theologische Perspektive: Schöpfung und Menschheitsgeschichte ist Geschichte von Gott her und auf ihn hin. Gott öffnet immer wieder den Himmel, lässt sich erfahrbar werden ‚von oben‘.[27]

Dass in diese theologischen Reflexionen auch zeitgenössische Himmels- und Kosmosvorstellungen einfließen, wundert nicht. Sie sind aber selbst Gegenstand der Spekulation nur insoweit, als es die jeweilige theologische Fragestellung erforderlich macht.

Dagegen ist als unumgänglich erkannt, dass bei der Veranschaulichung von Glaubensaussagen in Kunst und Predigt dem Verständnishorizont derer Rechnung zu tragen ist, denen eine Hilfe für eine christliche Alltagsgestaltung gegeben werden sollte.

Solche Veranschaulichungen, ziel- und zweckgeleitet, sind in ihrer theologischen Gewichtung nicht überzubewerten. Wichtig ist vielmehr, dass die sehr unterschiedlichen Aussagen der Bibel über den Himmel, in ein Gesamt eingeordnet, für die Predigt und auch für Künstlerhände umsetzbar sind. Dies gilt – auf nämlicher Ebene anzusetzen – für das Paradies[28] ebenso wie für das ‚Himmlische Jerusalem‘. Deshalb sind an dieser Stelle zwei theologische Anmerkungen zu machen. Zum einen ist festzuhalten: Dem Christen ist der ‚Himmel‘ als Wirklichkeit bewusst, die jeden einzelnen persönlich betrifft. Es geht schließlich (auch) um die eigene ewige Zukunft, um Beheimatung in der *Communio Sanctorum*. Der Himmel ist geglaubt als ‚Ort‘ erfül-

---

[25] Gregor Maurach, Coelum Empyreum. Versuch einer Begriffsgeschichte. Wiesbaden 1968.

[26] Ebd. 85.

[27] Vgl. die Nachweise zu den entsprechenden Mosaikdarstellungen bei: Rotraud Wisskirchen, Das Mosaikprogramm von S. Prassede in Rom. Ikonographie und Ikonologie (Jahrbuch für Antike und Christentum Erg. Bd. 17) Münster 1990.

[28] Als Beispiel sei Petrus Comestor (gest. 1178) genannt. Er verweist in selbstverständlicher Allgemeinbildung auf den Alexanderroman, „um die lebenserhaltende Wirkung der Früchte des Lebensbaumes (im Paradies) zu bekräftigen“. *Etiam Alexander scripsit Aristoteli de sacerdotibus arborum solis et lunae, quod eso pomorum longissimam agant vitam* (Petrus Comestor, Historia Scholastica, Sermones. Patrologia Latina 198, 1075b).

lender Begegnung, ewigen Lebens mit Gott. Deshalb schließt die Rede über den ‚Himmel' dessen konkrete Fassbarkeit ein, – als Heimat, auf die hin sich der Christ auf dem Weg weiß. Das setzt die Kunst überzeugend wie selbstverständlich darstellend um. Wegweisend sind hier die Bemerkungen von Abt Suger (1081/82–1151) über den Bau von Saint Denis.[29] Zum anderen ist zum heftigen Streit um die Deutung der „großen Bischofskirchen der französischen Früh- und Hochgotik sowie die mit ihnen typologisch und stilgeschichtlich zusammenhängenden großen Sakralbauwerke Gesamteuropas"[30] aus der Perspektive der Theologie anzumerken: Die Idee der ‚Himmelsstadt' weitet die Architekturidee hin zur persönlichen Identifikation des Kirchbesuchers mit dem Bauwerk, wie Ivo von Chartres in einer berühmten Predigt zur Kirchweihe formuliert hat: „Was ihr hier in diesem Bauwerk seht, ist in euch bereits gänzlich erfüllt".[31] Deshalb sind die einzelnen Elemente des Kirchbaus nicht zu einem konkret gemeinten „Bild der apokalyptischen Himmelsstadt"[32] zu summieren, sondern sprechen ihre je eigene Sprache. In ihrer Konkretheit widersetzen sie sich einer Identifizierung mit dem Gesamt der himmlischen Stadt.

Dass das ‚Himmlische Jerusalem' in anderer Hinsicht einen wichtigen Impuls bietet, sei wenigstens angemerkt. Es ist nämlich zu beachten, dass die Grundrisse vieler nach der ersten Jahrtausendwende gebauten Städte, jeder Zufälligkeit entkleidet, vom Stadtbild der ideal gedachten Stadt Jerusalem her verstehbar werden. Selbst profane gesellschaftliche Strukturen bis hin zum Gerichtswesen verleugnen diesen religiösen Hintergrund nicht. Aus der Stadt, von der die Apokalypse in Kapitel 21 spricht, wird das in idealer Kreisform gestaltete Jerusalem, das die großen Weltkarten in die Mitte rücken.

---

[29] Vgl. von Simson, Die gotische Kathedrale, bes. 93–132; vgl. auch Bandmann, Mittelalterliche Architektur 64f.; Hennig Brinkmann, Mittelalterliche Hermeneutik. Darmstadt 1980, 130–132; ferner Jean Gimpel, Die Kathedralenbauer, übersetzt von Katharina Kramer. Holm 1996, bes. 9–21 (Der heilige Bernhard und Abt Suger).

[30] Hans Sedlmayr, Die Entstehung der Kathedrale. Baukunst-Mystik-Symbolik. Wiesbaden 2001; Peter Kurmann, Zur Vorstellung des himmlischen Jerusalem und zu den eschatologischen Perspektiven in der Kunst des Mittelalters. In: Ende und Vollendung. Eschatologische Perspektiven im Mittelalter, hg. von Jan A. Aertsen und Martin Picavé. Berlin-New York 2002, 292–297; hier 294; ferner Müller, Heilige Stadt 57.

[31] Vgl. Wendelin Knoch, „Sunt sacramenta Christi et ecclesiae". Die (sieben) Sakramente als Erfahrung und Vollzug des kirchlichen Credo in der Theologie der Frühscholastik. In: Die Feier der Sakramente in der Gemeinde. Festschrift für H. Rennings. Kevelaer 1986, 64–76, hier 69.

[32] Kurmann, Vorstellung 294.

Diese Stadt ist viergeteilt, woran die Bezeichnung ‚Stadtviertel' ebenso erinnert wie die Benennung der ‚Kreuzgasse', die als Mitte der vier aufeinander treffenden Hauptstraßen zugleich Sitz des öffentlichen Gerichts gewesen ist.[33]

3. Der Himmel, Reflexionen der frühscholastischen Theologie

Dass die scholastische Theologie facettenreich über ‚Himmel' spricht, ist unbestreitbar. Deshalb sei nun exemplarisch aufgezeigt, an welchen Stellen die Aussagen über ‚Himmel' verortet werden, und dies in zweifacher Hinsicht, zum einen durch die Analyse theologischer Quellenschriften und zum anderen durch die Benennung theologisch-‚praktischer' Einsichten und Akzente, wie sie namentlich in der Sermones-Literatur fassbar werden.

---

[33] Kugler, Weltkarten, bes. 181–183; ferner Müller, Heilige Stadt 59, 110ff., – mit Verweis auf die Weltkarte des Beatus, span. Provenienz, 8. Jh., die als Kommentar zur Apokalypse eine „Quadrierung der Weltscheibe" (110) versucht, als ein „Weltsymbol der mittelalterlichen Kosmologie. Dieser Beatusentwurf dürfte mit der weit verzweigten Vierersystematik jener Zeit verwandt sein, denn in den gekreuzten Ring stellte die Scholastik die vier Urstoffe, die vier Jahreszeiten, Winde, Himmelsrichtungen, Paradiesesflüsse, Lebensalter, Temperamente [...] [Das] Grundgerüst von Kreis und Kreuz [setzt sich fort] in den Formschemata der gotischen Fensterrosen, des Buchschmuckes, der Fußbodenmosaiken, der Kompaßzeichnungen." Nicht minder bedeutsam ist, dass „das faszinierende Moment für die altchristliche Theologie der Zusammenfall des Weltzentrums mit der Grundtatsache des christlichen Glaubens bleibt: Golgotha, die Mitte der Erde, birgt den Schädel Adams und trägt das Kreuz des Erlösers. Christi Blut fließt auf das Haupt des Urmenschen, und die Heilsgeschichte beginnt in der kosmischen Mitte [...] Streicht man die christliche Ergänzung der mythischen Geographie, so bleibt ein geschlossenes Bild zurück: die viergeteilte Erde und ihr kreuzstrahliges Zentrum mit dem Adamsschädel und der Stadt Jerusalem, dem ‚Mittelpunkt der Erde', wie ihr Name zwar nicht philologisch, aber doch symbolisch zutreffend interpretiert wird." (181) „Diese alten Mittelpunkts- und Nabelvorstellungen wie Golgotha, Zion und die heilige Stadt selbst kristallisieren sich [...] noch in einem vierten Monument, [...] im Allerheiligsten, jener Herzkammer des Tempels. [Sie] barg [...] ein [...] Denkmal ehrwürdigsten religiösen Tiefsinns: den Stein [...] schetija [...] Die Bezeichnung ist kosmisch gefärbt [...] [Er] ist der Nabel der Welt" (183). „Die alte christliche Kirche [...] übertrug ihre Omphalosvorstellungen auf den Golgothastein. (194) [...] Nicht nur die alte Kirche, auch das Mittelalter hielt diesen Ort für den Nullpunkt des Kosmos." (195).

3.1. Theologische Quellentexte

3.1.1. Allgemeine Akzente

Die zunächst dem christlichen Verständnis von Gott und ‚Himmel' fremde Annahme eines Empyreums, das – in neuplatonischer Gedankenwelt verankert – „einen obersten Feuerhimmel als Sitz Gottes"[34] annimmt, findet nur zögernd Aufnahme in theologische Reflexionen,[35] zunächst – wenn überhaupt[36] – nur als Begriff erläutert, wie dies bei Remigius von Auxerre (9. Jahrhundert) geschieht.[37] Mag ein „Ätherreich der Sterne" vertraut sein, das Empyreum bleibt ungenannt.[38] Mit der *Summa Sententiarum*, um das Jahr 1158 verfasst, hält die Annahme eines Empyreums endlich Einzug in die theologische Argumentation zum Schöpfungswerk.[39] Die selbstverständliche Beheimatung des Empyreums bei den Frühscholastikern, die der Sentenzenmeister bezeugt, sieht sich von den Quellen her legitimiert. Es sind benannt: Walafried Strabo als vermeintlicher Verfasser der *Glossa ordinaria*, – tatsächlich Anselm von Laon zugehörig, also nicht ins 9. Jahrhundert, sondern ins 11. Jahrhundert zu datieren,[40] – und Beda, der freilich das Wort *empyreum* nicht kennt.[41] Auch Wilhelm von Auxerre, der mit seiner *Summa Aurea* den Übergang von der Früh- zur Hochscholastik bezeichnet,[42] verweist auf das Empyreum bei seiner Beschreibung des Himmels.[43] In der Hochscholastik schließlich ist der ‚Himmel' der Seligen durchgängig mit dem Empyreum gleichge-

---

34 Maurach, Coelum Empyreum 5.

35 Ebd. 7f.

36 Ebd. 9.

37 Ebd. 8. Siehe Remigii Autissiodorensis Commentarii in Martianum Capellam, hg. von Cora E. Lutz. Leiden 1962, Bd.1, 205ff.

38 Das gilt auch von Anselm von Canterbury (siehe Maurach, Coelum Empyreum 85).

39 Summa Sententiarum, tr. II, cap. I: *Unde in Evangelio: Videbam Satan sicut fulgur de coelo cadentem (Lk 10). Nec appellamus hic coelum firmamentum quod secunda die factum est, sed coelum empyreum; ist est, splendidum quod statim repletum est angelis* (Patrologia Latina 176, 81 C).

40 Zu Anselm von Laon und seiner Schule siehe: Wendelin Knoch, Die Einsetzung der Sakramente durch Christus. Eine Untersuchung zur Sakramententheologie der Frühscholastik von Anselm von Laon bis zu Wilhelm von Auxerre. In: Beiträge zur Geschichte der Philosophie und Theologie des Mittelalters N. F. 24 (Münster 1983) 19–73, hier 25.

41 Zum Weltbild des Beda Venerabilis (672/73–735): Maurach, Coelum Empyreum 14ff.

42 Knoch, Einsetzung 365.

43 Magistri Guillelmi Altissidorensis, Summa Aurea, l. II t. I. Paris-Rom 1982, tr II, 31,4f.: *In principio creavit deus celum et terram. Per celum intelligitur celum empireum [...].*

setzt, inhaltlich aber so erweitert, dass die Ursprungsbedeutung verblasst. Dies könnte auch anhand der Aussagen des Thomas von Aquin über das Empyreum aufgezeigt werden.[44]

3.1.2. Petrus Lombardus

Petrus Lombardus bestätigt in seinen einflussreichen Sentenzen[45] das bereits benannte Einteilungsschema der ‚Himmel'. Er benennt und erklärt als erstes das Empyreum im Blick auf die Engel und deren himmlischen Wohnort sowie den Himmelssturz der sich von Gott lossagenden Engel unter Luzifer als ihrem Anführer.[46] Deshalb lässt sich auch die Aussage Jesu Christi: „Ich sah den Satan wie einen Blitz vom Himmel fallen" (Lk 10,18) dahingehend klären, dass ‚Himmel' hier nicht ‚das Firmament' bedeutet, das am zweiten Tag gemäß dem Buch Genesis geschaffen ist, sondern jenen strahlenden Himmel, der Empyreum heißt, d. h. feurig ist, und zwar vom Glanz, nicht von der Hitze her. Alsbald geschaffen, ist er – über dem Firmament bestehend – mit den Engeln gefüllt worden.[47] Damit wirkt Augustins Argumentation nach, auch wenn der Sentenzenmeister als Autoritäten für die Existenz des Empyreum Walafried Strabo (in falscher Zuordnung), wie gezeigt,[48] und Beda anführt.[49] Die *Glossa ordinaria*, so zitiert der Lombarde, erklärt das Empyreum: *Id est igneum vel intellectuale, quod non ab ardore, sed a splendore dicitur.*[50] Und er folgert des Weiteren aus einem Beda-Zitat, dass sich anfänglich alle Engel im Empyreum aufgehalten haben, mit dem zusammen sie geschaffen worden sind.[51] Im Blick auf Luzifer ist eine ergänzende Frage zu beantworten, die

---

[44] Siehe Maurach, Coelum Empyreum 91; Bernhard Lang, Ewiges Glück im Jenseits: Perspektiven des Mittelalters und der Renaissance. In: Der Himmel über der Erde 15–31, hier 17f.

[45] Magistri Petri Lombardi Sententiae in IV Libris distinctae, t. I, pars II, liber I et II. Rom 1971.

[46] Petrus Lombardus, Sent. l II, dist. II, cap. 4, 339, 11f.: *Ubi angeli mox creati fuerint: in empyreo scilicet, quod statim factum, angelis fuerit repletum.*

[47] Ebd. 339, 17–21: *Videbam satanam sicut fulgur de caelo cadentem. Nec appellatur hic caelum firmamentum, quod secunda die factum est, sed caelum splendidum quod dicitur empyreum, it est igneum, a splendore, non a calore, quod statim factum, angelis est repletum, quod est supra firmamentum.*

[48] Vgl. Maurach, Coelum empyreum 84f.

[49] Petrus Lombardus, Sent., l.II, 340, 1–13.

[50] Ebd. 340, 2f.

[51] Ebd. 340, 11–13, wobei zu beachten ist, dass die Schöpfung der Engel zugleich erfolgte *cum informi materia omnium corporalium.*

weitere Klärung verspricht. Ein vom Lombarden auf Luzifer bezogenes Wort aus Jes 14,13f., ursprünglich ein Spottlied auf den König von Babel, spricht vom Wunsch nach Aufstieg und Thronbesteigung ‚im Himmel'. Da Luzifer bereits im Empyreum ist, kann damit nur ein Emporsteigen zur ‚Erhabenheit Gottes' gemeint sein, also ein ‚Gott-Gleich-Sein'.[52] Diesem Stolz folgt deshalb der Sturz aus dem Empyreum an einen von Hitze geprägten ‚Ort'.[53] Des Weiteren geht Petrus Lombardus auch auf jenen Himmel ein, der – vom Empyreum klar getrennt – nach Gen 1,8 am zweiten Tag geschaffen worden ist.[54] In diesem Schöpfungszusammenhang ist nicht nur einzuordnen, was Jer 23,24b – von Ambrosius zitiert – als Gotteswort festhält: „Bin nicht ich es, der Himmel und Erde erfüllt?"[55] Ausdrücklich klärt Petrus Lombardus mit einem Beda-Wort, dass der hier benannte Himmel der Fixsternhimmel ist, aus kristallin-wässriger Materie bestehend,[56] aus Wasser, dem Gott die Festigkeit von Eis zu geben vermag.[57] So klärt sich auch der Begriff ‚Firmament', der sich auf dessen Festigkeit und die Grenze für die Wasser bezieht. Wenn das Firmament also fest steht, dann hindert nichts, dass sich an einem solchen festen Himmel Sterne bewegen und kreisen können.[58]

3.2. Theologisch-‚praktische' Einsichten und Akzente

3.2.1. Grundlegendes

Weil die theologische Rede vom ‚Himmel' jeden Christen berührt, – er weiß sich durch Jesus Christus aufgefordert, immer zum „Vater im Himmel" zu beten (siehe Mt 6,9–13), bekennt sich als „Kind Gottes" und als „Glied der Kirche", – ist der ‚Himmel' auch ein vielschichtiges Thema in der Sermonesliteratur. Namentlich die Predigten zur Kirchweihe, – die vielzitierte Predigt des Ivo von Chartres zu diesem Anlass ist bereits genannt worden –, sprechen über den Himmel in der Konkretheit des ‚Himmlischen Jerusalem', das im Kirchbau aufscheint. Dabei bieten diverse Stellen aus dem Alten wie Neuen Testament, allegorisch gedeutet, reiche Ansatzmöglichkeiten, dieses

---

52 Ebd. 341, 12: *ascendam in caelum, id est ad aequalitatem Dei.*

53 Petrus Lombardus, Sent., l.II. dist. 6, 355, 15–21.

54 Vgl. oben Anm. 46.

55 Petrus Lombardus, Sent., l.II, ebd. 264, 28–30, bes. 265, 1–4.

56 Ebd. 395,15–23.

57 Siehe 386, 7–9, als Beda-Zitat, das seinerseits auf Augustinus zurückgreift.

58 Ebd. 397,11f.

Thema in den praktischen Lebensvollzug hinein auszufalten.[59] Gedichte und Lieder verdeutlichen ebenfalls diese Transparenz des Kirchbaus hin auf die himmlische Stadt Jerusalem, getragen von der Gegenwart Christi, der in der Kirche vor Ort die Hochzeit mit seiner Braut feiert. Auch auf die berühmten Ausführungen Abt Sugers über den gotischen Neubau seiner Abteikirche ist nochmals hinzuweisen.[60] Das Westportal wird zur *porta caeli.*[61] „Erst im liturgischen Vollzug (aber) vollendet sich die Erbauung des Heiligtums im Äußeren und im Inneren; dabei bezieht Suger die Aussage des Apostels Paulus aus dem Zweiten Korintherbrief (2,19–22) auf die von ihm erbaute Kirche [...] und bittet im Schlußgebet, durch die Vereinigung des Materiellen mit dem Immateriellen, des Körperlichen mit dem Geistigen, des Menschlichen mit dem Göttlichen, durch die sakramentale Zurückführung auf den reineren Ursprung, die unsichtbare Wiederherstellung mit Hilfe sichtbarer Weihen, die wunderbare Erhebung des Gegenwärtigen in das himmlische Reich: Himmel und Erde zu einer Gemeinschaft zu machen. Die in Bau und Liturgie sichtbaren Zeichen werden von den teilnehmenden Gläubigen als Manifestierung des Unsichtbaren verstanden“.[62]

3.2.2. Bernhard von Clairvaux (1090–1153)

Von Abt Suger her mag exemplarisch noch ein Blick auf Bernhard von Clairvaux geworfen sein, den großen Ordensvater der Zisterzienser, der auch mit Suger regen Austausch pflegte.[63] In einer seiner Sentenzen spricht Bernhard mit Verweis auf Lk 19,13 „fünf Bereiche“ an, „die der Herr seinen Gläubigen zum Geschäftemachen zugewiesen hat,“ von denen der fünfte „der Bereich über dem Himmel“ ist.[64] Dazu führt Bernhard aus: „Der Bereich über dem Himmel ist Jerusalem, unsere Mutter, das Land der Lebenden, ein wahrhaft prächtiges Werk, ein Werk, das Gottes, seines Baumeisters, würdig ist. Dort gebietet Christus [...] Dort ist vollkommene und vollständige Sicherheit, Leben bei Gott, Leben mit Gott, Leben in Gott, ja Gott selbst ist das Leben. [...] Ewig dauert das Fest für alle, Gott von Angesicht

[59] Dazu bietet Brinkmann, Hermeneutik 126f. einprägsame Beispiele.
[60] Siehe Anm. 30.
[61] Brinkmann, Hermeneutik 131; Holländer, Himmel 260.
[62] Brinkmann, Hermeneutik 131f.
[63] Siehe Peter Dinzelbacher, Bernhard von Clairvaux, Leben und Werk des berühmten Zisterziensers. Darmstadt 1998, 34 (u. ö.).
[64] Bernhard von Clairvaux, Sämtliche Werke IV. Innsbruck 1993, Sentenzen III, 91, 535.

zu Angesicht zu schauen, sich an seiner Süßigkeit ohne Überdruß zu sättigen, ihn immer zu besitzen und immer besitzen zu wollen, sich der Vereinigung mit ihm ohne Einschränkung zu erfreuen. [...] Und auf allen Gassen und Plätzen Jerusalems wird Halleluja gesungen. [...] Der Marktplatz und Markttag dieses Bereichs verleiht seinen Geschäftsleuten sowohl einen berühmten Namen als auch einen reichen Ertrag. Hier wird eine Ware erworben, die weitaus kostbarer ist als die übrigen, nämlich die Gottesliebe.“[65] Jedoch belehrt Bernhard von Clairvaux nicht nur über das ‚Himmlische Jerusalem‘. Der Prediger Bernhard enthüllt uns, mit welcher Selbstverständlichkeit er den Himmel als Ort der Gegenwart Gottes ebenso benennt, wie den Himmel, der die Erde überwölbt und dem er die Chöre der Engel zuordnet. Er preist dessen Glanz, der in seiner Vergänglichkeit aber noch bei weitem von der bleibenden Schönheit der Braut, der Kirche, übertroffen wird. Diese nämlich ist, da sie sich im Besitz der Verheißung künftiger Glückseligkeit weiß, schon jetzt darum bemüht, „sich bereit zu machen und mit golddurchwirktem Kleid zu schmücken, eingehüllt in die bunte Pracht der Gnaden und Tugenden, damit sie so der Fülle der Gnade für würdig und empfänglich befunden werde. Mit dieser geistigen und schönen Pracht, die sie gleich mit dem ersten Gewand dem Kleid ihrer Heiligung empfangen hat, möchte ich, was die Schönheit anlangt, in keiner Weise diesen sichtbaren und körperhaften Himmel vergleichen, mag er auch in seiner Art durch die bunte Vielfalt der Gestirne wunderschön sein. Es ist vielmehr der Himmel des Himmels, von dem der Prophet spricht: ‚Lobsinget dem Herrn, der über dem Himmel des Himmels dem Aufgang zu emporsteigt‘ (Ps 67,33f.), und dieser Himmel ist nicht mit den Sinnen wahrnehmbar, sondern geistig; der die Himmel mit Einsicht schuf, hat auch diesen geschaffen und ihn auf ewig gegründet; in ihm wohnt er. Du sollst aber nicht glauben, daß die Hingabe der Braut unterhalb dieses Himmels verharrt, in dem ihr Geliebter wohnt, wie sie weiß: Wo ihr Schatz ist, dort ist auch ihr Herz (Mt 6,21). Sie eifert denen nach, die vor dem Antlitz dessen stehen, nach dem sie seufzt; kann sie sich mit ihnen auch noch nicht in der Anschauung vereinen, so strebt sie doch danach, sich ihnen durch ihr Leben anzugleichen [...] Daß sie sich mit diesem Himmel vergleicht, hält sie durchaus nicht für ungeziemend. Dieser ist ausgespannt wie eine Decke, doch nicht in der räumlichen Ausdehnung, sondern in den Empfindungen der Seelen; er ist geschmückt mit wunderbaren und mannigfaltigen Werken des Schöpfers. Es gibt Unterscheidungen, doch nicht nach den

[65] Ebd. 543–545.

Farben, sondern nach den Seligkeiten. Denn die einen schuf er als Engel, andere als Erzengel, andere als Kräfte, andere als Herrschaften, andere als Fürstentümer, andere als Mächte, andere als Throne, wieder andere als Cherubim und Seraphim. Mit solchen Sternen ist dieser Himmel geschmückt, mit solchen Farben diese Decke."[66] Uns wundert nicht, dass der Prediger des weiteren in der Kirche selber als der Braut Christi zugleich das Bild des ‚Himmlischen Jerusalem' erkennt. Dabei fließen die Elemente des ‚klassischen' Weltbildes seiner Zeit wie selbstverständlich mit ein. Die Kirche, die als Braut Christi den Vergleich mit den Engeln nicht zu scheuen braucht, führt die Menschen zusammen. Der Prediger führt aus: „Wie er (Christus) aus verschiedenen Schafherden eine Einzige machen wollte, damit es nur einen Schafstall und nur einen Hirten gebe, so gefiel es ihm, auch wenn er als Braut die ihm treu ergebene Schar der Engel hatte, auch unter den Menschen eine Kirche zusammenzurufen und sie mit jener Braut zu vereinen, die vom Himmel kommt, damit es nur eine Braut gebe und nur einen Bräutigam. [...] So erkennst du, daß beide vom Himmel kommen, der Bräutigam Jesus und die Braut Jerusalem."[67]

4. DER HIMMEL, ‚RAUM' DER *VISIO BEATIFICA*, SELIGER GOTTESSCHAU. ZUR BLEIBENDEN BEDEUTUNG DES SCHOLASTISCHEN ERBES

Auf biblischem Fundament aufruhend und patristisches Erbe verarbeitend, hat das Mittelalter seinem Weltbild wie selbstverständlich auch feste Himmelsvorstellungen integriert. Und es sind – hier weitgehend auf die Epoche der Frühscholastik eingegrenzt vorgestellt – gerade die Lehrer der Theologie gewesen, die sich in diesem Verständnishorizont des Themas ‚Himmel' als Antwort auf aktuelle Anfragen und zugleich als vielschichtig wirksamen Impuls für konkrete Ausformungen in Kunst, Kultur und Wissenschaft angenommen haben. Auch die heutige Theologie muss in ihren dogmengeschichtlichen Forschungen ihren Dienst dazu leisten, dass das die vielfältigen Ausdifferenzierungen des Themas ‚Himmel' im Horizont des Mittelalters tragende Glaubens- und Bekenntnisfundament nicht übergangen, vielmehr ausdrücklich thematisiert und ausgelotet wird. Die damit aufgezeigte Rückbindung an das christliche Credo mit seiner Bejahung von Schöpfung,

---

[66] Bernhard von Clairvaux, Sämtliche Werke IV. Innsbruck 1994, 27. Predigt 411–433, hier 417–419.

[67] Ebd. 421.

Erlösung und Vollendung ‚im Himmel' schließt zum einen eine Relativierung des Gegebenen als vorläufig (in Erkenntnisstand und Umsetzung) ein. Zum andern sichert die Theologie den mittelalterlich-konkreten Verortungen von ‚Himmel' ihre bleibende Bedeutung. Wird nämlich der Himmel als Ziel des eigenen Lebens erkannt und ernst genommen, ist das ‚Auf-dem-Weg-dorthin-Sein' wichtig, ist der Verzahnung von Alltag und Glaubenspraxis im Bekenntnis zu Jesus Christus, dem Erlöser und im Himmel thronenden Weltherrscher, und seiner geistgewirkten Präsenz in der Kirche Aufmerksamkeit zu schenken.[68] Deshalb ist die Erinnerung an diesen ‚Status' ebenso notwendig wie die Erfahrung, dass das künftige Heil in der (irdischen) Gegenwart bereits aufscheint. Das Lebensende vor Augen, das in das Heute selbstverständlich hineinragt, ist der ‚Himmel' als ‚Raum' bewusst, zu dem die Seele mit dem Tod des Leibes unterwegs sein, aufsteigen muss, um – endlich ans Ziel gelangt – mit ihrer Unsterblichkeit dem ewigen Gott entgegenzutreten.[69] – Im Bekenntnis zum ‚Himmel' verschwistern sich Wissen und Weisheit,[70] kann ‚Sachliches' hin zu Personalem überschritten werden, wird der ‚Raum' des Himmels zur Chiffre für die *visio beatifica*, die selige Gottesschau.[71]

---

[68] Bernhard Häring, Was bedeutet Himmel? Theologische Meditationen. Einsiedeln 1980. „Wir können und müssen [...] den Himmel als Erfüllung unserer Sehnsucht benennen [...] Das können und werden immer wieder religiöse Bilder sein: die Anschauung Gottes und die Gemeinschaft mit Jesus, Anbetung, Lobpreis, kosmische Liturgie [...]" (86).

[69] Vgl. Percy Ernst Schramm, Sphaira, Globus, Reichsapfel. Wanderung und Wandlung eines Herrschaftszeichens von Cäsar bis zur Elisabeth II. Ein Beitrag zum „Nachleben" der Antike. Stuttgart 1958, 74.

[70] D. Wilhelm Bousset, Die Himmelsreise der Seele. In: Archiv für Religionswissenschaft 4 (1901, Reprint 1965) 136–169, 229–273, hier bes. 248f.; siehe auch ebd. 268f., wo auf die sieben Himmel und Engelklassen als spätjüdisches Erbe hingewiesen ist; aktuell dazu: Peter Dinzelbacher, Der Himmelaufstieg nach Bildern und Texten des Mittelalters. In: Der Himmel über der Erde 78–97. Zu beachten ist, dass die von der Seele zurückzulegende Wegstrecke (78) in einer „Wanderung" (79) zu bewältigen ist. Geführt von Engeln und Heiligen, kommt es zu einem Aufflug der Seele, die von den Engeln getragen ist (81–83). Auch wenn die meisten Christen zunächst die Pein des Fegefeuers erdulden müssen (83), gelingt dann doch der Aufstieg von dort ebenfalls mit Hilfe der Engel (84). Über eine Brücke findet die Seele die Pforte des irdischen Paradieses und nach Frist auch die des himmlischen Paradieses (85).

[71] Vgl. Bernhard Lang, Ewiges Glück im Jenseits; Perspektiven des Mittelalters und der Renaissance. In: Der Himmel über der Erde 16.

„Wir ziehen durch das Tor des Todes zum Himmel, der Vollendung des Himmels, hinauf. Der Himmel hingegen steigt als messianisches Reich durch das Tor der Neuschöpfung zur Erde herab".[72]

So entbergen die Himmelsvorstellungen des Mittelalters im Überschreiten ihrer Zeitgebundenheit das, was bleibend gültig ist. Die Rede vom Himmel als ‚Raum' wird nämlich transparent hin auf die Wirklichkeit, von der her sie ihre je aktuell praktisch formende Kraft erhält und bewahrt.[73] Das merkt der Theologe auch heute noch gerne an.

---

[72] Häring, Himmel 60.

[73] Nikolaus Wicki, Die Lehre von der himmlischen Seligkeit in der mittelalterlichen Scholastik von Petrus Lombardus bis Thomas von Aquin. Freiburg (Schweiz) 1954, bes. 2. Teil: Die Theologie der himmlischen Seligkeit, 57ff., bes. 60.

Johann Konrad Eberlein

Kosmos, Geschlecht und Frömmigkeit.

Das Weltenei in einer Vision der Hildegard von Bingen

Die Formulierung des Themas geht von der These aus, dass es möglich ist, die Miniatur mit der Darstellung des Welteneis aus dem *Scivias* der Hildegard von Bingen auch als Reflex des weiblichen Geschlechts zu lesen.[1]

Nachdem Hildegard von Bingen (1098–1179) 1141 mit der Niederschrift ihrer Visionen begonnen hatte, wandte sie sich 1146 oder 1147 an Bernhard von Clairvaux, der 1146 in Speyer den Kreuzzug gepredigt hatte, mit der Frage, ob sie über ihre Visionen Schweigen bewahren solle oder ob sie sie der Öffentlichkeit übergeben dürfe. Nachdem Bernhard sich für sie bei Papst Eugen III. eingesetzt hatte, der 1147/48 in Trier eine Synode abhielt, erteilte ihr dieser in einem feierlichen Schreiben die Erlaubnis, das, was sie im Heiligen Geist erkenne, zu verkünden. 1151 wurde der erste Band ihrer Visionen abgeschlossen, der heute unter dem Titel *Scivias* bekannt ist. Die Niederschrift wurde von dem Mönch Volmar nach dem Diktat der Äbtissin, die das Latein nur ungenügend beherrschte, besorgt. Die Überlieferung ist mit zehn Handschriften recht gut.

Von den vielen Werken der Hildegard von Bingen sind nur zwei mit Illustrationen überliefert, das Buch *Scivias* und der *Liber divinorum operum*, wobei es vom *Scivias* zwei illuminierte Fassungen gibt. Die ältere befand

---

[1] Es handelt sich um die gekürzte und überarbeitete Fassung des Vortrags, der unter diesem Titel auf dem Kongress „Virtuelle Räume. Raumwahrnehmung und Raumvorstellung im Mittelalter“ am 25. 3. 2003 in Krems gehalten wurde. Für die Einladung danke ich dem Direktor des Instituts für Realienkunde, Herrn o. Univ.-Prof. Dr. Karl Brunner/Wien-Krems. Für wertvolle Hinweise in der anschließenden Diskussion danke ich den Herren Prof. Dr. Ulrich Ernst/Wuppertal, Prof. Dr. Rudolf Simek/Bonn und Univ.-Prof. Dr. Kurt Smolak/Wien. Auf die einzelnen Hinweise wird im Folgenden noch genauer eingegangen.

sich bis 1945 in Wiesbaden (Landesbibl. Hs. 1),[2] von ihr geben Schwarz-Weiß-Aufnahmen und eine zwischen 1927 und 1933 von den Nonnen des Eibinger Klosters in Farbe angefertigte Kopie Zeugnis. Der Codex enthielt 31 große Miniaturen, die sehr unterschiedliche Zustände aufwiesen. Vor allem die Bilder des dritten Teils wurden offenbar nicht fertig gestellt. Die Datierung ist umstritten; die Ansätze schwanken zwischen um 1165 und den 80er Jahren. Die Arbeit am Codex muss auf jeden Fall vor 1195 abgeschlossen worden sein, wie ein eingetragenes Güterverzeichnis errechnen lässt. Die Frage ist also, ob die Illustrationen noch zu Lebzeiten Hildegards entstanden oder erst nach ihrem Tod, wie die letzte Bearbeiterin Frau Saurma-Jeltsch vorschlägt. Der andere illustrierte *Scivias*-Codex kam aus Salem nach Heidelberg (UB Sal. X. 16) und entstand um 1200. Seine Miniaturen sind ganz unabhängig von denen der ehemals Wiesbadener Handschrift.[3]

Der *Liber divinorum operum simplicis hominis* wurde zwischen 1163 und 1174 niedergeschrieben. Er enthält eine Kosmologie, in der Makrokosmos und Mikrokosmos zueinander in Beziehung gesetzt sind. Das illuminierte Exemplar in Lucca (Biblioteca Governativa Ms. 1942) entstand um 1230.[4] Es ist von den drei Codices am kostbarsten ausgestattet und enthält zehn Miniaturen, die die Visionen möglichst adäquat wiedergeben. Nach einer Eintragung befand sich das Exemplar bereits im 13. Jahrhundert in Lucca. Vielleicht gehörte es zu den Büchern, die im Zuge des Verfahrens zur Heiligsprechung Hildegards nach Rom an Papst Gregor IX. (1227–1241) gesandt wurden. Wenn in Dantes *Göttlicher Komödie* tatsächlich Reflexe von Hildegards Visionen zu erkennen sind, dann könnten sie über diesen Codex vermittelt worden sein.

---

2 Lieselotte E. Saurma-Jeltsch, Die Miniaturen im „Liber Scivias" der Hildegard von Bingen. Die Wucht der Vision und die Ordnung der Bilder. Wiesbaden 1998. In diesem sehr ausführlichen Kommentar finden sich alle folgenden Einzelheiten und die weiteren Literaturangaben, die hier daher nicht wiederholt werden. Vgl. ferner die informative Übersicht von Karin Heerlein, Hildegard von Bingen (1098–1179). Erträge des Jubiläumsjahres. In: Kunstchronik 53 (2000) 549–560.

3 Zu diesem Codex vgl. Hildegard von Bingen, Liber Scivias. Farbmikrofiche-Edition der Handschrift Heidelberg, Universitätsbibliothek, Cod. Sal. X 16. Einleitung, kodikologische Beschreibung und Verzeichnis der Bilder, Rubriken und Initialen von Antje Kohnle (Codices illuminati medii aevi 50) München 2002.

4 Vgl. Keiko Suzuki, Bildgewordene Visionen oder Visionserzählungen. Vergleichende Studie über die Visionsdarstellungen in der Rupertsberger „Scivias"-Handschrift und im Luccheser „Liber divinorum operum"-Codex der Hildegard von Bingen (Neue Berner Schriften zur Kunst 5) Bern usw. 1998, 187–190.

Abb. 1: Der Makrokosmos – Liber Scivias, Visio I,3,
Kopie des Ruprechtsberger Kodex, Abtei St. Hildegard, Eibingen

Die hier diskutierte Miniatur (Abb. 1) befand sich im Wiesbadener Codex auf fol. 14r. Sie zeigt in einem Rahmen ein eiförmiges Gebilde, das über diesen hinausragt. Es ist nicht ganz symmetrisch, sondern mit der Spitze nach rechts geneigt. Das flammende Gebilde ist durch Köpfe und Gestirne belebt, die sich gemäß dem Text der Vision und unter Zuhilfenahme anderer Hinweise entschlüsseln lassen. Die blasenden Köpfe sind links Norden, unten

Westen und rechts Süden, der im Unterschied zu den anderen in der Feuerzone angesiedelt ist. Der Osten ist nach unten, zum Zentrum hin, platziert. Seinen Platz nimmt die Sonne ein, unter ihr befindet sich der Mond. Im Innersten ist die irdische Welt angedeutet, umgeben von Wolken. Wie die Figuration ganz im Zentrum zu lesen ist, ist umstritten: Frau Saurma-Jeltzsch deutet das linke zugespitzte Element als Weltenberg. Die Sterne außen herum sind Fixsterne, über ihnen Blitz und Hagel. Über dem Mond stehen die inneren Planeten Venus und Merkur, über der Sonne die äußeren Mars, Jupiter und Saturn. Es handelt sich bei der Miniatur also um ein kosmisches Diagramm, und zwar in Eiform, wie auch in der dazugehörigen Vision betont wird. Damit muss das Bild als einzigartig bezeichnet werden.[5] Ich kenne keine zweite Kosmosdarstellung im Mittelalter, die dieser zur Seite gestellt werden könnte. Überhaupt kommt die Eiform oder schlichtweg das Ei in der älteren Kunstgeschichte kaum vor. Dabei sind allerdings Verwechslungsmöglichkeiten wie die mit der Mandorla auszuscheiden. In größerem Umfang treten Eiformen erst im 15. und 16. Jahrhundert auf, wo das Straußenei als Mariensymbol eine gewisse Rolle spielt. Beispiele sind die wohl nach 1472 entstandene Pala Montefeltro von Piero della Francesca (1415–1492) in der Mailänder Brera, zu deren in der gemalten Apsis aufgehängtem Ei es eine ganze Reihe von Vergleichsstücken gibt. Das Eisymbol bezieht seine Bedeutung aus der vom *Physiologus* überlieferten Annahme, dass der Strauß seine Eier von der Sonne ausbrüten lasse, was als Symbol der jungfräulichen Empfängnis Marias gedeutet wurde.[6] So ist z. B. auch die Eiform des sogenannten ‚Englischen Grußes' in der Lorenzkirche in Nürnberg von Veit Stoß aus den Jahren 1517–19 erklärbar. Diese Symbolik, die mit ihrem Bezug auf Maria eine rein weibliche Färbung hat, ist jedoch auf die Miniatur aus dem *Liber Scivias* von Hildegard von Bingen mangels entsprechender bildlicher Hinweise nicht anwendbar.

---

[5] Rudolf Simek, Erde und Kosmos im Mittelalter. Das Weltbild vor Kolumbus. München 1992 (Ndr. Augsburg 2000) 33 nennt noch kleine Randzeichnungen, die die Vision Hildegards in Form von Diagrammen illustrieren, die also lediglich das diskutierte Bild variieren.

[6] Vgl. Millard Meiss, Ovum Struthionis. Symbol and Allusion in Piero della Francesca's Montefeltro Altarpiece. In: Dorothy Miner (Hg.), Studies in Art and Literature for Belle da Costa Greene. Princeton 1954, 92–101; Maria Neusser-Hromatka, Das kosmische Ei, ein alchimistisches Symbol. In: Ellen J. Beer, Paul Hofer und Luc Mojon (Hg.), Festschrift Hans R. Hahnloser zum 60. Geburtstag. Basel-Stuttgart 1961, 381–392; Marielene Putscher, Omne vivum ex ovo. In: Sudhoffs Archiv. Zeitschrift für Wissenschafts-Geschichte 54/4 (1970) 355–372.

Damit steht die bildliche Überlieferung in einem deutlichen Gegensatz zu der literarischen Tradition, die eine Beschreibung der Welt in Form eines Eis sehr wohl kennt. Die Überlieferung beginnt früh, ist durchgängig und enthält illustre Namen. Feststellbar ist der Topos z. B. bei Varro, Cassiodor, Martianus Capella, seine Verwendung reicht bis Abaelard.[7] Einer unter den rund 20 hier nennbaren Autoren[8], der Hildegard von Bingen besonders nahe steht, ist Odo von Cluny[9]. Man könnte also versuchen, die Eiform der Miniatur aus dem Wiesbadener Codex mit der schriftlichen Überlieferung in Verbindung zu bringen.[10] Aussichtslos scheint das aber, wenn man die zweite Lesart des Bildes einbezieht, die seine singuläre Stellung noch weiter bekräftigt. Manchmal werden Bedeutungen so offen vorgetragen, dass sie dadurch ins Unerkennbare geraten. Ein solcher Fall scheint hier vorzuliegen: Man kann das Bild der dritten Vision im *Liber Scivias* der Hildegard von Bingen auch als Darstellung des weit geöffneten weiblichen Geschlechts lesen.[11] Der Beweis ließe sich bis hin zu physiologischen Details führen, was aber von der Kunstgeschichte aus überflüssig ist, weil es genügt, moderne Bilder von Künstlerinnen mit feministischer Argumentation zum Vergleich heranzuziehen.[12] Es gibt in der jüngeren Geschichte der Kunst genügend Darstellungen des weiblichen Geschlechts mit derselben Grundstruktur, die belegen, dass das Weltenei der Hildegard von Bingen auch als solches aufgefasst werden

[7] Vgl. Peter Dronke, Fabula (Mittellateinische Studien und Texte IX) Leiden-Köln 1985, 79–99. Für den Hinweis danke ich Herrn Univ.-Prof. Dr. Kurt Smolak/Wien. Vgl. Simek 32–35. Für den Hinweis danke ich dem Autor.

[8] Jürgen Hamel, Die Vorstellung von der Kugelgestalt der Erde im europäischen Mittelalter bis zum Ende des 13. Jahrhunderts (Abhandlungen zur Geschichte der Geowissenschaften und Religion/Umwelt-Forschung N. F. 3) Münster 1996, 29–31. Für den Hinweis danke ich Herrn Univ.-Prof. Dr. Kurt Smolak/Wien.

[9] Für den Hinweis danke ich Herrn Univ.-Prof. Dr. Kurt Smolak/Wien.

[10] Herr Prof. Dr. Ulrich Ernst/Wuppertal wies mich darauf hin, dass es von Sim(m)ias Rhodius ein Figurengedicht in Form eines Eis gibt; die Vermittlung solcher Traditionen könnte über Byzanz erfolgt sein.

[11] Ich habe diesen Gedanken zum ersten Mal in meiner Vorlesung ‚Spätantike und Byzanz – kunstgeschichtliche Probleme' im WS 1989/90 in Frankfurt am Main und seither wiederholt in Vorlesungen und Vorträgen geäußert. Überlegungen in diese Richtung finden sich nicht bei Saurma-Jeltsch. Im Internet sind jedoch inzwischen, worauf mich Herr o. Univ.-Prof. Dr. Karl Brunner/Wien-Krems aufmerksam machte, vergleichbare Deutungen von feministischer Seite zu finden.

[12] Cynthia Carlson, Ohne Titel 1970, Judy Chicago, Georges Sand, 1972 oder Judy Chicago, Female Rejection Drawing 1974. Beispiele in: Lucy R. Lippard (Hg.), From the Center. Feminist Essays on Women's Art. New York 1976.

darf. Von dieser Erkenntnis aus kann man auch einen neuen Blick auf jenes berühmte Gemälde von Courbet aus dem Jahr 1866 werfen, das den Titel ‚Der Ursprung der Welt' trägt.[13]

Für die vorgeschlagene Lesart gibt es einen indirekten Hinweis bei Hildegard selbst: Die Eiform des Kosmos wurde von ihr später korrigiert. Im genannten Luccheser Codex gibt es nicht nur keine Eiform mehr, sondern im Text wird sogar diese Vision im *Liber Scivias* erwähnt und von der Autorin gesagt, dass sie diese Form jetzt zugunsten der Radform aufgeben würde. Die Begründung ist, dass dort jene Form für die Unterscheidung der Weltstoffe die bessere gewesen sei, hier diese für die Weltgestalt. Dieser im Werk Hildegards und überhaupt einmalige Vorgang zeigt, dass diese Miniatur zu einer Beanstandung führte, die nach – spätestens – 28 Jahren in Form einer Korrektur auch vorgenommen wurde. Auf wessen Veranlassung sie zurückging, darüber können wir nur spekulieren, aber man kann sicher an die genannten offiziösen Zwecke des Codex erinnern.[14] Das genuin Weibliche der dritten Vision des *Liber Scivias* lässt sich aber nicht nur über die optische Evidenz dieser Miniatur fixieren, sondern auch über den Text, der Einzelheiten wie das sich Zusammenziehen und Ausdehnen oder den Zusammenhang mit Feuchtigkeit und herabfallendem Nass enthält, die sich auf die weibliche Physiologie übertragen ließen. Die Orgasmus-Topologie ist in der weiblichen Visionsliteratur zu allen Zeiten geläufig; sie erscheint auch bei Hildegard von Bingen vor allem im Bild des Feuers, das bei Visionen über sie kommt und das in der zur Diskussion stehenden 3. Vision aus dem *Liber Scivias* von besonderer Wichtigkeit ist: „Zuweilen hob sich der Feuerball empor, und viel Feuer sprühte ihm entgegen, so daß seine Flammen weiter hinausloderten. Zuweilen neigte er sich nach unten. Doch kam ihm von daher viel Kälte entgegen, und rasch zog er seine Flammen wieder zurück."[15] Dass das Feuer die Metapher für weibliche Erregung ist, belegen z. B. die

---

[13] L'origine du monde; vgl. dazu Günter Metken, Der Ursprung der Welt. Ein Lust-Stück. München 1997.

[14] Interessanterweise gibt es dazu einen vergleichbaren Vorgang beim genannten Werk von Veit Stoß. Die schwere Holzskulptur fiel in der ersten Hälfte des 19. Jahrhunderts herunter und zerbrach. Damals wurde sie in Kreisform wieder zusammengesetzt, also die ovale Fassung korrigiert. Erst bei der Restaurierung am Ende des letzten Jahrhunderts wurde die ursprüngliche Eiform wiederhergestellt.

[15] Maura Böckeler (Hg.), Hildegard von Bingen, Wisse die Wege (Scivias). Nach dem Originaltext des illuminierten Rupertsberger Codex der Wiesbadener Landesbibliothek ins Deutsche übertragen und bearbeitet. Salzburg 1955, 109.

Qualen, denen Maria Ägyptiaca nach der autobiographischen Schrift des Otloh von St. Emmeram aus dem 11. Jahrhundert *Das Buch von seinen Versuchungen*, ausgesetzt war: „Ein überaus starkes Feuer hat meinen ganzen unglücklichen Leib entflammt und mich durch und durch verbrannt, und dieses Feuer zog mich zur Begierde nach körperlicher Vereinigung mit einem Mann."[16]

Der Text dieser Vision ist es auch, der sich auf den ersten Blick nicht mit der genannten schriftlichen Tradition des Welteneis vereinbaren lässt. Es stellt sich daher folgendes Problem: Gibt es eine Basis, die das bisher Festgestellte verbindet, also das Bild des Welteneis in Form des weiblichen Geschlechts auf einer Miniatur, die in der Kunsttradition allein dasteht, und die nachweisbare Überlieferung vom Weltenei als der Grundform des Kosmos in der Patristik? Die literarische Welteneitradition hat einen Hintergrund, auf den sie sich gelegentlich offen bezieht, der aber auch indirekt immer wieder in paganen Elementen und unchristlichen Vorstellungsweisen zum Vorschein kommt. Ursprung der kosmischen Eisymbolik sind die sog. orphischen Schriften, also jenes Corpus, das im 6. Jahrhundert vor Christus in Athen gesammelt wurde und das Fragmente von Dichtungen und anderen Texten enthält, die sich als Schriften des Sängers Orpheus ausgeben.[17] Dort findet sich eine bestimmte Vorstellung von der Entstehung der Welt, wonach das Chaos ursprünglich ein Ei war, aus dem Eros entstieg, der Phanes schuf.[18] Diese Grundvorstellung wurde wie folgt ausgeschmückt: Eurynome, die Göttin aller Dinge, erhob sich nackt aus dem Chaos und tanzte auf dem Meer. Aus dem Nordwind, der sie umspielte, wurde Ophion, die große Schlange, die sich mit ihr paarte. Sie nahm die Gestalt einer Taube an, ließ sich auf den Wellen nieder und legte das Weltenei. Ophion brütete es aus, und aus den Schalen entsprangen alle Dinge, Sonne, Mond, Planeten, Sterne, die Erde mit ihren Bergen und Flüssen, ihren Bäumen, Kräutern und lebenden Wesen. Nach einer anderen orphischen Überlieferung war es die Nacht, die vom Wind umwor-

---

[16] Otloh von St. Emmeram. Das Buch von seinen Versuchungen. Eine geistliche Autobiographie aus dem 11. Jahrhundert, eingeleitet und übersetzt von Wilhelm Blum. Münster 1977, 64.

[17] Otto Kern, Orphicorum Fragmenta. Berlin 1922.

[18] Vgl. Luc Brisson, Einführung in die Philosophie des Mythos. Antike, Mittelalter und Renaissance, aus dem Französischen von Achim Russer (Die Philosophie. Einführungen in Gegenstand, Methoden und Ergebnisse ihrer Disziplinen, Luc Brisson und Christoph Jamme, Einführung in die Philosophie des Mythos 1) Darmstadt 1996, 128.

ben wurde und ein silbernes Ei legte, aus dem Eros entstieg und das All in Bewegung setzte.[19]

Von diesem Vorstellungskreis aus nahm die kosmische Eisymbolik einen Weg, der sie aus dem gleichsam offiziellen Symbolvokabular der abendländischen Kunst entfernte: Sie wurde Bestandteil der Alchemie. Dort spielte das *ovum philosophicum* eine Hauptrolle. Das prägte sogar die Gestalt der Arbeitsgeräte: alchemistische Arbeitsgefäße waren gerne eiförmig, wie es z. B. die Dürerzeichnung W 703 reflektiert. In der christlichen Literatur findet die Orphik vorwiegend negative Erwähnung, und darunter gibt es auch eine Stelle, wo der Anblick des weiblichen Geschlechts eine Rolle spielt, was zeigt, dass die christlichen Autoren in den orphischen Mysterien tatsächlich beides fanden, den Ursprung des Kosmos und das weibliche Element. Clemens von Alexandria überliefert unter Behauptung ihres orphischen Ursprungs die Geschichte der Baubo, die sich vor Demeter unziemlich entblößt und sie so zum Lachen bringt.[20] Die weibliche *ostentatio genitalium* ist der mittelalterlichen Kunst durchaus geläufig; das bekannteste Beispiel ist an der Kirche S. Maria und David in Kilpeck (Hererfordshire) von etwa 1140 zu finden.[21] Hier zeigt eine Nachfolgerin jener Baubo drastisch das vor, was der Miniatur des *Scivias*-Codex auf höherem Niveau ebenfalls zugrunde liegt.

Offenbar hat also die orphische Vorstellung vom Weltenei, die in der Patristik aufgehoben war, Hildegard von Bingen erreicht und ihre dritte Vision im *Liber Scivias* geprägt. Diese Tradition transportierte von ihrem Ausgangspunkt her eine erotisch-sexuelle Konnotation, die dem christlichen Mittelalter als ein typisch antikes Element vielleicht noch schärfer bewusst war als späteren Zeiten, und löste so die singuläre Illustration der Vision unter dem Bild des weiblichen Geschlechts aus,[22] eine Verschmelzung, die über die Zeiten hinweg noch daran erinnern kann, wie sich die Griechen den Übergang vom Ungeschaffenen zum Geschaffenen, den Beginn des Raums überhaupt vorstellten.

[19] Dieser Mythos erscheint bei Aristophanes in den Vögeln 693–702.

[20] Monika Gsell, Die Bedeutung der Baubo. Kulturgeschichtliche Studien zur Repräsentation des weiblichen Geschlechts. Frankfurt am Main 2002, 34–37.

[21] Ebd. 174.

[22] In den anderen Miniaturen (z. B. fol. 66r) tritt auch eine vergleichbare genuin weibliche, durchaus realistische Auffassung vom Schoß der Kirche auf.

BRIGITTE ENGLISCH

Imago mundi.
Der virtuelle und der reale Raum in den mittelalterlichen Weltkarten

Die spätmittelalterlichen Großkarten bieten einen hervorragenden Zugang zur Vorstellungswelt des Mittelalters, zu der epochenspezifischen Auffassung von Realität und Imagination. In einer umfassenden Studie, die jetzt in Buchform vorliegt,[1] habe ich die Strukturelemente, gewissermaßen das Bauprinzip dieser *Mappae mundi* aufgeführt und ausführlich erläutert. Nachfolgend sollen nun diejenigen Bereiche dieser Quellengruppe an einigen Beispielen näher erläutert werden, die sich den virtuellen Aspekten der mittelalterlichen Weltsicht widmen. Das hierbei angesprochene Spektrum lässt sich am besten anhand zweier Details aus der im 13. Jahrhundert entstandenen Herefordkarte[2] (Abb. 1) umreißen.

1. Eine Illustration, die in Afrika die *Gens labeo prominenti, unde sibi faciem obumbrans ad solem* zeigt, also ein Volk mit einer so hervorstehenden Lippe, dass es damit sein Gesicht vor der Sonne schützt.
2. Eine Darstellung eines prominenten Teils von Frankreich, die hier in rot hervorgehobene *Parisius civitas*, gelegen am *Sequana fluvius*,

---

[1] Brigitte Englisch, Ordo orbis terrae. Die Weltsicht in den Mappae mundi des frühen und hohen Mittelalters (Vorstellungswelten des Mittelalters 3) Berlin 2002.

[2] Zu dieser zuletzt Scott D. Westrem, The Hereford Map. A Transcription and Translation of the Legends with Commentary (Terrarum orbis. History of the Representation of Space in Text and Image 1) Turnhout 2001. Diese Studie ersetzt die älteren Standardwerke zur Herefordkarte von William Latham Bevan und H. W. Phillott, Medieval geography. An essay in illustration of the Hereford Mappa mundi. London-Hereford 1873 (Neudr. Amsterdam 1969) und von Konrad Miller, Mappae mundi. Die ältesten Weltkarten. 4: Die Herefordkarte. Stuttgart 1896.

womit der Tatsache entsprochen wird, dass Paris an der Seine liegt (Abb. 2).

Deutlicher als in Gestalt dieser beiden Illustrationen kann die Spannbreite der visualisierten Raumvorstellung in den mittelalterlichen Weltkarten, den *Mappae mundi*, für den modernen Betrachter wohl kaum zum Ausdruck gebracht werden: Auf der einen Seite sehen wir eine Entlehnung aus der antiken Sagenwelt, auf der anderen Seite ein realistisch anmutendes Stadtsymbol. Beide Komponenten fanden offenkundig in harmonischer und gleichberechtigter Koexistenz in dieser Darstellung des *Orbis terrae* ihren Platz. Insbesondere dieses Spektrum der *Mappae mundi* hat die ältere Forschung dazu veranlasst, diese Karten als Gemälde einer phantastischen Weltsicht zu bezeichnen, die nicht zwischen Realität und Imagination unterschied, wie es in den älteren Werken von Beazeley[3] oder Kretschmer[4] zum Ausdruck kommt. Auch in Überblicksstudien modernen Datums wie zuletzt derjenigen von Harley/Woodward[5] fungieren – trotz des vergrößerten Detailwissens hinsichtlich der Kartenexemplare – diese nicht der nachprüfbaren Realität entlehnten Bestandteile der *Mappae mundi* nach wie vor als eher negatives Attribut mittelalterlicher Raumkonzeptionen.

Will man den mittelalterlichen Weltkarten eine adäquate Würdigung zukommen lassen, so kann dies nur mittels eines methodischen Zugangs erreicht werden, der den epochenspezifischen Konditionen der Raumwahrnehmung und Raumvorstellung Rechnung trägt. Dies schließt die Forschung nach dem mittelalterlichen Umgang mit den Aspekten der Realität resp. der Virtualität mit ein, wobei der Begriff des Virtuellen nachfolgend in der Be-

---

[3] Für Charles Raymond Beazley, The Dawn of Modern Geography. A History of Exploration and Geographical Science. 3 Bde. London-Oxford 1897–1906, hier Bd. 3, 528, ist u. a. die Herefordkarte ein beredtes Beispiel für die mittelalterliche Entfernung von geographischen Vorstellungen.

[4] Konrad Kretschmer, Die historischen Karten zur Entdeckung Amerikas. Atlas. 1892, überarbeitetes Reprint Frankfurt am Main 1991, 9: „Die für uns nur schwer faßbare Weltvorstellung des christlichen Spätmittelalters orientierte sich noch nicht an einem durch Hypothese und Wahrnehmung [...] gewonnenen [...] Bild von Erde und Kosmos. Nicht das Abbild einer irdischen Realität war entscheidend, sondern das Aufzeigen [...] des überirdischen Walten Gottes [...] und das Heilsgeschehen auf der Erde".

[5] John B. Harley und David Woodward (Hg.), The History of Cartography 1: Cartography in Prehistoric, Ancient and Medieval Europe and the Mediterranean. Chicago-London ²1995, 330–332.

deutung von „nicht echt, nicht wirklich vorhanden“[6] benutzt werden soll. Interpretiert man die *Mappae mundi* als bewusst konzipierte und intentionsgeprägte Reflexion über den irdischen Raum, ein WELTBILD, muss folglich untersucht werden,

1. ob und in welcher Art in ihnen konform zur mittelalterlichen Mentalität bewusst eine Darstellung von aus unserer heutigen Sicht virtuellen und realen Räumen verankert wurde,
2. aufgrund welcher Vorstellungsmuster es dem mittelalterlichen Menschen keine Schwierigkeiten bereitete, Komponenten von nach modernem Verständnis tatsächlicher Realität und scheinbarer Realität widerspruchsfrei in einer Karte zu vereinen und
3. ob in Bezug auf den Umgang mit der Realität und der Virtualität eine Entwicklung zu konstatieren ist.

Diese Fragenkomplexe sollen nachfolgend am Beispiel der Herefordkarte betrachtet werden. Hierzu wird, nach einer kurzen Vorstellung der Karte, zunächst einmal die äußere Gestaltung dieser *Mappa mundi* im Hinblick auf die dort manifestierte Raumvorstellung in den Mittelpunkt rücken, um so die in der Konzeption der Karte vorgegebenen realen und virtuellen Räume zu bestimmen. In einem zweiten Schritt der Untersuchung soll dann die innere Ausgestaltung des *Orbis terrae* fokussiert werden, die es gemäß den mittelalterlichen Imaginationsstrukturen und -mustern von Realität und Virtualität zu analysieren gilt.

Mit der Herefordkarte eine spätmittelalterliche *Mappa mundi* in den Mittelpunkt zu stellen, erschien aus mehreren Gründen sinnvoll. Zunächst einmal handelt es sich bei diesem im 13. Jahrhundert in Hereford[7] entstandenen Exem-

---

[6] Renate Wahrig-Burfeind (Hg.), Universalwörterbuch Rechtschreibung. München 2002, 1175.

[7] Die Karte liefert einige Hinweise zum Autor und zur Entstehungszeit. Gemäß eines Eintrages in der linken unteren Ecke ist diese Karte entstanden, um für Richard von Haldingham und Lafford zu bitten, der diese Karte entworfen und angefertigt hat. Zumeist wird dieser mit einem Richard de Bello identifiziert, der von 1277 bis ca. 1284 Präbend von Sleaford und von 1305 bis 1326 Kanoniker in Hereford war. Eine umfassende Zusammenstellung des diesbezüglichen Forschungsstandes bei Westrem, Hereford, XXII–XXIII. Zur Diskussion um die Autorschaft siehe ferner John B. Harvey, Mappa mundi. The Hereford world map. Toronto-Buffalo 1996, 7–9; Noël Denholm-Young, The Mappa mundi of Richard of Haldingham at Hereford. In: Speculum 32 (1957) 307–314; W. N. Yates, The authorship of the Hereford mappa mundi and the career of Richard de Bello. In: Transactions of the Woolhope Naturalists' Field Club 41/2 (1974) 165–172; Harley und Woodward, Cartography 312; Oswald Ashton Wentworth Dilke, Greek and Roman Maps. Lon-

plar nach dem Verlust der Ebstorfkarte 1943[8], um die einzige auch heute noch existente Großkarte. Zudem liefert die 1,58 x 1,33 m[9] große *Mappa mundi*[10] mit einer Vielzahl aus den unterschiedlichsten Wissensbereichen entlehnten Informationen ein beeindruckendes Kaleidoskop der mittelalterlichen Weltsicht, das nicht zuletzt ihre Popularität bis in die jüngste Gegenwart erklärt, wie die Vielzahl aktueller Studien belegt.[11] Galt sie[12] auch lange Zeit, aufgrund des passenden Rahmens, der ebenfalls dort aufgefunden wur-

---

don 1985, 179; Evelyn Edson, Mapping time and space: How medieval mapmakers viewed their world. London 1999, 141 sowie Meryl Jancey, Mappa mundi. The Map of the World in Hereford Cathedral. Hereford 1987, 3–4.

[8] Zu dieser siehe bes. Walter Rosien, Die Ebstorfer Weltkarte. Hannover 1952; Hartmut Kugler und Eckhard Michael (Hg.), Ein Weltbild vor Kolumbus. Interdisziplinäres Colloquium 1988. Weinheim 1991; Birgit Hahn-Woernle, Die Ebstorfer Weltkarte. Stuttgart [2]1993. Einen umfassenden Überblick über die zur Ebstorfkarte erschienenen Untersuchungen liefert Marianne Elster, Bibliographie Kloster Ebstorf. Ebstorfer Weltkarte (Uelzener Bibliographien 4) Uelzen 1996.

[9] Harvey, Mappa mundi 1; vgl. dazu die Angaben bei Miller, Mappae mundi 4, 4 (1,62 x 1,32 m) und bei Uta Lindgren, Art. Hereford-Karte. In: Lexikon des Mittelalters IV. München-Zürich 1989, 215 (1,35 x 1,65 m).

[10] Anna-Dorothee von den Brincken, Fines terrae: Die Enden der Erde und der vierte Kontinent auf den mittelalterlichen Weltkarten (MGH Schriften 36) Hannover 1992, 94.

[11] Hierzu zählen neben den bereits zitierten Werken von Westrem, Hereford, Harvey, Mappa mundi und Jancey, Mappa mundi die Studien von Gerald R. Crone, The world map by Richard of Haldingham in Hereford Cathedral circa A. D. 1285. London 1954 und ders., New Light on the Hereford Map. In: Geographical Journal 131 (1965) 447–462; Arthur L. Moir, The World Map in Hereford Cathedral. Hereford [8]1977; Naomi Reed Kline, A Wheel of Memory: The Hereford Mappamundi. CD-ROM. Ann Arbor/Michigan 1998; Hubertus Schulte-Herbrüggen, Ite in mundum universum. Beobachtungen zur Imago mundi im Dom zu Hereford. In: Peter Wunderli (Hg.), Reisen in reale und mythische Ferne. Reiseliteratur in Mittelalter und Renaissance. Düsseldorf 1993, 35–75.

[12] Im allgemeinen wird die Karte heute in die letzten zwei Jahrzehnte des 13. Jahrhunderts verlegt. Bereits Miller, Mappae mundi 4, 6 nahm für ihre Entstehung die Jahre zwischen 1276 und 1283 an. Siehe hierzu Edson, Mapping time and space 139 und Schulte-Herbrüggen, Ite in mundum 40. Westrem, Hereford XXI, nimmt an, die Karte sei in England unter Benutzung französischer Quellen hergestellt worden. Siehe dazu auch Patrick Gautier Dalché, Le renouvellement de la perception et de la représentation de l'espace au XIIe siècles. In: La Renovación intelectual del Occidente Europeo (siglo XII). Semana de Estudios Medievales. Estella 14.–18. Juli 1997. Pamplona 1998, 169–217, hier 205–206; Marcia Kupfer, The lost Mappamundi at Chalivoy-Milon. In: Speculum 66 (1991) 540–571, hier 541 und 563–565; Crone, Hereford 6–7.

Abb. 1: Die Herefordkarte, ca. 1300 in der Nachzeichnung von Konrad Miller
(nach: Miller [Anm. 2], Beilage zu Bd. 4)

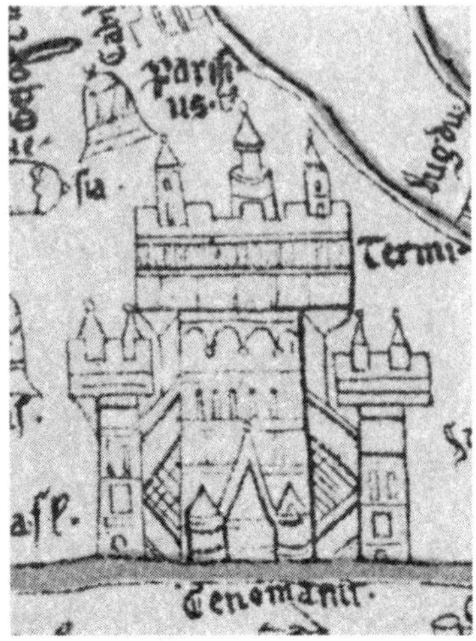

Abb. 2: Details aus der Herefordkarte: Volk mit einer so hervorstehenden Lippe, dass es damit sein Gesicht vor der Sonne schützen kann (links) und die *Parisius civitas*, am *Sequana fluvius* (rechts) (nach: Miller [Anm. 2])

de als Altarbild, wurde ihre mittelalterliche Nutzung zuletzt eher in der Bibliothek zu schulischen Zwecken verortet.[13]

Beide möglichen Verwendungen implizieren die Vielfalt der Karte, nämlich die Gesamtheit des mittelalterlichen *Orbis terrae* in all seinen zeitlichen und räumlichen Dimensionen, in all seinen existenten und imaginären Gegebenheiten zu umfassen, so dass man sie zu Recht als universelles Weltbild bezeichnen kann. Bereits die äußere Gestaltung weist aber darauf hin, dass in der Konzeption der Karte zwischen den Bereichen der Realität und der Virtualität unterschieden wurde. Auf den ersten Blick fällt die Einbettung des Erdkreises in drei Rahmenillustrationen auf, deren Geschehen bewusst von der Darstellung seiner Realität separiert wurde. Hierbei handelt es sich zunächst einmal um die dominante Szenerie des Jüngsten Gerichtes (Abb. 3), die gewissermaßen das Haupt der Karte und die visualisierte Vollendung des Erdenlaufes bildet. Dort entsteigen die Menschen ihren Gräbern; der eine Teil wird durch einen leitenden Engel in das Reich Gottes aufgenommen, ein anderer abgewiesen und von einem Teufel in Fesseln in den Höllenschlund

[13] Marcia Kupfer, Medieval world maps: embeded images, interpretative frames. In: Word and Image 10/3 (1994) 262–288, hier 273–276; Edson, Mapping time and space 141.

hinabgezogen.[14] Die konzeptionelle Trennung dieser Komponenten der Karte, also der im Erdenrund eingeschriebenen Bereiche potentieller menschlicher Erfahrbarkeit und des Schauplatzes des Endes aller Zeiten und allen Raumes, deutet darauf hin, dass der Zeichner hier konsequent zwischen einem ‚virtuellen', das heißt zwar gemäß der Apokalypse erwarteten, aber noch nicht konkreten Geschehen und den Gefilden des Irdischen unterschied. Eine ähnliche Deutung scheint auch für die unteren Rahmenillustrationen Geltung zu besitzen, über deren ambivalente Form in der Forschung nach wie vor diskutiert wird. So nimmt die Illustration (Abb. 4) unten links auf den Bericht des Lukas-Evangeliums Bezug,[15] vermischt in der Inschrift aber die dort erwähnte Volkszählung des Kaisers Augustus mit einer Anweisung Julius Cäsars,[16] in die Welt hinauszugehen und den ganzen Erdkreis zu beschreiben,[17] was zunächst umso verwunderlicher anmutet, als sich in den Spruchbändern der Karte der korrekte Sachverhalt findet.[18] Es ist – und darauf deutet die Heraushebung der Illustrationen aus dem irdischen Zusammenhang ebenso wie die Vermengung der historischen Ereignisse hin – die durch den Rückgriff auf den Evangelienbericht mit der Heilsgeschichte assoziierte Erfassung und Abbildung der Erde, deren Begründung im Mittel-

---

[14] Diese auf die Endzeit hindeutende Intention der Karte wird nochmals durch die Buchstaben M-O-R-S rund um die Karte aufgenommen, die ebenfalls auf die Vergänglichkeit all dessen abzielen, was im Inneren der Karte die irdische Lebenswelt definiert.

[15] Harvey, Mappa mundi Appendix 1, 54: *Lucas in euuangelio Exiit edictum ab augusto cesare. ut describeretur huniuersus orbis.* Edson, Mapping time and space 142 merkt an, dass Kaiser Augustus hier eine an die Papstkrone erinnernde Kopfbedeckung trägt.

[16] Hierfür stehen die drei hier abgebildeten Landvermesser Nicodoxus, Theodocus und Policlitus.

[17] Dies thematisiert faktisch eine Landvermessung Julius Cäsars, die in der *Cosmographia* des Julius Honorius erwähnt wird, siehe Claude Nicolet und Patrick Gautier-Dalché, Les ‚quatre sages' de Jules César et la ‚mesure du monde' selon Julius Honorius: Réalité antique et tradition médiévale. In: Journal des Savants 1986 (1987) 157–218 und Kai Brodersen, Terra Cognita. Studien zur römischen Raumerfassung. Hildesheim-Zürich-New York 1995, 262–263. Die diesbezügliche Inschrift lautet (Harvey, Mappa mundi, Appendix 1, 54): *Ite in orbem vniuersum. et de omni eius continencia referte ad senatum. et ad istam confirmandam Huic scripto sigillum meum apposui.*

[18] Diese vier rund um die Karte laufenden Spruchbänder präzisieren die in der Skizze unten links getroffenen Aussagen, nun korrekt auf Julius Cäsar bezogen, als Feststellen der Dimensionen der Erdteile: *A IULIO CESARE ORBIS TERRARUM METIRI CEPIT; A NICODOXO OMNIS ORIENS DIMENSUS EST; A TEODOCO SEPTEMTRION ET OCCIDENS DIMENSUS EST; A POLICLITO MERIDIANA PARS DIMENSUS EST;* siehe hierzu auch Westrem, Hereford 3.

punkt steht. Diese virtuelle Szene dient folglich der Legitimation, gemäß der diese Art der Weltdarstellung, wie sie im Erdenrund gezeigt wird, als der göttlichen Weisung und den menschlichen Erkenntnissen entsprechend ausgewiesen wird.

Abb. 3: Detail aus der Herefordkarte: obere Rahmenillustration mit der Darstellung des Jüngsten Gerichts (nach: Miller [Anm. 2])

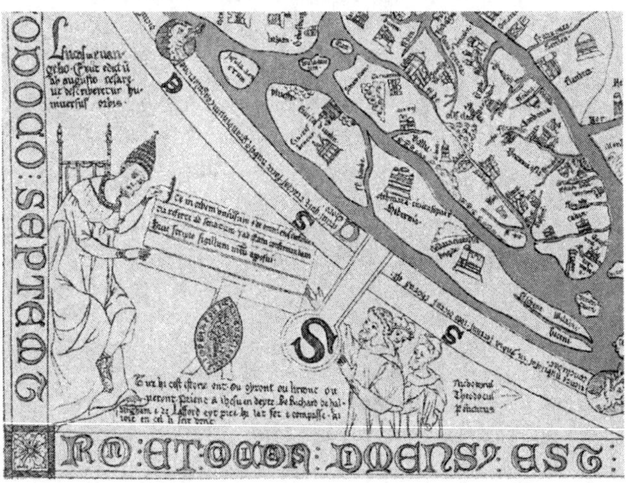

Abb. 4: Detail aus der Herefordkarte: Historienszene mit Augustus (Rahmenillustration unten links; nach Miller [Anm. 2])

Auch bei der eher rätselhaften Illustration[19] in der rechten unteren Ecke handelt es sich bei genauerer Betrachtung um ein virtuelles Geschehen. Sie zeigt einen Reiter, der sich umwendet und die Hand zum Gruße hebt, wobei die Überschrift *passe auant*[20] andeutet, dass hier auf eine noch nicht konkret in ihren Ereignissen bestimmbare Zukunft verwiesen wird, sei es die persönliche Zukunft des Reiters, sei es der der Erde noch zur Verfügung stehende Rest der Weltzeit (Abb. 5). Alles, was der Zeichner hinter sich gelassen hat, die bis dahin verflossene Menschheitsgeschichte und der Raum alles Irdischen, bildet das Innere des gezeichneten Erdkreises, alles was danach geschieht, liegt außerhalb, im Bereich der Zukunft, auf die folglich bei der Zeichnung des Erdbildes hingewiesen, die aber nicht in seine innere Gestaltung eingearbeitet wird. Festzuhalten ist, dass hier vom mittelalterlichen

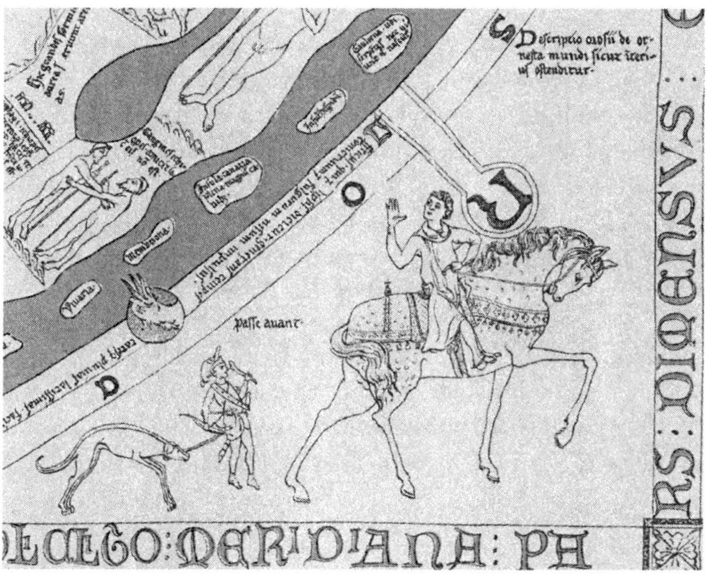

Abb. 5: Detail aus der Herefordkarte: ein Reiter hebt grüßend die Hand, daneben die Inschrift *passe auant* (Rahmenillustration unten rechts; nach Miller [Anm. 2])

[19] Diese Abbildung ist bislang in vielerlei Weise gedeutet worden; siehe hierzu Harvey, Mappa mundi 2–3; Westrem, Hereford 7/8; Edson, Mapping time and space 142; Jörg-Geerd Arentzen, Imago mundi cartographica. Studien zur Bildlichkeit mittelalterlicher Welt- und Ökumenekarten. Unter besonderer Berücksichtigung des Zusammenwirkens von Text und Bild. München 1984, 265; Englisch, Ordo orbis terrae 456.

[20] Harvey, Mappa mundi 2.

Autor ein Geschehen ins Bild gesetzt wird, bei dem er auf jegliche räumliche Zuordnung und jede Form einer Raumvorstellung verzichtet. Die Abbildung der den Erdkreis einrahmenden und so deutenden Aspekte vollzieht sich außerhalb der dinglichen Welt vor einem ‚weißen' Hintergrund, womit der Kartenzeichner möglicherweise bewusst einen ‚virtuellen' Raum für scheinbares, vermutetes oder erwartetes, aber eben nicht konkretes Geschehen geschaffen hat.

Markant von diesen imaginären Weltdeutungen durch einen doppelten Kreis getrennt, präsentiert sich das Innere des vom *Oceanus* umflossenen Erdenrunds als Gliederung der Erde, wie sie dem Mittelalter aus der Antike überliefert wurde: Es ist geprägt durch die Einteilung der Landmassen in die drei Kontinente Asien, Afrika und Europa, die durch das Mittelmeer sowie den Nil und einem im Schwarzen Meer entspringenden Fluss, der hier als *fluvius Meotides* bezeichnet[21] ist, voneinander separiert werden. Die allgemeine Geltung dieses aus der klassischen Gelehrsamkeit in das mittelalterliche Schöpfungsgeschehen transformierten Modells kann anhand der an Piktogramme gemahnenden T/O- oder Radkarten belegt werden, die zu den verbreitetsten Illustrationen der formalen Aufteilung des menschlichen Lebensraumes gehören. In diesen Karten wird, wofür hier ein Beispiel aus St. Gallen aus dem 10. Jahrhundert erwähnt sei,[22] das Festland durch die besagten Wasserarme in Form eines T's getrennt (Abb. 6). Generell sind die Schemakarten wie alle mittelalterlichen Weltkarten geostet, d. h. Osten liegt oben. Die so umschriebenen Kontinente Asien, Afrika und Europa befinden sich im Größenverhältnis 2:1:1, welche hier mit den drei Noahsöhnen Sem, Ham und Japhet assoziiert werden. Es ist dieses Modell, dessen Beschreibung sich bei Autoren wie Plinius[23] und Orosius[24] findet, welches die traditionell-geographische Grundlage auch der Herefordkarte beinhaltet.

---

[21] Westrem, Hereford 136–6, Nr. 305.

[22] Harley und Woodward, Cartography 347.

[23] Plinius Secundus, Naturkunde/Naturalis historiae libri XXXVI, hg. von Roderich König u. a., 37 Bde. München-Darmstadt 1973–1997, hier Bd. 3, 1, 3. 12: *Terrarum orbis universus in tres dividitur partes: Europam, Asiam, Africam. Origo ab occasu solis et Gaditano freto, qua inrumpens occasu solis et Gaditano freto, qua inrumpens oceanus Atlanticus in maria interiora diffunditur. Hinc intranti dextera Africa est, laeva Europa, inter has Asia. Termini amnes Tanais et Nilus.*

[24] Marie-Pierre Arnaud-Lindet (Hg.), Orose. Historie (Contre les Paiens) Paris 1990, 2, 1–4, 13: *Majores nostri orbem totius terrae, oceani limbo circumseptum, triquadrum statuere eiusque tres partes ASIAM EVROPAM ET AFRICAM uocauerunt, quamuis aliqui duas hoc*

Die Klassifikation, Deutung und Illustration der damit umschriebenen Landmassen erweist sich nun als ausgesprochen vielfältig. So ist zunächst einmal augenfällig, dass es ausschließlich Asien, Afrika, die unzugänglichen Gegenden Nordeuropas und die Inseln im Ozean sind, die als Lebensräume erscheinen, welche mit – uns an die Virtualität gemahnenden – Illustrationen versehen werden. Demgegenüber erscheinen Europa und auch einige Teile des hl. Landes als eher realistisch anmutende Bereiche; es ist mithin sinnvoll, diese Regionen nacheinander abzuhandeln.

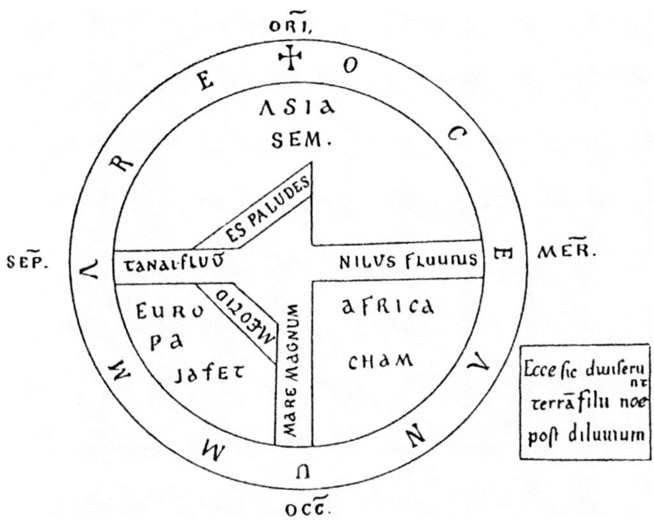

Abb. 6: Das T-Schema, ergänzt durch die Maeotis, d. h. das Asow'sche Meer, Stiftsbibliothek St. Gallen, Cod. 236, fol. 89 r. Nachzeichnung von Konrad Miller (nach: Miller [Anm. 2], Bd. 6, 58, Abb. 26)

Die Begründung, warum gerade für die entfernten Regionen vielfältige Illustrationen und Zitate aufgenommen werden, deren Facettenreichtum es dem modernen Betrachter nahe legt, hier von virtuellen Räumen zu sprechen, ist relativ leicht zu finden: Es handelt sich dabei um die Gebiete, die

est Asiam ac deinde Africam in Europam accipiendam putarint. ASIA tribus partibus oceano circumcincta per totam transuersi plagam orientis extenditur; haec occasum uersus a dextra sui sub axe septentrionis incipientem contingit Europam, a sinistra autem Africam dimittit, sub Aegypto uero et Syria mare nostrum quod Magnum generaliter dicimus habet. EUROPA incipit ut dixi sub plaga septentrionis, a flumine Tanai, qua Riphaei montes Sarmatico auersi oceano Tanaiam fluuium fundunt [...].

dem Erfahrungsbereich des mittelalterlichen Menschen aufgrund ihrer großen Entfernung verschlossen waren. Ihre Ausgestaltung, wollte man sie nicht als leeren Fleck auf der Karte belassen, musste also gegründet auf die Quellen erfolgen, die im Mittelalter als Garanten für das Wissen um die Welt galten: das Alte Testament, die Berichte der Evangelien, die Sagenwelt und die kosmologisch-geographische Bildungsliteratur der Antike. Letztere erschloss sich dem Mittelalter vornehmlich durch spätantike Werke wie die *Naturkunde* des Plinius[25] oder die *Collectanea* des Solinus[26], die direkt in die enzyklopädischen Werke der Epoche wie beispielsweise die *Etymologiae* Isidors von Sevilla[27] eingingen. So finden wir das alttestamentarische Geschehen in der Herefordkarte in vielfältiger Weise zum Ausdruck gebracht, wobei sich diese Einträge entsprechend der dortigen Schilderungen auf Asien und Ägypten konzentrieren.

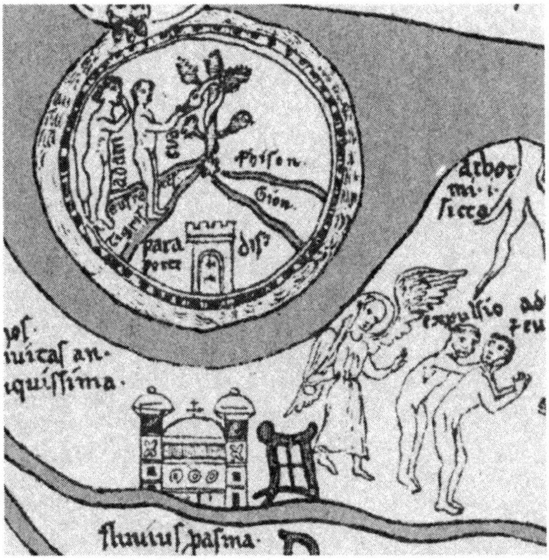

Abb. 7: Detail aus der Herefordkarte: die Vertreibung aus dem Paradies (nach: Miller [Anm. 2])

---

[25] Siehe oben Anm. 23.

[26] Solinus, Collectanea rerum memorabilium, hg. von Theodor Mommsen. Berlin [2]1895.

[27] Für das geographische Wissen betrifft dies vornehmlich Isidor von Sevilla, Etymologiae/Etimologias, hg. von José Oroz Reta und Manuel A. Marcos Casquero, introd. por Manuel C. Diaz y Diaz, 2 Bde. Madrid [2]1993–1994, Liber XIII (*De mundi et partibus*) 124–163 und Liber XIV (*De terra et partibus*) 164–211.

Wir sehen dort z. B. die Vertreibung aus dem Paradies (Abb. 7) und mithin den Beginn der irdischen Geschichte, den Turm zu Babel (Abb. 8) oder die Arche Noah (Abb. 9). Auch die Scheunen des Joseph werden aufgenommen, ein anschauliches Beispiel dafür, dass auch die geographischen Passagen biblischer Überlieferung für den mittelalterlichen Menschen eine angenommene Realität spiegeln (Abb. 10).[28] Diese wurden nämlich bereits von Dicuil in seinem *De mensura orbis terrae* nicht nur erwähnt, sondern gemäß des verarbeiteten Reiseberichts des Mönches Fidelis nach Ägypten in einer Weise geschildert, die unschwer an die Pyramiden von Gizeh erinnert.[29] Für einen mittelalterlichen Pilger waren also die Aussagen im Alten Testaments so konkret, dass er mit ihnen Bauwerke oder Orte identifizierte, die er während einer Fernreise kennen lernte. In der gleichen Weise besichtigt Fidelis bei seinem ägyptischen Sightseeing auch die Stelle, an der Moses das Rote Meer durchquerte.[30] Wenn wir diesen *Transitus filiorum Israel per mare Rubrum*[31] zusammen mit dem Weg durch die Wüste bis ins Heilige Land hier auf der Karte eingetragen finden, so dürfte der mittelalterliche Kartenzeichner damit einen vermeintlich konkreten Ort bezeichnet haben, den man in seiner Gegenwart als Ort eines faktischen historischen Geschehens besichtigen konnte.

Das gleiche gilt insbesondere für die Gebiete Kleinasiens (Abb. 11), die dem Mittelalter durch die Kreuzzüge als erfahrbarer Lebensraum zugänglich geworden waren. Wir sehen dort z. B. an der Mittelmeerküste in der richtigen Reihenfolge *Tripolis civitas, Beritus* (Beirut) und *Ascalon*, die die Lebensorte Jesu, Nazareth, Bethlehem und Galilaea ergänzen und ohne erkenn-

---

28 Westrem, Hereford 177, Nr. 416: Orrea Joseph.

29 Dicuil, Liber de mensura orbis terrae, hg. von James J. Tierney und Ludwig Bieler. Dublin 1967, 6, 13, 62: *[...] deinde in Nilo longe nauigando septem horrea secundum numerum annorum habundantiae, quae sanctus Ioseph fecerat, de longinquo admirantes tamquam montes uiderunt, quattuor in uno loco ac tria in altero.* Siehe hierzu auch Werner Bergmann: Dicuils De mensura orbis terrae. In: Paul Leo Butzer und Dietrich Lohrmann (Hg.), Science in Western and Eastern Civilization in Carolingian Times. Basel 1993, 525–537, hier 531.

30 Dicuil, Liber de mensura orbis terrae 6, 17, 62 : *Deinceps intrantes in naues in Nilo flumine usque ad introitum Rubri maris nauigauerunt. Ex illo portu ad orientalem plagam usque ad Moysi uiam per Rubrum mare paruum est spacium. Ille mensuratur lateris horrei ire usque ad portum in quo introiuit Moyses cum populo suo in mare uoluit, non solum ut intrasset portum, sed ut in eo uestigia curruum et rotarum orbitas Pharaonis cerneret. [...] Latitudo maris in eadem loco quasi VI. sibi uisa est.*

31 Westrem, Hereford 125.

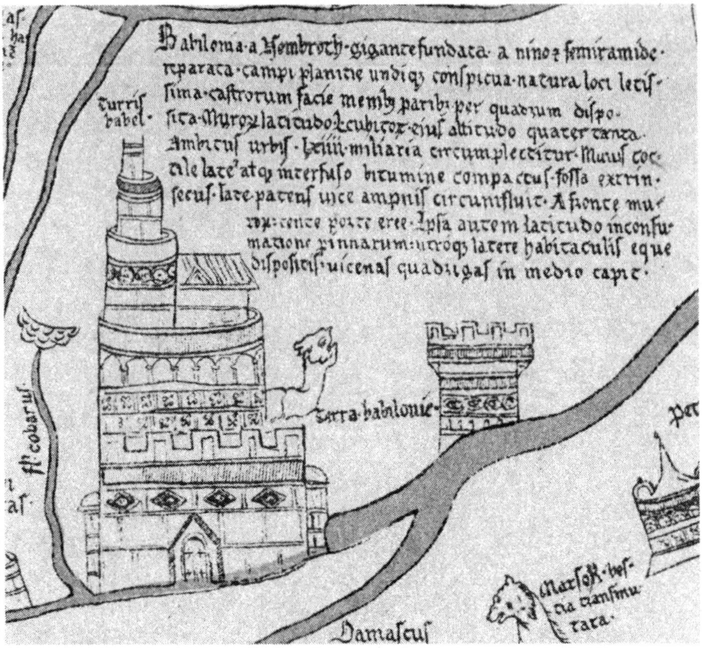

Abb. 8: Details aus der Herefordkarte: der Turm zu Babel
(nach: Miller [Anm. 2])

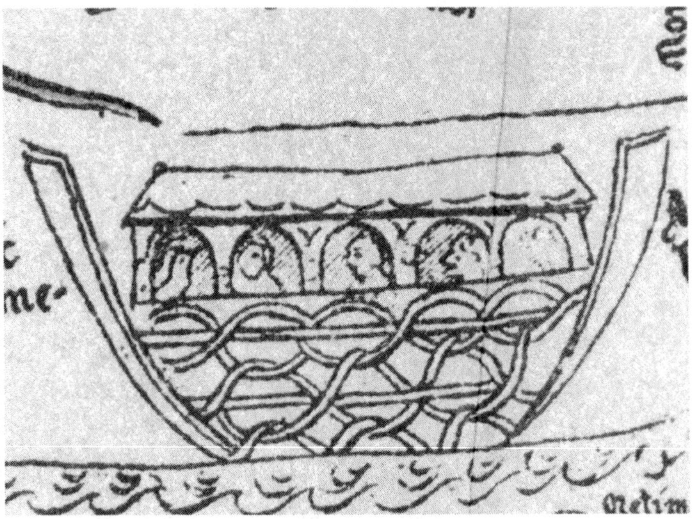

Abb. 9: Details aus der Herefordkarte: die Arche Noah
(nach: Miller [Anm. 2])

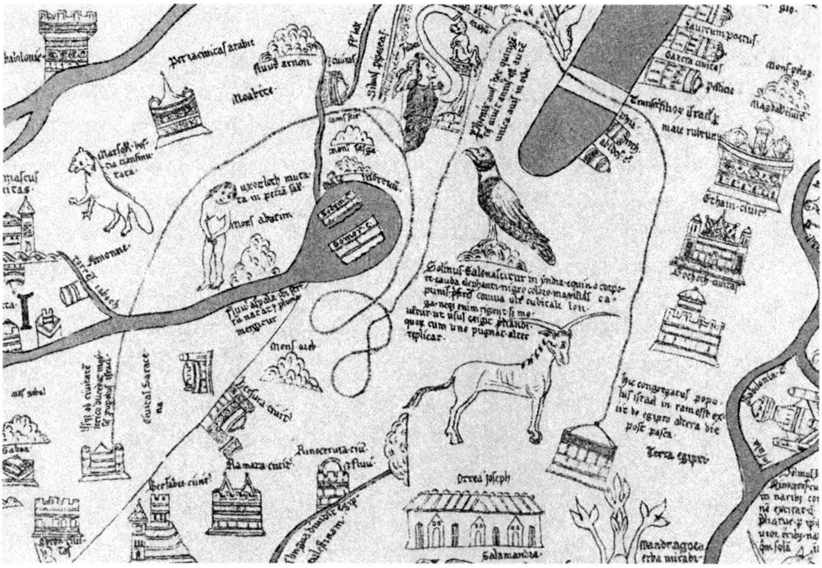

Abb. 10: Details aus der Herefordkarte: die Scheunen des Joseph sowie der Übergang durch das Rote Meer (unten) (nach: Miller [Anm. 2])

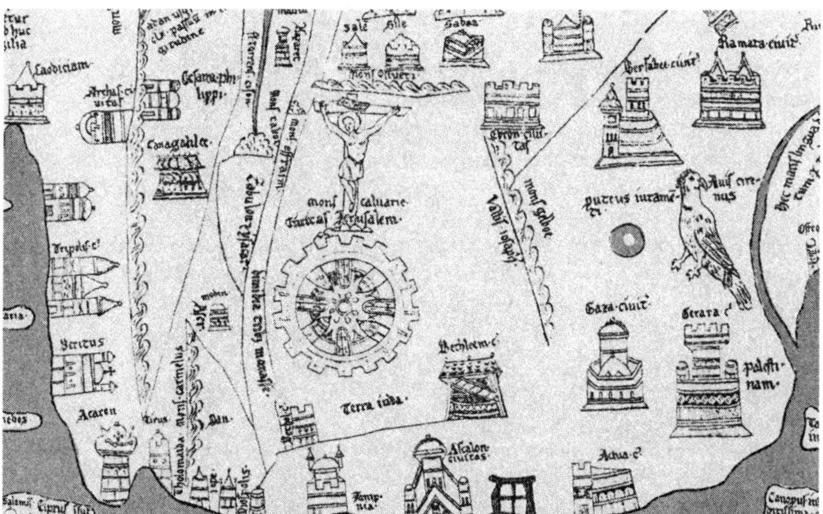

Abb. 11: Details aus der Herefordkarte: das Hl. Land (nach: Miller [Anm. 2])

bare Differenzierung zwischen erfahrenem Lebensraum und vermuteter Realität nebeneinander gereiht sind. Dies gilt selbst für Jerusalem, welches zwar durch die Figur des gekreuzigten Christus in seiner Bedeutung herausgehoben ist, jedoch ebenso als konkreter Ort mit Stadtmauer und -toren als *civitas Jerusalem* abgebildet wurde, in der sich der Kreuzestod des Erlösers faktisch ereignet hatte. Und selbst die Zentrierung des Weltbildes um Jerusalem dürfte der vermuteten Realität des Kartenzeichners entsprochen haben, wurde diese doch nicht nur bereits vom Kirchenvater Hieronymus[32] vertreten, sondern auch von bekannten Jerusalempilgern wie Arculfus, der dies sogar mittels einer – wenn auch mit einer notwendigerweise fehlerhaften – Schattenmessung nachzuweisen suchte.[33]

Da die biblische Überlieferung dem mittelalterlichen Menschen die universelle Grundlage seines Weltverständnisses bereitstellte, waren die Angaben zu der räumlichen Szenerie der dort geschilderten Ereignisse gemäß seiner Vorstellung ebenso zweifelsfrei real. Da sowohl das Geschehen als auch die Regionen für den Kartenzeichner potentiell konkret sind, können diese Darstellungen gemäß der epochenspezifischen Mentalität auch nicht als virtuelle Räume klassifiziert werden, sondern als Abbildungen einer vermuteten Realität. Auch wenn das Geschehen selbst in der Vergangenheit lag, waren

---

[32] Hieronymus, Commentariorum in Hiezechielem libri XIV (CCSL 75), hg. von Franciscus Glorie. Turnholt 1964, hier 5, 5–6, 55–56: *,Haec dicit Dominus Deus: Ista est Hierusalem, in medio gentium posui eam, et in circuitu eius terras; et contempsit iudicia mea ut plus esset impia quam gentes, et praecepta mea ultra quam terrae quae in circuitu eius sunt [...].' Hierusalem in medio mundi sitam, hic idem propheta testatur, umbilicum terrae eam esse demonstrans.*

[33] Adamnan erwähnt, dass eine Säule in der Mitte Jerusalems stehe, die am Tag der Sommersonnenwende keinen Schatten werfe; siehe hierzu Adamnan: De locis sanctis libri tres. In: Ludwig Bieler (Hg.), Itineraria et Alia Geographica 1 (CCSL 175) Turnholt 1965, 175–248, hier 1, 11, 1–4, 194–5: *De aliqua ualde summa columna quae a locis sanctis ad septemtrionalem partem in medio ciuitatis stans pergentibus obuiam habetur breuiter dicendum est. Haec eadem columna in eo statuta loco ubi mortuus iuuenis cruce Domini superposia reuixit mirum in modum in aestiuo solstitio meridiano tempore ad centrum caeli sole perueniente umbram non facit, solstitio autem transmissio, quod est viii kalendas Iulias, ternis diebus interiectis paulatim decrescente die umbram primum facit breuem, deinde processu dierum longiorem. Haec itaque columna, quam solis claritas in estiuo solstitio meridianis horis stantis in centro caeli e regione desuper circumfulgens ex omni parte circumfusa perlustrat, Hierusolimam orbis in medio terrae sitam esset protestatur; unde et psalmigrafus [...] canit: ,Deus autem rex noster ante saeculum operatus est salutem in medio terrae, hoc est in Hierusalem, quae mediterranea et umbilicus terrae dicitur'.* Siehe dazu auch Englisch, Ordo orbis terrae 84–85.

doch die dazugehörenden Regionen als irdischer Raum nach wie vor prinzipiell zugänglich. Lediglich für einen Bereich trifft dies nur mit Einschränkungen zu: das Paradies, im äußersten Osten verzeichnet. Das Problem, dass mit dem Garten Eden ein irdischer Ort definiert wurde, der aber den Menschen nach ihrer Vertreibung verschlossen war, wurde vom Kartenzeichner sachlogisch und in dieser Form – verglichen mit den Beatuskarten oder auch der Ebstorfkarte – durchaus innovativ gelöst, indem er diesen nicht nur mit einer hohen Mauer und einer verschlossenen Pforte versah, sondern ihn auch auf eine Insel, getrennt von der Ökumene verlegte.

Abb. 12: Details aus der Herefordkarte: der Vogel Phönix (links) und zwei Fabelwesen (rechts) (nach: Miller [Anm. 2])

Das Faktum, dass die Einträge in der Karte nur von der modernen Perspektive aus eine Form von Virtualität, für den mittelalterlichen Betrachter aber eine angenommene Realität spiegeln, lässt sich auch für den Bereich nachweisen, der der antiken Überlieferung entstammt, die gewissermaßen den Bildungshorizont der Epoche definierte. Auch wenn folglich die Garanten des verarbeiteten Wissens über den abgebildeten Raum wechseln, haben wir damit die gleiche Situation, wie sie bereits im Bezug auf die biblischen Traditionen festzustellen war. Auch hier wurde keine willkürliche Imagination von der Welt abgebildet, sondern der Autor füllt die unzugänglichen Erdregionen mit Berichten aus der antiken Sagenwelt, mit Orten, Tieren und mit Fabelwesen, die die Bildungsschriften seiner Epoche mit diesen geographischen Räumen in Verbindung brachten. Zunächst ist in diesem Zusammenhang die Gestaltung des topographischen Raumes durch Flüsse, Inseln und Meere zu erwähnen, die im wesentlichen dem Kenntnisstand der spätantiken Handbuchliteratur entspricht, wie er z. B. von Plinius, Martianus Capella[34] oder auch Isidor von Sevilla dargelegt wurde. Dies gilt beispielsweise für die westliche Ansetzung der Nilquellen[35] oder auch die Insel Tabrobana bei Indien, für die im Jahr zwei Sommer und zwei Winter angenommen wurden.[36] Es sind mit Solinus, Martianus Capella oder Isidor dieselben Autoren, die dem Mittelalter auch die Kenntnis vom Vogel Phönix vermittelten, der mehr als 500 Jahre lebt[37] oder z. B. von Fabelwesen mit immens großen Ohren[38] oder mit Augen auf der Brust[39] (Abb. 12), die sich im äußersten Norden und Süden finden. Und auch die hagiographische Literatur der Epoche ist in Gestalt der Insel des hl. Brendan vertreten, der sich nach der im Mittelalter sehr populären Legende im 7. Jahrhundert aufmachte, um die *terra repromissionis* jenseits des atlantischen Ozeans zu finden, die in der Herefordkarte mit den seit der Antike bekannten *fortunate insulee* identifiziert wurde.[40] Alle Entlehnungen in dieser Karte sind folglich nicht als phantastische Ausgestaltungen einer bewusst imaginären Welt des Kartenzeichners zu klassifizieren; sie entspringen – einschließlich der Fabelwesen[41] – einer Raumvorstel-

---

[34] Martianus Capella, De nuptiis Philologiae et Mercuri, hg. von James Willis. Leipzig 1983.

[35] Zu der Deutung der Nilquellen im Mittelalter siehe Michael Herkenhoff, Der dunkle Kontinent. Das Afrikabild im Mittelalter bis zum 12. Jahrhundert. Pfaffenweiler 1990, 121–130.

[36] Westrem, Hereford 66–67, Nr. 138: *Taphana insula Yndie subiacens ad Eurum ex quo occeanus Indicus incipit. Habet in anno duas estates et duas hiemes et bis floribus vernat. [...].*

[37] Westrem, Hereford 122–123, Nr. 271: *Phenix avis. Hec quinge(n)tis vivt annis; est autem unica in orbe*; vgl. hierzu Isidor, Etymologiae 12, 7, 22, Bd. 2, 108.

[38] Westrem, Hereford 45, Nr. 88: *Phanesii membranis aurium suarum teguntur*; vgl. hierzu Solinus, Collectanea 19, 8, 93–94.

[39] Westrem, Hereford 383, Nr. 971: *Blemee: os et oculos habent in pectore*; vgl. hierzu Solinus, Collectanea 31, 5, 137 und Isidor, Etymologiae 11, 3, 17, Bd. 2, 50.

[40] Westrem, Hereford 389, Nr. 987: *Fortunate insulee sex sunt Sancti Brandani.* Siehe hierzu Carl Selmer (Hg.), Navigatio Sancti Brendani abbatis from Early Latin Manuscripts. Edited with Introduction and Notes. Notre Dame (Indiana) 1959 sowie ferner Georg Schreiber, Der irische Seeroman des Brendan. In: Horst Kusch (Hg.), Festschrift Franz Dornseif. Leipzig 1953, 74–290 und Brigitte Englisch, „...navigemus contra occidentalem plagam ad insulam que dicitur terra repromissionis." Die Entdeckung Amerikas aus dem Weltbild des Mittelalters, hg. von Peter Freese (Paderborner Universitätsreden 81) Paderborn 2002, 34–40.

[41] Zur mittelalterlichen Interpretation und Adaption der antiken Lehren von den Fabelwesen siehe bes. John Block Friedman, The Monstrous Races in Medieval Art and Thought. Cambridge (Mass.)-London 1981; Valerie I. J. Flint, Monsters and the Antipodes in the

lung, bei der die etablierten Garanten des mittelalterlichen Wissens die Strukturen einer angenommenen Realität konturieren. Er ersetzt in diesem Bereich die empirische Raumwahrnehmung durch eine von Autoritäten resp. der Bildungsliteratur des Mittelalters abgesicherte und damit für ihn zweifelsfrei existente Vorstellung vom menschlichen Lebensraum.

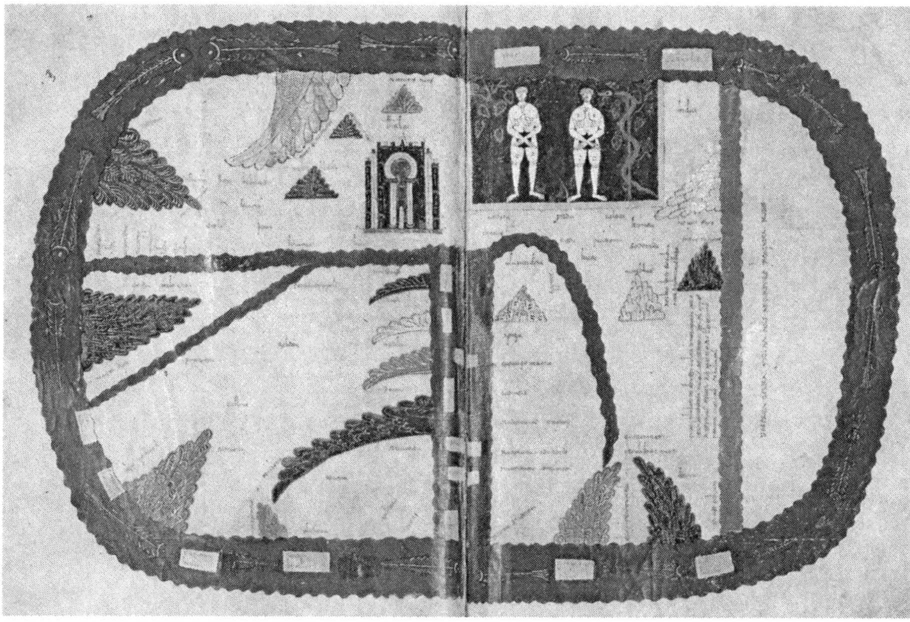

Abb. 13: Facundus-Beatus (Madrid, Vitrina 14-2, fol. 63 v–64 r)

Damit dürfte der Autor der Karte das Ansinnen, er hätte science fiction verarbeitet und eine virtuelle Welt gezeichnet, weit von sich gewiesen haben. Diesbezüglich ist anzumerken, dass insbesondere die *Mappae mundi* des frühen Mittelalters generell eine Zurückhaltung bei der Dekoration der einzelnen Erdregionen zeigen. Ein schönes Beispiel hierfür ist die Karte aus dem Apokalypsenkommentar des sog. Facundus-Beatus (Madrid, Vitrina 14-2) aus der Mitte des 11. Jahrhunderts (Abb. 13). Die Karte beschränkt sich auf eine durch wenige Flüsse und Gebirge gegliederte Ökumene, der – abgetrennt durch das

Early Middle Ages and Enlightenment. In: Viator 15 (1984) 65–80 und Rudolf Simek, Erde und Kosmos im Mittelalter. Das Weltbild vor Kolumbus. München 1992, 110–123. Dieser weist S. 110 sogar darauf hin, „[...] daß die Wundervölker ebenso als Faktum angesehen wurden, wie die Besiedelung der drei Kontinente durch die drei Söhne Noahs. Die Wundervölker betrachtete man in erster Linie [...] konkret als Teil der Geographie“.

rote Meer – ein vierter Kontinent beigeordnet wurde, der die in die griechische Antike zurückreichende Vorstellung eines komplementär zur Ökumene existierenden Südkontinentes aufgreift. Wiewohl damit also die etablierte Vorstellung einer Antiökumene oder eines Antipodenkontinentes adaptiert wird, bleibt er doch als eine aufgrund der großen Hitze für die Menschen der Ökumene unerreichbare Zone ohne Ausgestaltung. Dies ist umso überraschender, als dieser nicht nur, wie oben erwähnt, in der antiken Literatur reichhaltig mit Fabelwesen bevölkert war, sondern auch weil die diesbezüglichen Bedenken der frühen christlichen Autoren durch Augustinus ausgeräumt worden waren. Dieser hatte deren Existenz sogar in die Heilsgeschichte einbezogen, indem er sie – so sie existieren – ebenfalls als von Adam abstammend erklärte.[42] Die diesbezügliche Beschränkung dieser Beatuskarte entspricht dem generellen Befund der frühmittelalterlichen Kartenexemplare, die alle diesen vierten Kontinent aufweisen, ihn jedoch als *Terra incognita* mit keiner Illustration versehen. Die Schaffung einer virtuellen, d. h. einer imaginären Gegenwelt außerhalb des potentiell erfahrbaren Lebensbereiches, wird also bewusst vermieden.

Dies betrifft nicht allein den eher außergewöhnlichen Bereich des vierten Kontinents; auch bei der Gestaltung der Ökumene des Facundus-Beatus ist der Verzicht auf all diejenigen Bilder sowohl biblischer oder enzyklopädischer Provenienz auffällig, die die Herefordkarte zu so einem beeindruckenden Zeugnis mittelalterlicher Weltsicht werden lassen. Bis auf das bereits oben als Sonderfall klassifizierte Paradies und eine Stadtvignette für Jerusalem fehlen alle religiösen Illustrationen, solche der antiken Sagenwelt oder auch mythische Tiere, die soeben als Ausdruck einer vermuteten Realität beschrieben wurden. Dies ist ebenfalls als Spezifikum aller frühmittelalterlichen *Mappae mundi* zu bezeichnen, die sich auf eine schematisch anmutende Verdeutlichung der zentralen Aspekte irdischer Raumgliederung beschränken. Konform dazu finden sich vor dem späten 11. Jahrhundert in den Weltkarten weder Fabelwesen[43] noch Exzerpte aus den oben aufgeführten Bereichen der

[42] Augustinus, De civitate dei libri 11–22 (CCSL 48), hg. von Bernard Dombart und Alphons Kalb. Turnholt 1955, hier 16, 8; siehe dazu Herkenhoff, Dunkler Kontinent 141.

[43] Die Annahme von Brincken, Fines terrae 89, dass die Darstellung von Fabelwesen im äußersten Süden vor dem 13. Jahrhundert in der Kartographie nicht zu beobachten sei, lässt sich durch die Beatuskarte aus Osma von 1086 zwar leicht widerlegen, die dort einen Sciopoden zeigt; ihre Beobachtung der diesbezüglich unterschiedlichen Gewichtung der frühmittelalterlichen Karten gegenüber den hoch- und spätmittelalterlichen *Mappae mundi* ist aber durchaus zutreffend.

geographisch-kosmographischen Enzyklopädik. Diese Zurückhaltung bei der Dekoration des Erdbildes betrifft aber nicht nur die entfernten Regionen der irdischen Peripherie, sondern ebenso die Bereiche des erfahrbaren Lebensraumes, die durch die schmucklosen Schriftzüge *Germania* und *Gallia* gekennzeichnet werden. Auch eine solche Adaption der erlebbaren Topographie findet sich erst seit dem Ende des 11. Jahrhunderts allmählich in den *Mappae mundi*, wie dies erneut die Herefordkarte in höchst anschaulicher Manier vorführt. So erscheint dort Europa schon auf den ersten Blick anders als die zuvor besprochenen Regionen Asien und Afrika. Wir sehen hier weder Fabelwesen noch Menschendarstellungen, sondern eine Vielzahl von Städten und Flussläufen. Dabei ist besonders die präzise und detailreiche Gestaltung Mitteleuropas anzumerken, was auf Wissen aus praktischer Anschauung hindeutet. Ein gutes Beispiel liefert das Loiregebiet mit den annähernd korrekt verzeichneten Orten Orleans, Vendôme und Tours (Abb. 14) oder auch die Gegend um Köln mit Aachen und Lüttich (Abb. 15). Es fällt nicht schwer, diesen Teil der Karte als nach unseren Vorstellungen wesentlich realitätsnähere Abbildung zu bewerten[44] als die Asiens oder Afrikas.

Es stellt sich aber die Frage, ob dies unser mittelalterlicher Kartenzeichner ähnlich gesehen hätte. Entsprechend der Bildungsauffassung der Epoche waren erfahrbares und durch Autoritäten abgesichertes Wissen nicht nur gleichrangig, im Zweifelsfalle rangierte die Kirchenväterliteratur oder das wissenschaftlich-enzyklopädische Schrifttum vor dem bloßen Augenschein. So bevorzugte es beispielsweise Beda im 8. Jahrhundert, den Hadrianswall, der nur wenige Kilometer von seinem Kloster entfernt verlief, mit Rückgriff auf Orosius und nicht gemäß eigener Betrachtung zu beschreiben.[45] Wir haben es also in dieser Karte keineswegs mit gegensätzlichen Bereichen realer Erfahrungswelt und angenommener Realität zu tun, zwischen denen das Mittelalter offenkundig nicht unterschied, sondern mit einem Erdbild, welches gegründet auf das Bildungswissen und den Erfahrungshorizont der Epoche als existent angenommen wurde. Die Tatsache, dass die Abbildung Mitteleuropas eine Fülle konkreter Details des erfahrbaren Lebensbereiches zeigt, steht nicht im Gegensatz zu der Illustration

[44] Dies hat dazu beigetragen, dass man die Herefordkarte in Teilen sogar als Itinerar, also als Reiseanleitung betrachtete; siehe hierzu Crone, Hereford 447–462 sowie Harvey, Mappa mundi 50–53.

[45] Beda Venerabilis, Historia ecclesiastica gentis anglorum/Beda der Ehrwürdige. Kirchengeschichte des englischen Volkes, hg. von Günther Spitzbart. 2 Bde. Darmstadt 1982, hier Bd. 1, 5 36/37; siehe dazu auch Charles W. Jones (Hg.), Bedae opera de temporibus. Cambridge (Mass.) 1943, 128.

der entfernten Regionen, sondern beide sind als komplementär zu betrachten. Parallel zu einer Entwicklung, gemäß der die umgebende Topographie als Thema der Karten erkannt wurde, wächst offenkundig auch das Interesse an den fernen Teilen der Erde. In der Vorstellung von der Welt konkretisiert sich also etwa seit dem 11. Jahrhundert die Vielfalt der irdischen Schöpfung in Zeit und Raum, der man mit unterschiedlichen Informationsquellen, aber basierend auf dem gleichen Grundgedanken entgegentrat. Diese Methode dürfte dem mittelalterlichen Betrachter nicht als Griff in eine virtuelle Welt erschienen sein, sondern er gründete sein Erdbild auf dieselben festen Säulen, auf denen er auch alle anderen Gebäude seiner Gelehrsamkeit errichtete.

Dafür, dass all die aufgenommenen Elemente in der Karte als potentielle Realität betrachtet wurden, lassen sich einige über die Karten selbst hinausreichende Belege finden. Ein sehr schönes Beispiel hierfür liefert der Reisebericht Sir John de Mandevilles, 1357 in Lüttich in Französisch verfasst, 1371 ins Deutsche, Lateinische und Englische übersetzt.[46] Die Popularität dieses in mehr als 250 Manuskripten überlieferten Konglomerates aus der Reiseliteratur der vorhergehenden 150 Jahre lag unter anderem darin,[47] dass dieser fiktive Text gegenüber seinen Quellen wie dem Itinerarium des Wilhelm von Boldensele, dem Reisebericht Marco Polos und dem Werk Odorichs von Pordone die traditionellen Fabelwesen in die faktischen Berichte einfügte, um dem Ganzen größere Glaubwürdigkeit zu verleihen, deren Fehlen bei seinen Quellen bemängelt worden war. Und so ist es auch kaum verwunderlich, dass gerade diese uns als phantastisch anmutenden Illustrationen der *Mappae mundi* seit der zweiten Hälfte des 14. Jahrhunderts, besonders durch die Wiederentdeckung der antiken Werke, ebenfalls eine wahre Renaissance erlebten und noch in der *Ymago mundi* des Pierre d'Ailly[48] und in der *Kosmo-*

---

[46] Maurice Charles Seymour (Hg.), Mandeville travels. Oxford 1967.

[47] Siehe hierzu Götz Pochat, Das Fremde im Mittelalter. Darstellung in Kunst und Literatur. Würzburg 1997, bes. 111; Simek, Erde und Kosmos 49; Ernst Bremer und Alexandra Nusser, Jean de Mandeville. Überlieferungs- und Gattungsstrukturen europäischer Reiseliteratur. In: Forschungsforum Paderborn. Paderborner Universitätsmagazin 6 (2003) 6–11; Rudolf Wittkower: Allegorie und der Wandel der Symbole in Antike und Renaissance. Köln 1984, 151–179; ders., Marvels of the East. A study in the history of monsters. In: Journal of the Warburg and Cortauld Institutes 5 (1942) 159–197, hier 179–181.

[48] Pierre d'Ailly, Ymago mundi, hg. von Edmond Buron. 2 Bde. Paris 1930, hier Bd. 1, 264–269.

graphie des Hartmann Schedel aus dem Jahr 1493 als vermutete Lebewesen in entfernten Ländern auftauchten.[49]

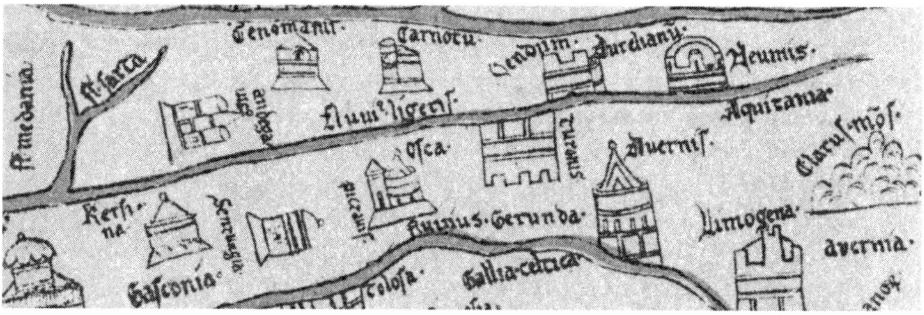

Abb. 14: Detail aus der Herefordkarte: der erfahrbare Lebensraum – das Loiregebiet (nach: Miller [Anm. 2])

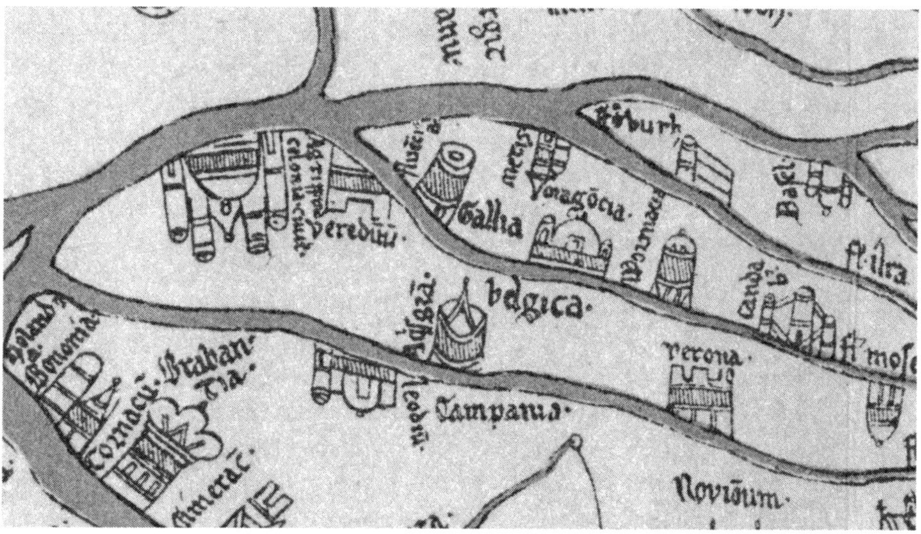

Abb. 15: Detail aus der Herefordkarte: der erfahrbare Lebensraum – die Gegend um Köln (nach: Miller [Anm. 2])

Diese erwartete Realität prägte jedoch nicht nur die mittelalterliche Vorstellung von diesen entfernten Regionen, sie entwickelte auch im Zuge der Entdeckungsreisen eine eigene Dynamik. So ist zunächst einmal festzustel-

[49] Am besten zugänglich in der Faksimile-Ausgabe Hartmann Schedel, Weltchronik, Faksimile-Druck nach dem Original von 1493 aus der ehemaligen Reichsständischen Bibliothek Lindau. Lindau o. J., Blatt 12.

len, dass all diese Entdeckungsfahrten nicht ohne Ziel unternommen wurden, sondern zu dem Zweck, die entfernten, sagenhaften Reiche einer vermeintlichen Realität zu finden, von denen die etablierten Quellen und mithin auch die *Mappae mundi* berichteten. In konsequenter Umsetzung dieses Gedankens erscheinen in den Portulankarten, die den westlichen Ozean abbilden, trotz ihrer unbezweifelt funktionalen Intention regelmäßig diese vermuteten Landflächen zumeist in Gestalt von Inseln, was kaum zu erklären wäre, wenn man ihre Existenz nicht für potentiell möglich gehalten hätte. Dies gilt z. B. für die in der Karte des Zuane Pizzigani von 1424 abgebildete Insel Antilia, die als der bekannten Lebenswelt entgegen gesetzte Anti-Insel den Gedanken eines vierten Kontinentes aufgreift.[50] Auch die Brendansinseln, die schon die Herefordkarte zeigte, tauchen wie hier in der Portulankarte des Gracioso Benincasa von 1467, zumeist in der Identifikation mit den 1336 entdeckten Kanaren, auf,[51] und noch 1727 versuchte eine spanische Expedition die *terra repromissionis* zu entdecken.[52] Man kann die in den mittelalterlichen Karten aufgeführten vermeintlich realen Charakteristika entfernter Landstriche somit in einigen Fällen sogar als Antrieb frühneuzeitlicher Entdeckungsreisen bezeichnen. All dies belegt, dass die Gestaltung der Erde, wie sie die mittelalterlichen Karten zeigen, auch in den Bereichen, in denen man nicht aus der eigenen Anschauung, sondern anderen Quellen schöpfte, der Auffassung entsprangen, eine vermeintliche Realität abzubilden.

Damit sind als Ergebnis drei Punkte festzuhalten:

1. Die vom mittelalterlichen Menschen als imaginär betrachteten Räume und Geschehnisse werden, wie das Beispiel der Herefordkarte zeigte, nicht im irdischen Diesseits verortet, sondern von der Darstellung des *Orbis terrae* konzeptionell separiert. Dies setzt einen Prozess bewusster Unterscheidung zwischen nach unserem Verständnis virtuellen und realen Räumen voraus.

2. Die Darstellung des Erdkreises beinhaltet gemäß der mittelalterlichen Mentalität kein Wissen, welches sich nicht auf eine scheinbare oder tatsächliche Realität bezieht. Die Entlehnungen biblischer, antiker, patristischer, enzyklopädisch-bildungsspezifischer und em-

---

[50] Englisch, Ordo orbis terrae 43–44.

[51] Oswald Dreyer-Eimbcke, Kolumbus. Entdeckungen und Irrtümer in der deutschen Kartographie. Frankfurt am Main 1991, 44.

[52] Dreyer-Eimbcke, Kolumbus 77.

pirischer Provenienz erscheinen für die Konzeption einer Karte vielmehr als gleichwertige und gleichberechtigte Quellen der Information über nahe oder ferne Regionen, die sich gegenseitig zu einem homogenen Bild der angenommenen Wirklichkeit ergänzen.

3. Diesbezüglich ist aber eine Entwicklung zwischen dem frühen und dem hohen Mittelalter zu konstatieren. Ist die Ausstattung in den frühmittelalterlichen Karten generell eher zurückhaltend, so erwacht seit dem späten 11. Jahrhundert ein Interesse an den Konditionen der erfahrbaren wie entfernten Topographie, die die Karten für realitätsnahe Regionenbeschreibungen ebenso wie für die aus den Enzyklopädien entlehnte Illustration entfernter Landstriche öffnet, wovon speziell die spätmittelalterlichen Großkarten ein beredtes Bild zeichnen. Die Dominanz insbesondere der vermuteten Realität ist so nachhaltig, dass die Beschreibung fabelhafter Orte zu einem der entscheidenden Motoren der Entdeckungsreisen wird, was dazu führt, dass solche mythischen Inseln bis in die Karten der frühen Neuzeit, ja manchmal sogar bis in die Gegenwart nachwirken.

Denn wenn wir auf dem modernen Globus östlich von Neuseeland eine Antipodeninsel finden, die in etwa antipodal zu London liegt, so ist das ein Element, welches sowohl in der mittelalterlichen als auch in der modernen Weltsicht eine Variante der Realität beinhaltet.

MAXIMILIAN DIESENBERGER

Rom als virtueller Raum der Märtyrer.

Zur gedanklichen Aneignung der *Roma suburbana* in bayerischen Handschriften um 800

In der gesamten Christenheit gibt es wohl mit Ausnahme Palästinas keinen anderen Raum, der mehr mit symbolischem Kapital[1] ausgestattet war und ist, als Rom. Dieses Kapital bestand vor allem aus unzähligen Märtyrern, die großteils im Umland der Stadt in Katakomben und Friedhöfen begraben lagen. Vom 4. Jahrhundert an ersetzten christliche Kirchen heidnische Tempel, und christliche Architektur kam an die Oberfläche Roms. Damit entwickelte sich eine eigene sakrale Topographie der Stadt, die diese zunehmend zum Anziehungspunkt für Pilger machte.[2] Der schier unermessliche Vorrat an Verehrungsstätten der frühen Märtyrer erwies sich für die Päpste zunächst als Vorteil. Als etwa Damasus in der zweiten Hälfte des 4. Jahrhunderts erkannte, dass seine finanziellen Mittel nicht ausreichten, um so prachtvolle Basiliken zu errichten, wie es die reichen ansässigen Familien taten, griff er auf die Katakomben im Umland der Stadt zurück, die er öffnen ließ und mit Inschriften versah, die die jeweils aufgefundenen Märtyrer priesen.[3] Auf diese Weise fand er seine eigene Form der Repräsentation päpstlicher Macht. Aber der Vorteil dieses Reichtums war zugleich auch der Nachteil eines Raumes, der sehr umkämpft und schwer zu kontrollieren war. Papst Symmachus übernahm um 500 mit der Errichtung zweier Kirchen, einer zu Ehren des hl. Pan-

---

[1] Zum Begriff vgl. Pierre Bourdieu, Praktische Vernunft. Zur Theorie des Handelns. Frankfurt am Main 1998, 108–115.

[2] Vgl. auch Vitricius von Rouen, der am Ende des 4. Jahrhunderts bereits römische Reliquien nach Gallien brachte. Gillian Clark, Translating relics: Vitricius of Rouen and fourth-century debate. In: Early Medieval Europe 10 (2001) 161–176.

[3] Marianne Sághy, Scinditur in partes populus: pope Damasus and the martyrs of Rome. In: Early Medieval Europe 9 (2000) 273–287.

cratius und einer zweiten zu Ehren der hl. Agatha, die Kontrolle über die Via Aurelia, die in den Westen führte.[4] Die Anhänger seines Gegenspielers Laurentianus förderten daraufhin das Gedenken an den hl. Felix und an die beiden Märtyrer Processus und Martinianus, deren Begräbnisstätten ebenfalls an dieser Straße lagen.[5] Diese Auseinandersetzung zweier rivalisierender Gruppen beschränkte sich nicht allein auf die architektonische Ausgestaltung der Verehrungsstätten und der Versammlung ihrer Anhänger vor Ort, sondern wurde auch über die Märtyrer selbst ausgetragen. Während die Partei des Symmachus behauptete, der hl. Pancratius vermöge es, Eidbrüchige bloßzustellen, wurde dasselbe von der laurentianischen Seite über die Märtyrer Processus und Martinian verbreitet.[6]

Mit den Reliquien und den Kirchen der Heiligen waren untrennbar Erzählungen in Form von Texten oder Gerüchten verbunden, die sich änderten, zu Widerspruch aufforderten, Gegentexte provozierten, die aber vor allem sehr lange in Erinnerung blieben und zugleich auch das symbolische Kapital eines Märtyrers und seiner Gedenkstätte erhöhten oder minderten. Etwa hundert Jahre nach der Auseinandersetzung der beiden Päpste erinnerte sich Gregor von Tours an den Konflikt zwischen den Märtyrern, wobei der hl. Pancratius offenbar als Sieger hervorgegangen war – nicht zuletzt auf Basis der *Passio* dieses Märtyrers, die weite Verbreitung gefunden hat.[7] Weniger leicht hatte es sein gleichnamiger Zeitgenosse Papst Gregor der Große mit dem Erbe dieser Auseinandersetzung, die das Selbstbewusstsein der für die Pancratius-Basilika verantwortlichen Priester gestärkt hatte. Ein Versuch des Papstes, liturgische Änderungen einzuführen und eine monastische Gemeinschaft bei dieser Basilika anzusiedeln, scheiterte – wie Conrad Leyser beobachtete – kläglich.[8]

---

[4] Liber pontificalis LIII (Symmachus) 8, hg. von Louis Duchesne (Le Liber Pontificalis 1) Paris 1955, 262; vgl. zum Folgenden Conrad Leyser, The temptations of cult: Roman martyr piety in the age of Gregory the Great. In: Early Medieval Europe 9 (2000) 289–307, hier 303–305.

[5] Zum Konflikt der beiden Päpste vgl. Eckhard Wirbelauer, Zwei Päpste in Rom. Der Konflikt zwischen Laurentius und Symmachus (498–514). Studien und Texte (Quellen und Forschungen zur antiken Welt 16) München 1992.

[6] Vgl. Leyser, The temptations of cult 303–305.

[7] Giovanni N. Verrando, Le numerose recensioni della Passio Pancratii. In: Vetera Christianorum 19 (1982) 105–129; Hubertus R. Drobner, Die Anfänge der Verehrung des römischen Märtyrers Pankratius in Deutschland. In: Römische Quartalschrift für christliche Altertumskunde und Kirchengeschichte 83 (1980) 76–98.

[8] Leyser, The temptations of cult 305f.

Die Förderung eines Heiligenkultes bedeutete in Rom immer, in die regionale und soziale Topographie der Stadt einzugreifen. Veränderungen außerhalb der Tore der Stadt wirkten auf das Innere zurück. Nähe und Distanz waren oft keine Frage einer geographischen ‚Wirklichkeit', sondern Ausdruck von sozialen Kräfteverhältnissen. Diese Auseinandersetzungen schlugen sich auch auf die Texte nieder, vor allem auf die Lebensbeschreibungen der Päpste, deren Angaben über die Lage von Märtyrer- und Papstgräbern öfter differieren und die damit auch Ausdruck konkurrierender Ansprüche waren.[9]

In der Frage der Pancratius-Basilika hat einer der letzten Schüler Gregors, Papst Honorius I. (625–638), hart durchgegriffen. Er ließ die Basilika von Grund auf neu errichten und verlegte dabei auch den Leib des Märtyrers innerhalb der Kirche. Damit hatte er einen in der Geschichte der Kirche Roms einmaligen Traditionsbruch begangen.[10] Nach altem römischen Brauch durften die Gebeine der Märtyrer nicht verlegt, aber zur Gewinnung von Reliquien (mit Gegenständen) berührt werden. Darauf hatte zumindest Gregor der Große mehrfach hingewiesen und bei der Umgestaltung des Altarbereichs in der Peterskirche selbst darauf geachtet.[11] Diverse Ansuchen vom Westen als auch vom Osten um Reliquien – in der fränkischen und östlichen Liturgie stellten Translationen kein Problem dar – wurden von ihm strikt zurückgewiesen. Es wurden sogar Schreckensgeschichten über Grabräuber in die Welt gesetzt, z. B. über jene, deren Gliedmaßen erstarrten, als sie ver-

---

[9] Vgl. Michael Borgolte, Petrusnachfolge und Kaiserimitation. Die Grablege der Päpste, ihre Genese und Traditionsbildung (Veröffentlichungen des Max-Planck-Instituts für Geschichte 95) Göttingen 1989, 15–126; vgl. auch die Darstellung Leos III. im *Liber Pontificalis*, siehe dazu Klaus Herbers, Das Bild Papst Leos III. in der Perspektive des Liber Pontificalis. In: Meta Niederkorn-Bruck und Anton Scharer (Hg.), Erzbischof Arn von Salzburg (Veröffentlichungen des Instituts für Österreichische Geschichtsforschung 40) Wien-München 2004, 137–154.

[10] Liber pontificalis LXXII (Honorius) V, hg. von Duchesne 324. Vgl. John M. McCulloh, From Antiquity to the Middle Ages: Continuity and change in papal relic policy from the 6th to the 8th century. In: Ernst Dassmann und Karl Suso Frank (Hg.), Pietas. Festschrift für Bernhard Kötting (Jahrbuch für Antike und Christentum Erg.Bd. 8) Münster 1980, 313–324, hier 321. Zum Reliquienkult im Allgemeinen und Translationen vgl. Martin Heinzelmann, Translationsberichte und andere Quellen des Reliquienkultes (Typologie des sources du moyen âge occidental 33) Turnhout 1979.

[11] Vgl. dazu John M. McCulloh, The cult of relics in the Letters and Dialogues of Gregory the Great. A lexicographical study. In: Traditio 32 (1976) 145–184, bes. 148–157.

suchten, Reliquien zu entwenden. Tatsächlich ertappte Reliquiendiebe wurden hart bestraft.[12]

Die Vorgehensweise des Honorius in der Angelegenheit der Pancratius-Gebeine kann daher als Anfangspunkt eines neuen Umganges mit Reliquien in Rom bezeichnet werden. Einer seiner Nachfolger, Papst Theodorus (642–649), ließ gleich die Überreste zweier Märtyrer, Primus und Felicianus, aus dem Umland in die Stadt schaffen.[13] Keiner der unmittelbaren Vorgänger des Honorius hatte im Gebiet außerhalb der Stadtmauern, das am Ende des 6. Jahrhunderts auch von den Langobarden verwüstet worden war, die Initiative ergreifen können. Wahrscheinlich ist dies an den komplizierten Kräfteverhältnissen unterschiedlicher römischer Parteien gescheitert. Die unmittelbaren Vorgänger des Honorius waren meistens auch nur kurz im Amt und konnten sich gegen die römischen Parteien nicht durchsetzen. Papst Sabinianus (604–606) hatte z. B. das Volk während einer Hungersnot gegen sich aufgebracht, als er Hilfe aus den gefüllten päpstlichen Getreidespeichern verweigerte, was Widerstände bei seiner Grablege zur Folge hatte.[14] Honorius dagegen konnte auf größere Unterstützung hoffen und auf persönliche Netzwerke bauen – er stammte aus der Campania, und sein Vater war einst Konsul gewesen.[15] Selten beginnt eine Vita im *Liber Pontificalis* mit einem so positiven Resümee wie die des Honorius: *Hic temporibus suis multa bona fecit.*[16]

Es sind einige Faktoren, die es diesem Papst ermöglichten, sich durch Um- und Neubauten, wie er es an der Pancratius-Basilika gezeigt hatte, lokaler Probleme und Widerstände zu entledigen. Die Liste der von ihm errichteten Basiliken und Kirchen ist für seine fast 13-jährige Amtszeit beträchtlich: Der *Liber Pontificalis* berichtet, er habe eine Basilika zu Ehren der hl. Agnes an der Via Numentana, eine Kirche für den Märtyrer Apollinaris im Porticus von Sankt Peter, eine andere zu Ehren des Cyriacus an der Via Ostiensis und die bereits erwähnte Pancratius-Basilika an der Via Aurelia erbauen sowie einige andere restaurieren lassen.[17]

---

[12] Gregor der Große, Registrum epistolarum IV, 30, hg. von Paul Ewald und Ludwig M. Hartmann (Monumenta Germaniae Historica. Epistolae I) Berlin ^{2}1957, 263–266; vgl. McCulloh, From Antiquity to the Middle Ages 315. Bei den von der römischen Kirche akzeptierten Reliquien handelte es sich um Berührungsreliquien.

[13] Liber pontificalis LXXV (Theodorus) IV, hg. von Duchesne 332.

[14] Liber pontificalis LXVII (Sabinianus) II, hg. von Duchesne 315.

[15] Liber pontificalis LXXII (Honorius) I, hg. von Duchesne 323.

[16] Liber pontificalis LXXII (Honorius) I, hg. von Duchesne 323.

[17] Liber pontificalis LXXII (Honorius) III–VII, hg. von Duchesne 323f.

Durch diese rege Bautätigkeit konnten der Zugang zu den Märtyrergräbern und deren Präsentation kontrolliert werden. Mit der von ihm errichteten Basilika Sant' Agnese fuori le mura setzte Honorius ein Monument in der unmittelbaren Nähe eines großen Friedhofs an der Via Numentana, und gleichzeitig diente die Kirche zur Werbung in eigener Sache: Im Apsismosaik ließ er sich als *donator* der Basilika darstellen.

Nicht nur der *Liber Pontificalis* dokumentiert die rege Bautätigkeit des Papstes, der in den 80er Jahren zunächst in den Ruf geriet, ein Häretiker gewesen zu sein, und schließlich auch in mehreren Konzilen als ein solcher verdammt wurde. Während seines Pontifikats bzw. in den folgenden Jahren wurden Texte verfasst bzw. kopiert, die ihn und seine Bauwerke rühmend im Gedächtnis bewahrten. So sind in dieser Zeit sowohl mehrere Abschriften römischer Inschriften als auch zwei topographische Schriften entstanden.[18] Einer der beiden topographischen Texte, der am Ende des 8. Jahrhunderts missverständlich als *Notitia ecclesiarum urbis Romae* bezeichnet wurde, hebt besonders die Bautätigkeit des Honorius hervor.[19] Mit Ausnahme der *basilica Iohannis et Pauli* führt dieser Text zu den Kirchen und Gräbern außerhalb der Mauern Roms, darunter zur *ecclesia Agnae, quae [...] episcopus Honorius miro opere reparavit*, und zum hl. Pancratius, *quam sanctus* (!?) *Honorius papa magna ex parte reaedificavit.*[20] Während der *Liber Pontificalis* die Errichtung der *ecclesia s. Valentini* an der Via Flaminia einem Nachfolger des Honorius, Papst Theodorus, zuschreibt, wird in der *Notitia* der Bau dieser Kirche als Werk des Honorius bezeichnet.[21] Manches spricht dafür, dass der Text noch am Ende des Pontifikats des Honorius entstanden ist. Auf alle Fälle war der unbekannte Autor gleich jenem der *Vita Honorii* des *Liber Pontificalis* dem Papst gegenüber sehr positiv eingestellt. Das Erstellen eines Textes wie der *Notitia* setzt den Willen und die Möglichkeiten zur Kontrolle des vorstädtischen Raumes voraus. Gerade die durch die Details des Textes vermittelte freie Zugänglichkeit der Kirchen und Katakomben basiert auf einem Konsens zwischen den unterschiedlichen römischen Gruppen, die die teil-

---

[18] Zu den Inschriftensammlungen siehe Giovanni Baptista de Rossi, Inscriptiones Christianae urbis Romae 2. Roma 1888.

[19] Notitia ecclesiarum urbis Romae, hg. von Fr. Glorie (Corpus Christianorum. Series Latina 175) Turnhout 1965, 304–311. De locis sanctis martyrum quae sunt foris civitatis Romae, hg. von Fr. Glorie (Corpus Christianorum. Series Latina 175) Turnhout 1965, 314–322.

[20] Notitia ecclesiarum urbis Romae 1, 12 und 31, hg. von Fr. Glorie 305, 306 und 309.

[21] Liber pontificalis LXXV (Theodorus) V, hg. von Duchesne 332f.; Notitia ecclesiarum urbis Romae 2, hg. von Fr. Glorie 305.

weise verschlossenen Verehrungsstätten bewachten. Mit diesem Text wurde daher eine geographische Realität konstruiert, die elegant vergangene und präsente tektonische Verwerfungen in der sozialen Topographie der Stadt, wie etwa die Auseinandersetzung einzelner Gruppen während des laurentianischen Schismas, glättete und den zugrunde liegenden Konsens stärkte: Außer Honorius, der bei einigen Kirchen, darunter die Pancratius-Basilika, als Bauherr erwähnt wird, werden nur Märtyrer und längst verstorbene Päpste genannt.

Der zweite Text, der im 8. Jahrhundert den Namen *De locis sanctis martyrum* erhielt, entstand wahrscheinlich unter dem Pontifikat des Papstes Theodorus.[22] Er stellt nur einen Auszug aus einer umfangreicheren Schrift dar, die übrigens ebenso wenig auf einer Karte basierte wie andere (und spätere) topographische Texte über Rom.[23] Durch die Kürzungen ist der Kontext ihrer Entstehung nur schwer feststellbar. Grundsätzlich scheinen aber beide Schriften als Orientierungshilfe für Pilger genutzt worden zu sein.

Bei dieser Frage kann die Untersuchung der handschriftlichen Überlieferung der beiden Texte wesentlich weiterhelfen. Die älteste Handschrift ist zwar erst aus den letzten Jahren des 8. Jahrhunderts überliefert, aber eine Untersuchung ihres Entstehungshorizontes ermöglicht es, auch Spuren in die weitere Vergangenheit zu verfolgen.

Sowohl die *Notitia ecclesiarum urbis Romae* als auch die Schrift *De locis sanctis martyrum* werden in der Salzburger Handschrift der Österreichischen Nationalbibliothek, cod. lat. 795, aus den letzten Jahren des 8. Jahrhunderts überliefert. In diesem Codex bilden die beiden Topographien gemeinsam mit andern ähnlichen Texten eine Lage, die nach zeitgemäßer Zählung mit dem Buchstaben *z* versehen ist.[24]

Die Lage beginnt auf fol. 184r mit der *Notitia ecclesiarum urbis Romę* (der Name erscheint nur in der Kopfzeile), er wird unmittelbar und ohne

---

[22] De locis sanctis martyrum quae sunt foris civitatis Romae, hg. von Fr. Glorie (Corpus Christianorum. Series Latina 175) Turnhout 1965, 314–322. Vgl. Giovanni Baptista de Rossi, Roma sotterranea cristiana 1. Roma 1864, 155f. Franz Alto Bauer, Das Bild der Stadt Rom in karolingischer Zeit: Der Anonymus Einsidlensis. In: Römische Quartalschrift für christliche Altertumskunde und Kirchengeschichte 92 (1997) 190–228, besonders 217f. Für eine spätere Entstehung argumentiert Herman Geertman, More Veterum. Il Liber Pontificalis e gli edifici ecclesiastici di Roma nella tarda antichità e nell'alto medioevo. Groningen 1975, 198ff.

[23] Vgl. dazu Kai Brodersen, Ein karolingischer Stadtplan von Rom? In: Cartographica Helvetica 14 (1996) 35–41 und Bauer, Das Bild der Stadt Rom 212ff.

[24] Wien, Österreichische Nationalbibliothek, Cod. lat. 795 (künftig Cvp 795), fol. 184r–191v.

graphische Kennzeichnung auf fol. 186v, Zeile 15, von einem kurzen Text über die Kirchen Mailands fortgesetzt. Auf fol. 187r, Zeile 2, – dieses Mal durch eine Initiale gekennzeichnet[25] – folgt eine genaue Beschreibung einiger Altäre in der Peterskirche. Als nächster Text findet sich auf fol. 187v durch eine Initiale eingeleitet die Schrift *De locis marytrum quae sunt foris civitatis Romę* (der Titel leitet den Text ein); abgeschlossen wird die Lage auf fol. 191v Zeile 1 mit einer Liste von römischen Kirchen, die mit dem Titel *Istae vero aecclesiae intus Romę habentur* beginnt.

Insgesamt versammelt die Lage also fünf Texte, die jeweils unabhängig voneinander entstanden sind und teilweise auch aus unterschiedlichen Zeiten stammen.[26] Wie die *Notitia* und die Schrift *De locis sanctis martyrum* dürfte der Text über die Mailänder Kirchen ebenfalls aus dem 7. Jahrhundert stammen.[27] Trotz der zeitlichen Nähe dieser drei Texte zueinander, haben sie weder einen gemeinsamen Ursprung noch dieselbe Weise, Räume zu beschreiben.

Dasselbe trifft auf den Rundgang durch die Peterskirche und auf die Liste der Kirchen Roms zu. Beide Texte stammen aus dem 8. Jahrhundert. Für die Liste hat Herman Geertman eine Datierung nach dem Jahr 755 vorgeschlagen, in dem die römische *diaconia s. Archangeli* gegründet worden sein soll. Dabei geht er von einer klaren Identifizierung der *basilika quae appellatur sancti Michaelis Archangeli* aus der Liste mit der dem Erzengel geweihten Diakonie aus, eine Gleichsetzung, die möglich, aber letztendlich nicht beweisbar ist. Aufgrund weiterer Indizien, die ins 8. Jahrhundert deuten, scheint Geertmans Vorschlag aber nicht abwegig zu sein.[28] Der in der Liste deutlich erkennbare Schwerpunkt auf der Jungfrau Maria – es werden vier der

---

[25] Vor der Initiale befindet sich ein Majuskel-P mit einem Kürzungsstrich durch den Schaft. Der Buchstabe wurde wahrscheinlich nachträglich eingefügt. Eine spätere Hand hat an diversen Stellen jeweils ein ‚k' als Kapitulum eingefügt.

[26] Die vorliegenden Editionen geben diese fünf Texte allerdings nicht getrennt wieder, sondern unterscheiden nur die *Notitia* von *De locis sanctis martyrum*. Während de Rossi den Abschnitt über die Mailänder Kirchen edierte, wurde dieser von Valentini und Zuchetti bzw. von Glorie in der Edition nicht berücksichtigt! Zur Wiedergabe dieses kurzen Textes vgl. Jean-Charles Picard, Le Souvenir des Évêques: sépultures, listes episcopales et culte des évêques en Italie du Nord des origines au Xe siècle. Rom 1988, 20. Zur Editionsgeschichte vgl. Leyser, The temptations of cult 297, Anm. 40, bzw. Maximilian Diesenberger und Herwig Wolfram, Arn und Alkuin 790 bis 804: zwei Freunde und ihre Schriften. In: Niederkorn-Bruck und Scharer, Erzbischof Arn von Salzburg 81–106, hier 90, Anm. 68.

[27] Vgl. Picard, Le Souvenir des Évêques 19–25.

[28] Geertman, More veterum 158–163.

wichtigsten Marienkirchen Roms genannt – verweist ebenfalls ins 8. Jahrhundert, namentlich auf die für ihre Marienverehrung bekannten Päpste Johannes VII. (705–707), Gregor III. (731–741) und Paul I. (757–768).[29]

Am jüngsten ist der Text, der den Rundgang durch die Peterskirche zum Thema hat.[30] Dabei wird ein Altar zu Ehren der Petronilla genannt, jener Märtyrerin, der sich die Pippiniden besonders verbunden fühlten.[31] Unter dem Einfluss von König Pippin begann Papst Stephan II. die Errichtung einer Basilika zu Ehren der Märtyrerin, die erst unter seinem Bruder und Nachfolger Paul I. vollendet wurde. Im *Liber Pontificalis* zeigt sich die enge Bindung zwischen dem fränkischem König und den Päpsten in einem Zusatz, in dem berichtet wird, die Errichtung einer Kirche zu Ehren der hl. Petronilla sei aufgrund eines Versprechens geschehen, das der Papst dem fränkischen König in Francia gegeben habe.[32] Die Translation Petronillas aus der Domitilla-Katakombe und die Einweihung der Kirche dürfte im Oktober 757 erfolgt sein.[33] Ein weiteres Datierungskriterium für die Beschreibung der Kapellen in Sankt Peter ergibt sich aus der Erwähnung einer von Paul I. zu Ehren der Maria errichteten Kapelle in Sankt Peter. Paul I. hat seine eigene Grabkapelle zwischen der Petronilla und der *confessio s. Petri* angelegt und der hl. Maria geweiht, er folgte bei der Verehrung der Maria seinen Vorgängern als Bischöfen von Rom, Johannes VII. und Gregor III., die beide ebenfalls Kapellen zu Ehren der Gottesmutter innerhalb der Peterskirche errichten und mit Marienbildnissen schmücken haben lassen. Alle drei Päpste fanden ihre letzte Ruhestätte in den von ihnen errichteten Kapellen.[34] Der Führer durch die Peterskirche aus dem Codex 795 nennt alle drei Marienkapellen, ohne aber dabei die darin bestatteten Päpste zu erwähnen.[35] Der Text ist frühestens während des Pontifikats von Paul I. in den 60er Jahren entstanden, also erst zu einem Zeitpunkt, als die Ma-

---

[29] Vgl. Borgolte, Petrusnachfolge und Kaiserimitation 106ff. über die Marienverehrung der drei Päpste.

[30] Vgl. dazu die Kommentare durch de Rossi, Inscriptiones Christianae urbis Romae 224.

[31] Notitia ecclesiarum urbis Romae 37 (Basilika beati Petri), hg. von Fr. Glorie 310.

[32] Liber pontificalis, hg. von Duchesne 1, 455, Anm. *. Vgl. Borgolte, Petrusnachfolge und Kaiserimitation 108f.

[33] Vgl. Rosamond McKitterick, Die Anfänge des karolingischen Königtums und die Annales regni Francorum. In: Walter Pohl und Maximilian Diesenberger (Hg.), Integration und Herrschaft. Ethnische Identitäten und soziale Organisation im Frühmittelalter (Forschungen zur Geschichte des Mittelalters 3) Wien 2002, 151–168, hier 161f.

[34] Zu den Unklarheiten der Grablege Gregors III. vgl. Borgolte, Petrusnachfolge und Kaiserimitation 102–104.

[35] Notitia ecclesiarum urbis Romae 37 und 40 (Basilika beati Petri), hg. von Fr. Glorie 310f.

rienkapelle Pauls bereits errichtet war. Auf den Autor des Textes dürfte die Nennung von Syxtus (*novissime Syxti*) anstelle des in der Vita des Papstes Symmachus, dem Erbauer der Andreasrotunde, genannten Sossius zurückgehen.[36] Unklar muss aber die Erwähnung *novissime* bleiben – es handelt sich bei dem *Syxtus* auf jeden Fall nicht um die Gebeine des Papstes Sixtus II., die von Paschalis I. (817–824) in die Peterskirche transferiert worden sind.[37] Der Text wurde sicher vor 798/99 verfasst, dem Datum der Entstehung des Codex 795.[38]

Alle fünf Texte, die im Codex 795 versammelt worden sind, differieren auch durch die Art, wie sie die von ihnen beschriebenen Räume erfassen.

Die *Notitia* spricht den Leser mit der zweiten Person an, gibt ihm nähere Informationen über die Geschichte des Ortes oder den Zustand des Bauwerkes und bringt manchmal ein Detail, wie die Anzahl der Stufen, die *sub terra* in die Katakomben führen. Zur Orientierung wird manchmal auch die Himmelsrichtung angegeben, in der sich das erwähnte Bauwerk im Verhältnis zur (tatsächlichen oder imaginären) Position des Pilgers/Lesers befand.

Die Schrift *De locis sanctis marytrum* wendet sich in der dritten Person an den Leser, sie weist nur sehr wenige Details auf, die für einen Pilger nützlich waren. Eine Orientierungshilfe vermittelt der Text zwar auch über die Himmelsrichtungen, allerdings gibt er diese nur manchmal am Beginn eines Abschnitts und nur im Verhältnis zur Stadt an.

Der Text über die Mailänder Kirchen, der unmittelbar an die *Notitia* anschließt, gibt überhaupt keine Auskunft über die Geschichte des Ortes oder den Zustand der Bauwerke. Nur am Anfang weist er (fälschlich) darauf hin, dass sich die Kirche des hl. Ambrosius östlich der Stadt befinde.[39] Dann folgt mehr oder weniger eine Auflistung von Kirchen, die nur einmal mit dem Hinweis unterbrochen wird, auf dem Weg von der Kirche San Vittore zu San Nabore befinde sich die Basilika Santa Valeria auf der rechten Seite.[40] Zweimal verweist der Text auf andere Altäre, die sich innerhalb einer Kirche befinden, und bedient sich dabei der im Vergleich zu den anderen topographischen Texten nur hier gebrauchten Wendung *in uno angulo*.[41] Ins-

---

36 Notitia ecclesiarum urbis Romae 36 (Basilika beati Petri), hg. von Fr. Glorie 310; Liber pontificalis LIII (Symmachus) VI, hg. von Duchesne 261.

37 Liber pontificalis C (Paschalis) V, hg. von Duchesne 2, 53.

38 Vgl. dazu Diesenberger und Wolfram, Arn und Alkuin 90ff.

39 Vgl. Picard, Le Souvenir des Évêques 20; Cvp 795 fol. 186v, Zeile 16.

40 Vgl. Picard, Le Souvenir des Évêques 20; Cvp 795 fol. 186v, Zeile 20.

41 Vgl. Picard, Le Souvenir des Évêques 20; Cvp 795 fol. 186v, Zeile 19.

gesamt wird der Leser dieses kurzen und kargen Textes über die tatsächliche Lage der Kirche und die teilweise beträchtlichen Distanzen zwischen den einzelnen Bauwerken im Unklaren gelassen. Darüber hinaus gibt der Text nicht genau Auskunft, wie viele Kirchen oder Altäre nun tatsächlich beschrieben werden.

Der Rundgang durch Sankt Peter, der auf die Beschreibung der Mailänder Kirchen folgt, ist der genaueste Text der Sammlung. Er wendet sich wie die *Notitia* in der zweiten Person an den Leser oder lässt die Heiligen selbst den Weg zur nächsten Kapelle zeigen: *ex cuius latere sinistro te Leo papa accipiet, redditque iterum eidem Genetrici Dei, cuius auxilio tandem pervenies per cryptam ad caput Petri principis apostolorum.*[42] Dabei verwendet der Text manchmal auch die Richtungsangaben ‚links' oder ‚rechts'.

Die Liste der Basiliken Roms, die der Schrift *De locis sanctis martyrum* folgt, vermittelt überhaupt keine Ortsangaben, trotzdem beschreibt auch sie einen Weg durch Rom, wie es der abschließende Satz des Textes nahelegt: *In his omnibus basilicis per certa tempora puplica statio geritur.*[43] Herman Geertman schlägt vor, diese Liste als Zeugnis von zwei Prozessionswegen anzusehen, die durch den Irrtum oder durch die Unkenntnis eines Kopisten in eine Liste verschränkt worden sind. Tatsächlich ergeben sich zwei nachvollziehbare Themenschwerpunkte, wenn als ursprüngliche Vorlage des Textes zwei Spalten angenommen werden.[44] Auf der einen Seite zeigt sich dabei ein Prozessionsweg, der zunächst zu den vier wichtigsten Marienkirchen Roms und dann zu weiteren Kirchen führte, die sich im Osten bzw. Südosten der Stadt befinden. Auf der linken Spalte befanden sich dagegen die wichtigsten Stationskirchen im Zentrum der Stadt von der *Basilika Constantiniana* bis zur *Diaconia s. Archangeli* am *Porticus Octaviae.*[45]

Gerade die relative zeitliche Nähe der Entstehung der Beschreibung von Sankt Peter und der Liste der Stationskirchen Roms zur Abschrift in den Codex 795 ermöglicht einen Einblick in die Geschichte der ganzen Sammlung. Die Schrift *De locis sanctis martyrum* ist im Gegensatz zur *Notitia*, an der die Beschreibung der Kirchen Mailands und der Rundgang in Sankt Peter angeschlossen sind, mehrfach überliefert. Eine Abschrift des Textes, Öster-

---

42 Notitia ecclesiarum urbis Romae 36 (Basilika beati Petri), hg. von Fr. Glorie 310.

43 De locis sanctis martyrum (Istae vero ecclesiae intus Romae habentur), hg. von Fr. Glorie 322.

44 Vgl. die Darstellung bei Geertmann, More veterum 161.

45 Geertmann, More veterum 158–163.

reichische Nationalbibliothek, cod. lat. 1008, befand sich wie Codex 795 ebenfalls im Skriptorium Salzburgs und ist nur ein wenig jünger.[46] Die gemeinsame Vorlage der beiden Überlieferungsvarianten war offenkundig in einer insularen Minuskel verfasst, deren Kürzungen der Schreiber des Codex 1008 mühelos, jener des Codex 795 aber nur fehlerhaft auflösen konnte.[47] Das Skriptorium Salzburgs hatte zwar auch insulare Kontakte aus der Zeit Bischof Virgils, die Vorlage der topographischen Schriften dürfte aber zur Zeit des Erzbischofs Arn nach Salzburg gelangt sein. Codex 795 überliefert mehrere Texte des Angelsachsen Alkuin, der mit Arn von Salzburg eng befreundet war. Er stellt eine Schlüsselfigur zum Verständnis der Handschrift und der darin überlieferten topographischen Schriften dar.

Es ist durchaus möglich, dass der Text, der sich mit den Kapellen in Sankt Peter befasst, von Alkuin oder zumindest aus seiner Umgebung stammt. Schon seine erste Romreise verband Alkuin in seiner Erinnerung mit Büchern und Besichtigungen. Diese Reise dürfte in den frühen 60er Jahren mit seinem Lehrer Aelberht erfolgt sein, der, wie Alkuin in seinen *Versus de patribus regibus et sanctis Euboricensis ecclesiae* im Zusammenhang mit dieser Romreise vermerkt, gerne in fremde Länder reiste, u. a., um dort Bücher zu finden, sie zu studieren oder gleich mitzunehmen.[48] In Rom selbst haben Lehrer und Schüler die *sancta loca* ausgiebig besucht. In den frühen 80er Jahren hielt sich Alkuin wieder in Rom auf, um im Auftrag König Aefwalds das Pallium für Bischof Eadbald zu holen; auf der Rückreise traf er Karl den Großen in Parma.[49]

Alkuin und Aelberht zählten zu einer langen Reihe von angelsächsischen Romreisenden, seit Gregor der Große im Jahr 601 den Missionar Augustinus nach Kent gesandt hatte. Diese Kontakte wurden durch die Schüler Gregors, darunter vor allem Honorius I., ausgebaut. Honorius verlieh etwa auf Bitten König Edwins von Northumbrien dem gleichnamigen Bischof von Canterbury und Paulinus von York das Pallium.[50] Zwar gibt es keine Nachricht über

---

[46] Wien, Österreichische Nationalbibliothek, Cod. lat. 1008, fol. 189v–191r (zweispaltig). Vgl. Bernhard Bischoff, Südostdeutsche Schreibschulen 2: Die vorwiegend österreichischen Diözesen. Wiesbaden 1980, 94.

[47] Vgl. die Hinweise bei Diesenberger und Wolfram, Arn und Alkuin 90.

[48] Alkuin, Versus de patribus regibus et sanctis Euboricensis ecclesiae vv. 1454–1459 in: Peter Godman (Hg.), Alcuin: The Bishops, Kings and Saints of York. Oxford 1983, 114f.

[49] Vita Alcuini 9, hg. von Wilhelm Arndt (Monumenta Germaniae Historica. Scriptores 15, 1) Hannover 1887, 182–197, hier 190.

[50] Vgl. Wilhelm Levison, Die Akten der römischen Synode von 679. In: ders., Aus rheinischer und fränkischer Frühzeit. Ausgewählte Aufsätze. Düsseldorf 1948, 267–294, hier 267f.

angelsächsische Pilger während des Pontifikats des Honorius, aber im Jahr 654 ist die Ankunft des Benedict Biscop in Rom dokumentiert, der im Lauf seines Lebens bis ins Jahr 686 fünfmal die Stadt aufsuchte.[51] Von seinen Reisen brachte er sowohl Reliquien von Aposteln und Märtyrern als auch *magna copia voluminum sacrorum* und *libri omnis divinae eruditionis* mit, die er in seiner *bibliotheca nobilissima* vereinte.[52] Rom und seine Märtyrer prägten darüber hinaus die kirchliche Landschaft der Angelsachsen. Das von Benedict Biscop gegründete Kloster Monkwearmouth wurde dem Apostel Petrus geweiht, das Kloster Jarrow dem hl. Paulus.[53] Viele der bekannten Romreisenden in den folgenden Jahrzehnten wie Wilfrid, Willibrord, Willibald, Wynnebald, Bonifatius, Gregor von Utrecht und Willehad dokumentieren das große Interesse der Angelsachsen an der Stadt und ihrer sakralen Landschaft.[54]

Wahrscheinlich waren die beiden topographischen Texte über Rom u. a. auch bei den angelsächsischen Pilgern bekannt und befanden sich im Gepäck eines Benedict Biscop oder eines Wilfrid, die im Jahr 653 ihre jeweils erste Romreise antraten.[55] Mit letzterem lässt sich auch eine Verbindung zu Alkuin herstellen, der aus York stammte, wo Wilfrid einst Bischof gewesen war. Im Zuge der Recherchen zu seiner Geschichte Yorks könnte Alkuin auf unterschiedliche Aufzeichnungen gestoßen sein.[56] Zudem verfasste Alkuin

[51] Beda Venerabilis, Historia abbatum 2, hg. von Charles Plummer, Venerabilia Bedae opera historica 1. Neudr. Oxford 1969, 364–387, hier 365. Vgl. Lutz E. von Padberg, Missionare und Mönche auf dem Weg nach Rom und Monte Cassino im 8. Jahrhundert. In: Zeitschrift für Kirchengeschichte 111 (2000) 145–168, hier 149–151.

[52] Beda Venerabilis, Historia abbatum 4 und 9, hg. von Charles Plummer, Venerabilia Bedae opera historica 1. Neudr. Oxford 1969, 367 und 373. Zur Verbreitung römischer Bücher vgl. Rudolf Schieffer, „Redeamus ad fontem". Rom als Hort authentischer Überlieferung im Mittelalter. In: Arnoldt Angenendt und Rudolf Schieffer, Roma – Caput et fons. Zwei Vorträge über das päpstliche Rom zwischen Altertum und Mittelalter. Opladen 1989, 45–70.

[53] Von Padberg, Missionare und Mönche 150.

[54] Vgl. ebd. 151–166.

[55] Beda Venerabilis, Historia ecclesiastica gentis Anglorum V, 19, übers. von Günter Spitzbart. Darmstadt ^{2}1997, 492–494. Vgl. zu den Romreisen Wilfrids auch Stephanus, Vita Wilfridi episcopi Eboracensis 3, 4, 8, 10, hg. von Wilhelm Levison (Monumenta Germaniae Historica 6) Hannover-Berlin 1913, 163–263, hier 196f., 197, 202 und 204. Wilfrid blieb aber 653 für ein Jahr in Lyons und kam später als Benedict nach Rom.

[56] In seinem Gedicht auf die Bischöfe von York erwähnt Alkuin zumindest die erste Romreise des Bischofs.

auch eine Lebensbeschreibung über seinen Verwandten und Missionar Willibrord, der ebenfalls Kontakte nach Rom gepflegt hatte.

Es scheint also durchaus möglich, dass die Sammlung der topographischen Texte aus dem Umfeld Alkuins stammt und von diesem sogar während eines seiner Romaufenthalte um die Beschreibung der Kapellen in Sankt Peter ergänzt worden war. Jedenfalls scheint er die Sammlung auch an einen Angelsachsen weitergegeben zu haben. Seit den 90er Jahren befand sich ein Schüler mit Namen Witzo/Candidus bei ihm, den er für unterschiedliche Aufgaben vor allem im Zusammenhang mit Arn von Salzburg heranzog.[57] Gerade in den späten 90er Jahren, als sich für Papst Leo III. die Position in Rom immer schwieriger gestaltete, erwiesen sich die Dienste des Candidus als besonders fruchtbar. In einem Brief an seinen Schüler beorderte Alkuin den Candidus nach Rom, wo er sich über die örtlichen Kräfteverhältnisse kundig machen sollte. Candidus könne damit ihm – Alkuin –, aber auch dem Papst große Hilfe leisten. Wenn er aber schon in der Stadt sei, solle er doch auch die Peterskirche besuchen ebenso wie die Basilika San Paolo fuori le mura, er solle sich den festlichen Umzügen anschließen und überhaupt ein wenig durch die Ruinenlandschaften Roms streifen.[58] Candidus dürfte diesen Brief in Salzburg empfangen haben, wo er seit dem Jahr 798 auf Wunsch Alkuins als Lehrer tätig war.[59] Der Text ist in der Salzburger Handschrift, in einer den römischen Topographien nachgebundenen Lage überliefert. Die Lage mit den topographischen Schriften aus Rom scheint dabei sehr genau auf die Aufgaben zugeschnitten, die Candidus für Alkuin in Rom erledigen sollte: Er soll Sankt Peter aufsuchen: Dazu diente die Beschreibung der Kapellen in der Kirche; er soll bei festlichen Umzügen teilnehmen: Hierzu diente die Liste der Stationskirchen der Stadt; und er soll durch die Kirchen und Ruinen Roms streifen: Dazu dienten die beiden topographischen Schriften, die einen sehr guten Überblick über die Bauwerke außerhalb der Mauern vermitteln.[60] Die Exemplare der topographischen Texte, die Alkuin bzw. Candidus besaß, sind heute verloren.

---

[57] Zu Witzo/Candidus vgl. Heinz Löwe, Zur Geschichte Wizos. In: Deutsches Archiv für Geschichte des Mittelalters 6 (1943) 363–373.

[58] Cvp 795, fol. 199r–199v. Alkuin, Carmen 44 ad Candidum, hg. von Ernst Dümmler (Monumenta Germaniae Historica. Poetae Latini aevi Carolini 1) Berlin 1881, 255–256 (bis einschl. Vers 35).

[59] Vgl. dazu Diesenberger und Wolfram, Arn und Alkuin 83.

[60] Zum Aufenthalt des Candidus in Mailand vgl. Diesenberger und Wolfram, Arn und Alkuin 103.

Die Sammlung der römischen Texte und das Briefgedicht Alkuins wurden aber in Salzburg von Schülern in dem für Salzburg und Saint-Amand typischen Arnstil abgeschrieben. Durch diese Tätigkeit und durch die Korrekturen und Ergänzungen, die u. a. von Magister Baldo durchgeführt wurden, sowie durch die Einbindung der Lage *z* zu anderen Texten gewinnt die Sammlung eine neue Bedeutung.

Neben Sankt Peter hebt Alkuin in dem Briefgedicht nämlich die Basilika San Paolo fuori le mura besonders hervor. Bei dieser Kirche dürfte sich bereits im 6. Jahrhundert ein Nonnenkloster befunden haben, das dem hl. Stephan geweiht war. In einem Brief Gregors des Großen an den Subdiaconus Felix vom 25. Jänner 604 anlässlich der Übertragung von Kirchenbesitz zwischen der Via Ostiensis und der Via Appia an die Basilika San Paolo, wird ein Garten erwähnt, der dem Konvent *sancti Stephani, quod est ancillarum Dei positum ad sanctum Paulum*, gehört.[61] Für lange Zeit verliert sich die Spur dieser monastischen Gemeinschaft. Erst unter Gregor II. erfährt man, dass der Papst zwei Klöster bei San Paolo, die offenbar mittlerweile verfallen sind, *post longum tempus* wieder instand gesetzt habe.[62] Im *Liber Diurnus* ist die genaue Lage des Stephansklosters *intro atrio beati apostoli Pauli* angegeben.[63] Zugleich berichtet das Formular, dass ein Papst das zerstörte Kloster mit einem anderen vereinte. In der in der *Vita Leonis* inserierten Liste von 807 erscheinen ebenfalls zwei getrennte Klöster bei der Basilika San Paolo fuori le mura: Sankt Stephan und Sankt Caesarius.[64] Karl der Große hatte unter Papst Hadrian Interesse an der Errichtung eines Klosters bei der Basilika San Paolo gezeigt,[65] unter Leo III. erneuerte er die Anfrage. Während das erste Mal Angilbert von Saint-Riquier mit der Aufgabe betraut worden war, verhandelte im Jahr 798 Arn von Salzburg mit dem Papst offenbar erfolgreich über diese Angelegenheit. Aus diesem Grund wurden die römischen Topographien mit den die *causa s. Pauli* betreffenden Briefen und

---

[61] Gregor der Große, Registrum epistularum XIV, 14, hg. von Ewald und Hartmann 2, 434; vgl. Ferrari, Early Roman Monasteries 254, 259.

[62] Liber pontificalis XCI (Gregorius II) III, hg. von Duchesne 397.

[63] Liber diurnus Romanorum pontificum LXXXVII, hg. von Theodor Sickel. Wien 1889, 114.

[64] Liber pontificalis XCVIII (Leo III) LXXVII, hg. von Duchesne 2, 23.

[65] Alkuin (Karl der Große), Epistula 92, hg. von Ernst Dümmler (Monumenta Germaniae Historica. Epistolae 4, Karolini aevi 2) Berlin 1895, 135f.

Kommentaren zu den Paulusbriefen im Codex 795 zusammengefügt, der damit einen thematischen Schwerpunkt erhielt.[66]

Die topographischen Schriften geben jedenfalls Informationen über die Basilika San Paolo fuori le mura. So weiß die Schrift *De locis sanctis martyrum* zu berichten, dass an der Stelle, an der vor der Paulsbasilika im *oratorium Stephani martyris* der Altar steht, einst der Märtyrer gesteinigt worden war.[67] Die *Notitia* berichtet dagegen von einer *ecclesia Aristi, Christinae et Victoriae*, die sich westlich der Basilika befunden haben soll.[68] Dabei dürfte es sich um ein Kloster gehandelt haben, das bei Gregor dem Großen in demselben Brief, in dem das Stephanuskloster erwähnt worden war, genannt wird.[69]

Die *ecclesia s. Aristi* wird im Codex 795 allerdings nicht im Haupttext erwähnt, sondern in einem Zusatz, den eine korrigierende Hand eingetragen hat.[70] Grundsätzlich sind beide topographischen Texte sehr fehlerhaft kopiert worden. Kleinere Verbesserungen sowohl inhaltlicher als auch formaler Natur sind immer wieder zu finden. In manchen Fällen wurden Informationen aus der einen topographischen Schrift bei der jeweils anderen ergänzt oder es wurden überhaupt Details aus eigener Erfahrung hinzugefügt.[71] In anderen Fällen übersahen die Korrektoren die Fehler der Kopisten. So fehlen etwa in der *Notitia* bei der Beschreibung der Gräber an der Via Latina überhaupt der Name eines Märtyrers und die üblichen ergänzenden Angaben über das Grab, zu dem der Weg beschrieben wird.[72] Zwei Ergänzungen in der *Notitia* stechen besonders hervor. Die eine betrifft die Kirche Sixtus' II. an jener

---

66 Vgl. Epistulae 146, 147, 150 und 156, hg. von Dümmler 235f., 236f., 245f. und 253f. Vgl. zur handschriftlichen Überlieferung der Briefe im Codex 795: Diesenberger und Wolfram, Arn und Alkuin 92.

67 De locis sanctis martyrum 5, hg. von Fr. Glorie 316.

68 Notitia ecclesiarum urbis Romae 18, hg. von Fr. Glorie 307. Die Lokalisierung des Klosters bzw. der Kirche erfolgt in der Literatur durch eine Interpolation im Cvp 795 fol. 186r. Vgl. dazu z. B. Ferrari, Early Roman Monasteries 59. Zur Absicht dieser Positionierung siehe unten S. 82. Fraglich ist, ob S. Aristus mit der *ecclesia beati Edisti*, die in der Biographie Hadrians (Liber pontificalis XCVII [Hadrianus] LXIII, hg. von Duchesne 505) erwähnt wird, identisch ist. Vgl. Hippolyte Delehaye, S. Hédiste et S. Oreste. In: Analecta Bollandiana 42 (1924) 315–319 mit den unterschiedlichen Quellen.

69 Gregor der Große, Registrum epistolarum XIV, 14, hg. von Ewald und Hartmann 2, 433f.; vgl. Ferrari, Early Roman Monasteries 58–61.

70 Cvp 795, fol. 186r.

71 Vgl. etwa Notitia ecclesiarum urbis Romae 9, hg. von Fr. Glorie 306, mit De locis sanctis martyris 23, hg. von Fr. Glorie 320.

72 Notitia ecclesiarum urbis Romae 18, hg. von Fr. Glorie 307.

Stelle, an der er und seine Diakone hingerichtet worden sein sollen,[73] die andere handelt über die Kirche des Aristus, seiner Gefährtin Christina und der Magd Victoria sowie über die Kirche der hl. Sabina am Aventin.[74] Dieser Eintrag ist besonders bemerkenswert, da an dieser Stelle noch einmal auf die Basilika San Paolo fuori le mura Bezug genommen wird, obwohl diese schon zuvor genannt worden war. Entgegen der üblichen Gestaltung des Textes, von einer Kirche zur anderen zu leiten und dabei durchaus die Himmelsrichtungen anzugeben, um zur nächsten Kirche zu gelangen, verändert dieser Zusatz die Raumwahrnehmung, die sonst den Pilger/Leser leitet:

Zunächst folgt der Leser bzw. der Pilger im Haupttext dem Weg von der Grabstelle des Felix an der Verbindungsstraße zwischen der Via Ardeatina und der Via Ostiensis in westlicher Richtung zur Basilika San Paolo an der Via Ostiensis. Im südlichen Teil kann man dann, so der Text, die *ecclesia s. Theclae*, die auf einem Berg gelegen ist, erkennen.[75] Westlich des Tibers, so fährt der Text weiter fort, befindet sich die Kirche des hl. Felix, in welcher auch der Märtyrer Alexander ruht.[76] An dieser Stelle führt die *Notitia* weiter zur nördlich gelegenen Kirche der hl. Candida an der Via Portuensis.[77] Der Korrektor aber fügt hier, nach der Felixkapelle an der Via Portuensis, folgenden Wortlaut hinzu: *Et sanctae Sabinae martiris. Deinde etiam in aquilone parte ecclesiae sancti Pauli paret ec<c>lesia sancti Aristi et sanctae Christinae et sanctae Victor<ia>e, ubi ipsi pausant.* Die Erwähnung der Kirche Santa Sabina an dieser Stelle überrascht aus zwei Gründen. Es kann sich dabei nur um Santa Sabina am Aventin handeln, die aber innerhalb der Mauern Roms liegt. Damit ist sie neben der am Anfang des Textes erwähnten Basilika Constantina die einzige Kirche innerhalb der Stadtmauern, die in der *Notitia* genannt wird. Außerdem befindet sie sich nicht westlich des Tibers wie die Felixkirche, an deren Beschreibung der Korrektor seinen Zusatz angebracht wissen wollte, sondern östlich des Flusses und nordöstlich der Basilika San Paolo fuori le mura. Die Nennung von Santa Sabina an dieser Stelle des Textes erhellt sich erst aus der Tatsache, dass man auf dem Weg zur Felixkirche an der Via Portuensis durch den Porticus Ostiensis (oder Pauli) und damit am Aventin vorbei gehen musste, um innerhalb der Stadt den

[73] Notitia ecclesiarum urbis Romae ad 23, hg. von Fr. Glorie 308.

[74] Notitia ecclesiarum urbis Romae ad 29, hg. von Fr. Glorie 309; Cvp 795, fol. 186r.

[75] Notitia ecclesiarum urbis Romae 28, hg. von Fr. Glorie 309.

[76] Notitia ecclesiarum urbis Romae 29, hg. von Fr. Glorie 309.

[77] Notitia ecclesiarum urbis Romae 30, hg. von Fr. Glorie 309.

Tiber queren zu können. Das ist eine Weise der Beschreibung und Verknüpfung zweier sakraler Stätten außerhalb der Mauern Roms, die sonst in der *Notitia* nicht üblich ist. Obwohl der Text sehr genau die Wege zu den einzelnen Gräbern und Kirchen beschreibt, weist er Lücken auf, sobald die Verbindung zwischen einzelnen sakralen Arealen außerhalb der Stadt doch nur über Straßen, die innerhalb der Stadtmauern lagen, möglich war. Die Erwähnung der konstantinischen Basilika am Anfang und der Kirche Santa Sabina in der Mitte des Textes zeigt, dass die im Codex 795 vorliegende Fassung entweder nur eine Auswahl darstellte, und der Korrektor somit auf eine umfangreichere Vorlage zurückgreifen konnte, oder überhaupt aus einer anderen Quelle (vielleicht sogar aus persönlichen Wahrnehmungen oder mündlichen Überlieferungen) schöpfte.

Die Lage der Aristuskirche ist unklar, doch dürfte sie sich in unmittelbarer Nähe der Paulskirche befunden haben, wahrscheinlich nordwestlich der Basilika.[78] Dass diese Kirche erst jetzt, nachdem der Leser sich schon längst westlich des Tibers bei San Felice an der Via Portuensis befindet, vom Korrektor eingefügt wird, stellt die Basilika San Paolo fuori le mura in den Mittelpunkt eines Rundblicks und damit in das Zentrum des gesamten Textes überhaupt: Im Osten der Basilika liegt die Felixkirche auf dem Weg von der Via Ardeatina zur Via Ostiensis, im Süden die Kirche der hl. Thekla, im Nordwesten die Aristuskirche und im Westen die Felixkirche an der Via Portuensis und (eigentlich im Nordosten) Santa Sabina.

Mit diesem Eingriff hat der Korrektor aber nicht nur die Bedeutung der Paulsbasilika erhöht, deren causa überhaupt einen wichtigen Schwerpunkt in Codex 795 darstellt,[79] sondern beim ortskundigen Leser Verwirrung erzeugt. Dass der selbstständige Eingriff von Kopisten oder Korrektoren gerade in Texten, die topographisches Material überliefern, im Verhältnis zur tatsächlichen Topographie eher Verwirrung als Klarheit schafft, ist nicht ungewöhnlich. So hat jener Schreiber aus Fulda, der eine (andere) römische Topographie im sog. Codex Einsidlensis in der Mitte des 9. Jahrhunderts niederschrieb, versucht, in den Text Ordnung einzubringen, indem er die dem

---

[78] Ferrari hat wahrscheinlich aufgrund der Erwähnung der *ecclesia Aristi* im Zusammenhang mit San Felice an der Via Portuensis auf eine Lage der Kirche im Westen des Tibers geschlossen.

[79] Vgl. Diesenberger und Wolfram, Arn und Alkuin 100–104.

Text eigene Art, topographische Angaben mit den Verweisen ‚links und rechts‘ zu ordnen, auch graphisch gestalten wollte.[80]

So schrieb er in roter Farbe gleichsam als Überschrift zu jedem sakralen Areal den Namen der Straße, an dem die folgenden Kirchen und Gräber lagen, in die Mitte, wobei er seine eigenwillige Gestaltung nicht auf eine Seite beschränkte, sondern den gesamten Schriftraum des aufgeschlagenen Buches in seine Darstellung mit einbezog.[81] Die Überschrift erscheint demnach je zur Hälfte auf dem linken und auf dem rechten Blatt. Den ihm vorliegenden Text, dessen ursprüngliche Gestalt wohl durch den von Hülsen als Weg XII bezeichneten Abschnitt im Codex Einsidlensis auf fol. 77b–78a repräsentiert ist,[82] teilte er in zwei Spalten: Auf der Versoseite trug er die Orte ein, die laut seiner Vorlage links des Weges lagen und auf der Rectoseite des folgenden Blattes die Namen der Orte, die sich rechts des Weges befanden.[83] Dabei gerieten aber einige Namen durcheinander, was den Text als Führer mehr oder weniger unbrauchbar machte. Genau Gegensätzliches aber mit demselben Effekt passierte nach Geertmann mit den beiden Prozessionswegen in der Schrift *Istae vero ecclesiae intus Romae habentur* (wie im Codex 795), wo ein Schreiber zwei Spalten ineinander verschränkte, da er nicht erkannte, dass es sich dabei um zwei unabhängige Quellen handelte.[84] Auch dieser Text stimmte nicht mehr mit der topographischen bzw. liturgischen ‚Realität‘ der Stadt überein. War aber eine solche Übereinstimmung überhaupt intendiert?

---

[80] Die Einsiedler Inschriftensammlung und der Pilgerführer durch Rom (Codex Einsidlensis 326). Facsimile, Umschrift, Übersetzung und Kommentar, hg. von Gerold Walser (Historia Einzelschriften 53) Stuttgart 1987, 143–158; Christian Hülsen, La pianta di Roma dell'Anonimo Einsidlense (Dissertazioni della Pontifica Accademia Romana di Archeologia Serie II, Tomo IX) Roma 1907, 379–424. Vgl. Klaus Gugel, Welche erhaltenen mittelalterlichen Handschriften dürfen der Bibliothek des Klosters Fulda zugerechnet werden? Teil 1: Die Handschriften (Fuldaer Hochschulschriften 23a) Frankfurt am Main 1995, 60f.

[81] Die Einbeziehung des gesamten Schriftraumes ist sonst u. a. bei Annalen bekannt.

[82] Einsiedeln, Stiftsbibliothek, Codex 326, fol. 77b–78a. Vgl. Die Einsiedler Inschriftensammlung, hg. von Walser 56–59; Hülsen, La pianta di Roma 383 und 419.

[83] Route XII dürfte als Vorlage für die im ‚Links-rechts‘-System gestaltete Route X gedient haben. Zur Route X: Codex Einsidlensis 326, fol. 83b und 84a–84b und 85a. Vgl. Die Einsiedler Inschriftensammlung, hg. von Walser 152–155. Vgl. Bauer, Das Bild der Stadt Rom 202–205.

[84] Siehe oben Anm. 44. Dieser Vorgang erfolgte aber nicht in Salzburg, da beide Salzburger Abschriften und die (spätere aber unabhängige) Würzburger Überlieferung selbstverständlich die vorliegende Form des Textes übernahmen.

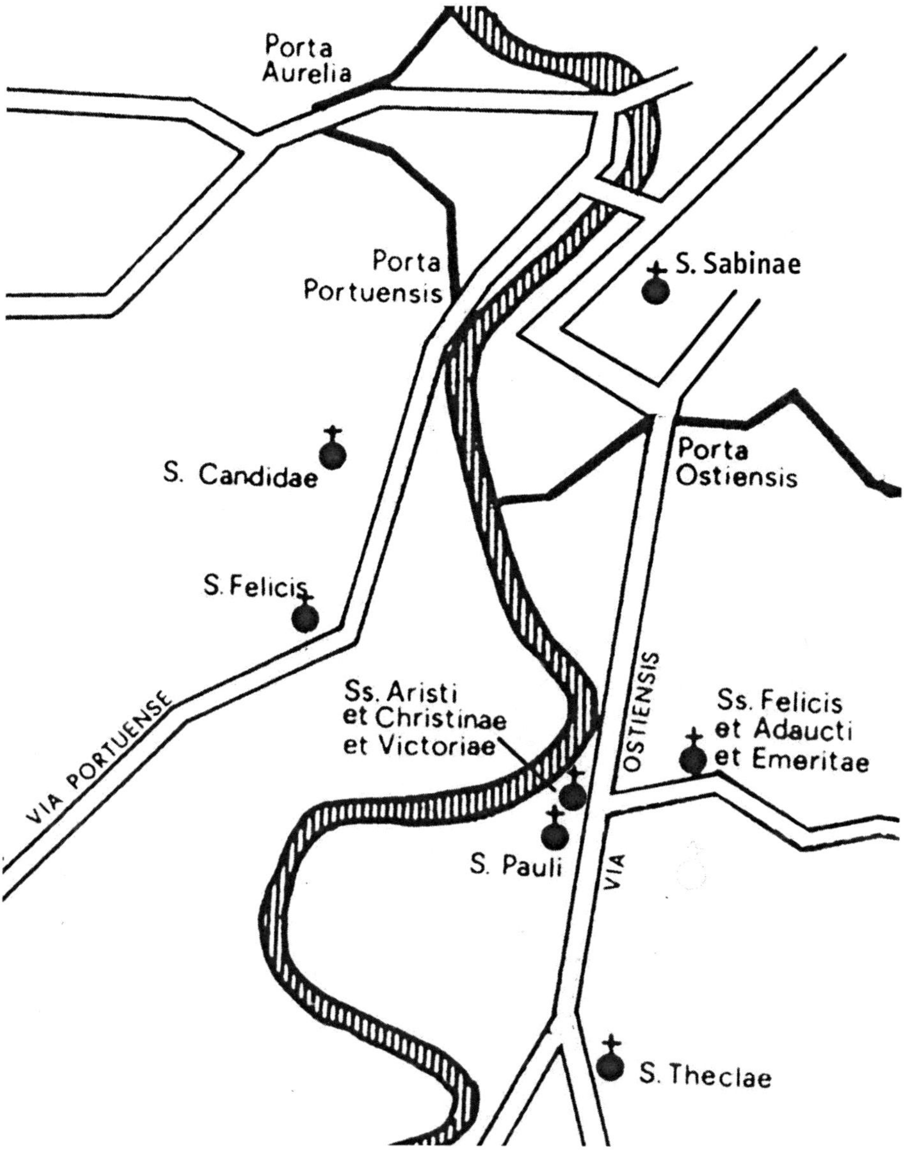

Abb. 1: Der Südwesten Roms mit den in Cvp 795, fol. 186r erwähnten Kirchen
(Die Abbildung basiert auf Fig. 2 von Bauer, Das Bild der Stadt Rom 201)

Einerseits war die genaue Kenntnis der römischen Topographie in vielen Belangen sehr wichtig. Der Geschichtsschreiber Eusebius berichtet um 300 von einer Debatte des römischen Klerikers Gaius mit dem Montanisten Proklos. Letztgenannter habe die Tradition seiner Gemeinde mit dem Hinweis auf das Grab von vier Prophetinnen, den Töchtern des Apostels Philippus, in Hierapolis begründet; Gaius erwiderte darauf, dass er imstande sei, die Tropaia der Apostel zu zeigen: „Denn wenn Du zum Vatikan gehen willst oder auf die Straße nach Ostia, wirst du die Tropaia derer finden, die diese Kirche gegründet haben.“[85] In manchen Debatten oder Auseinandersetzungen war es also bedeutsam, die Begräbnisstätten zu kennen und zu wissen, an welchen Orten wichtige Ereignisse stattgefunden haben. Hieronymus, der aus diesem Grund eine Topographie aller wichtigen Stätten der Bibel zu verfassen suchte, musste vor einer reichen römischen Pilgerin sein Unwissen in manchen Fragen zähneknirschend eingestehen.[86] Es gab aber auch andere Gründe, über genaue Ortskenntnisse in Rom verfügen zu müssen. Sie halfen auf der Suche nach wertvollen Reliquien.

Nachdem sich die Päpste, darunter besonders Paul I., um die Mitte des 8. Jahrhunderts bei der Verteilung von römischen Reliquien sehr großzügig verhalten hatten, etablierte sich seit Hadrian I. (772–795) eine ablehnende Haltung gegenüber weiteren Forderungen nach den Gebeinen römischer Märtyrer. Hadrian wich einer entsprechenden Anfrage im Jahr 779/80 mit der Bemerkung aus, Petrus selbst hätte ihm in einem Traum mitgeteilt, er dürfe keine Reliquien mehr verteilen.[87] Damit erschwerten sich die Bedingungen, prestigeträchtige Gebeine zu bekommen, wobei die Nachfrage nach römischen Reliquien etwa durch die Beschlüsse der Frankfurter Synode von 794

[85] Eusebius von Caesarea, Kirchengeschichte II, 25, 7, hg. von Eduard Schwartz. Leipzig [5]1955, 73. Vgl. Borgolte, Petrusnachfolge und Kaiserimitation 16f.; siehe auch Michael Jost, Die Patrozinien der Kirchen Roms während des ersten Jahrtausends. Entstehung, Bedingungen und Zusammensetzung. In: Hagiographica 8 (2001) 1–34, hier 6–12.

[86] Hieronymus, Epistula 77, 7 ad Oceanum, hg. von Isidor Hilberg (Corpus scriptorum ecclesiasticorum Latinorum 54) Wien 1996, 44 f. Vgl. Maximilian Diesenberger, Lesungen der Landschaft. Naturwahrnehmungen im Heiligen Land im 4. Jahrhundert. In: Karl Brunner und Gerhard Jaritz (Hg.), Text als Realie (Sitzungsberichte der Österreichischen Akademie der Wissenschaften, phil.-hist. Kl., Bd. 704 = Veröffentlichungen des Instituts für Realienkunde des Mittelalters und der frühen Neuzeit 18) Wien 2003, 23–47, hier 37.

[87] Codex Carolinus 65, Epistula Hadriani ad Carolum magnum, hg. von Wilhelm Gundlach (Monumenta Germaniae Historica. Epistolae 3) Berlin 1892, 592f.

stieg – dort wurde u. a. die Verehrung neuer Heiliger verboten.[88] Alkuin, der in seinen frühen Jahren den noch unproblematischen Zugang zu Reliquien miterlebt hatte, war bis an sein Lebensende an diesen interessiert. Wiederholt bat er in seinen Briefen befreundete Romreisende, ihm Reliquien zu beschaffen. Am dringlichsten sind diese Bitten an Angilbert von Saint-Riquier gerichtet, der als *primicerius* am Hofe Königs Pippins in Mailand gewirkt und manche Aufgabe für Karl den Großen in Rom erledigt hatte.[89] Ob Alkuins wiederholter Bitte um römische Reliquien entsprochen worden ist, ist unbekannt – von den vielen Briefen, die aus seiner Korrespondenz erhalten sind, ist kein Wort über den Erhalt von Reliquien überliefert. Als Candidus nach Rom reiste, trug er diesem auch auf, den Papst um „Kleider oder sogar Haare der Heiligen" zu bitten.[90] Vielleicht lag in der Aufforderung, die Ruinenlandschaft außerhalb der Mauern zu besuchen, auch die Anleitung zum unlauteren Erwerb von Reliquien. Die beiden topographischen Schriften wären zumindest dafür geeignet, den Weg zu berühmten Märtyrern zu finden.

Lange nach dem Tod Alkuins im Jahr 804 lockerten sich unter Ludwig dem Frommen die strengen Bestimmungen über den Reliquienerwerb und über die Verehrung derselben.[91] Offenbar war der Handel mit den wertvollen Gebeinen der Märtyrer ohnehin weder vom Papst noch vom Kaiser zu kontrollieren. Römische und fränkische Grabräuber plünderten die Katakomben Roms, wie jene Gesandten Einharts, die um 827 die Gebeine der Märtyrer Marcellinus und Petrus entwendeten und vorerst nach Michelstadt brachten.[92] Einhart folgte darin Hilduin, dem es gelungen war, die Reliquien des hl. Sebastian zu erwerben, und Soissons, wo die Gebeine verwahrt wurden, zu einem wichtigen Pilgerzentrum zu machen. Der Raum vor den Toren Roms war derart unkontrollierbaren Zugriffen ausgesetzt, dass sich Papst

---

[88] Synodus Frankfurtensis 794, Can. 42, hg. von Albert Werminghoff (Monumenta Germaniae Historica. Leges, Concilia II, 1) Hannover-Leipzig 1906, 110–171, hier 170. Vgl. Seeliger, Einharts römische Reliquien 60. Zu den strengen Bestimmungen unter Karl den Großen vgl. Patrick J. Geary, Furta sacra. Thefts of Relics in the Central Middle Ages. Princeton [2]1990, 35–43.

[89] Susan A. Rabe, Faith, Art and Politics at Saint-Riquier. The Symbolic Vision of Angilbert. Philadelphia 1995, 52f.

[90] Alkuin, Carmen 44 ad Candidum, hg. von Ernst Dümmler (Monumenta Germaniae Historica. Poetae Latini aevi Carolini 1) Berlin 1881, 255–256 (bis einschließlich Vers 35).

[91] Vgl. Concilium Parisiense a. 825, hg. von Albert Werminghoff (Monumenta Germaniae Historica. Legum III. Concilia II, 2) Hannover-Leipzig 1908, 473–551, hier 479.

[92] Einhart, Translatio et miracula ss. Marcellini et Petri, hg. von Georg Waitz (Monumenta Germaniae Historica. Scriptores 15, 1) Hannover 1887, 238–264.

Paschalis I. (817–824) offenbar genötigt sah, über 2500 Märtyrerleiber in die Stadt Rom zu transferieren und damit in Sicherheit zu bringen.[93] Der Handel wurde von zwielichtigen Klerikern kontrolliert, die bereits in ihren Häusern über einen Vorrat an Reliquien verfügten. Zumindest bot der römische Diakon Deusdona seinen häuslichen Vorrat Einhart gegen Bezahlung an.[94] Die topographischen Texte Roms konnten in diesem Zusammenhang ebenso wie die Martyrologe und Passiones als Bestandslisten verwendet worden sein. Wenngleich sich die Nachfrage am Angebot der professionellen Händler orientieren musste, scheint sich zumindest der Wunsch Einharts nach den Reliquien der Märtyrer Marcellinus und Petrus durchaus aus eigenem Kalkül ergeben zu haben. Die Außenmauern der Gruft der Märtyrer stießen an die konstantinische Basilika, die zum kaiserlichen Mausoleum zählte, in dem Helena begraben lag.[95] Dass es Einhart tatsächlich um den Erwerb dieser bestimmten Reliquien ging, beweist die Hartnäckigkeit, mit der seine Gesandten mit römischer Hilfe versuchten, das Grab zu öffnen, was erst nach einigen Versuchen gelang.[96] Wenn diese Nähe zum Kaisergrab tatsächlich für die Wahl der erwünschten Reliquien ausschlaggebend war, dann sind topographische Kenntnisse Roms bei Einhart vorauszusetzen.

Einharts Reliquienerwerbungen wurden im Kloster Fulda, in dem er einst gewirkt hatte, genau beobachtet und dokumentiert. Hrabanus Maurus erwarb in den 30er Jahren von römischen Zwischenhändlern, darunter wieder Deusdona, Reliquien von Dutzenden von römischen Märtyrern, um die vielen von ihm erbauten Kirchen und Kapellen überhaupt erst konsekrieren zu kön-

---

[93] Paschalis soll nach der Inschrift an der Kirche Santa Prassede auf dem Esquilin die Gebeine von 2250 Märtyrern transferiert haben, vgl. Ursula Nilgen, Die große Reliquieninschrift von Santa Prassede. Eine quellenkritische Untersuchung zur Zeno-Kapelle. In: Römische Quartalschrift für christliche Altertumskunde und Kirchengeschichte 69 (1974) 7–29; zur Reliquienpolitik der einzelnen Päpste im 9. Jahrhundert vgl. Julia M. H. Smith, Old Saints, new cults: Roman relics in Carolingian Francia. In: Julia M. H. Smith (Hg.), Early Medieval Rome and the Christian West. Essays in Honour of Donald A. Bullough. Leiden-Boston-Köln 2000, 317–334; Klaus Herbers, Rom im Frankenreich – Rombeziehungen durch Heilige in der Mitte des 9. Jahrhunderts. In: Dieter R. Bauer, Rudolf Hiestand, Brigitte Kasten und Sönke Lorenz (Hg.), Mönchtum – Kirche – Herrschaft. 750–1000. Sigmaringen 1998, 133–169.

[94] Einhart, Translatio et miracula 1, hg. von Waitz 240; für weitere Lieferungen durch Deusdona vgl. Geary, Furta sacra 45–49.

[95] Vgl. Seeliger, Einharts römische Reliquien 67.

[96] Einhart, Translatio et miracula 2–4, hg. von Waitz 240f.

nen.[97] Im Kontext dieser Reliquienerwerbungen kann man den Gebrauch der topographischen Schrift, aber auch die Sammlung stadtrömischer Inschriften des Codex Einsidlensis sehen. Hrabanus Maurus war wie Einhart auf die Vermittlung römischer Händler angewiesen, wobei die gelieferten Mengen von Reliquien und deren Zustand – einzelne Knochenteile der Märtyrerbischöfe Cornelius und Callistus kamen z. B. in zwei Lieferungen[98] – Zweifel über deren Authentizität erwecken konnten. Hrabanus bewahrte zwar die Teile jeweils getrennt *in loculi* auf und gab einzelne Reliquien nur mit Zustimmung des zuständigen Bischofs an die Klöster Holzkirchen und Rasdorf weiter, aber Authentiken konnte er nicht aufweisen.[99] Rudolf von Fulda bediente sich in seinem Text ähnlich wie zuvor Einhart mit dem Eingeständnis einer strafbaren Handlung einer Argumentationsstrategie, um damit indirekt auf die Echtheit des Erworbenen zu verweisen.[100] Außerdem hat man ergänzende Texte wie topographische Schriften über Rom und Abschriften von römischen Inschriften gesammelt, die man in der Bibliothek im Fall der Kritik als Beweis einer intensiven Auseinandersetzung mit Rom und seinen sakralen Stätten vorweisen konnte.

Das Abschreiben, Lesen (oder Hören) und Kommentieren von Texten über Rom zählte für die meisten Priester, Mönche und Nonnen ohnehin zu den einzigen Erfahrungen, die sie mit dieser Stadt machen konnten. Die Kenntnis der römischen Topographien ergänzte dabei das Bild über jene Märtyrer, deren Reliquien in den jeweiligen Kirchen und Klöstern verehrt wurden, und/oder über die sie z. B. vom *Liber Pontificalis*, aus Predigten, Passiones, Translationsberichten, oder aus Martyrologen gehört hatten. Über Rom zu lesen oder

---

[97] Zu diesen Zwischenhändlern, wie der aus mehreren Texten bekannte römische Diakon Deusdona vgl. Geary, Furta sacra 52–59. Zur Notwendigkeit von Reliquien zur Weihe eines Altars vgl. Capitulare Aquisgranense 1, hg. von Alfred Boretius (Monumenta Germaniae Historica. Capitularia 1) Hannover 1883, 170–172, hier 170. Concilium Moguntinense a. 813, hg. von Albert Werminghoff (Monumenta Germaniae Historica. Legum III, Concilia II, 1) Hannover-Leipzig 1906, 258–273, hier 270.

[98] Vgl. Rudolf von Fulda, Miracula sanctorum in ecclesias Fuldenses translatorum 4, hg. von Georg Waitz (Monumenta Germaniae Historica. Scriptores 15, 1) Hannover 1887, 328–341, hier 333, mit Rudolf von Fulda, Miracula 9, hg. von Waitz 336.

[99] Petra Kehl, Heiligenverehrung in der Reichsabtei Fulda. In: Walter Heinemeyer und Berthold Jäger (Hg.), Fulda in seiner Geschichte. Landschaft, Reichsabtei, Stadt (Veröffentlichungen der Historischen Kommission für Hessen 57) Fulda 1995, 181–199, hier 196–198.

[100] Vgl. z. B. Rudolf von Fulda, Miracula sanctorum 2, hg. von Waitz 230f.; Einhart, Translatio et miracula 4 und 5, hg. von Waitz 241f.

von Rom zu hören, bedeutete, sich die sakralen Stätten der Stadt, ihre Gebäude und Straßen im Gedächtnis auszumalen. In einer kleinen Schrift erklärte Alkuin von Tours der Nonne Gundrada, der Schwester Adalhards von Corbie und Walas, wie dieser Vorgang vonstatten ging. Mit wunderbarer Geschwindigkeit, *quasi per quosdam nuntios*, formt die *anima* demnach das, was die fünf Sinne wahrnehmen, im Geist und speichert es in der *memoria*, aus der es wieder hervorgeholt werden kann.[101]

„Wenn jemand Rom sieht", so erklärte er, „oder sich an Rom erinnert, dann bildet er in seinem Geist – *in animo suo* – ein Bild von Rom und formt es so ab, wie es ist. Wenn er nun den Namen Rom hört oder erinnert, so wendet sich sein Geist sofort zum Gedächtnis zurück, wo er das Bild Roms abgelegt hat, und findet es dort wieder, wo er es aufbewahrt hat. Noch wunderbarer aber ist es, dass die Seele – *anima* – selbst von unbekannten Dingen, wenn sie nur gelesen oder mit den Ohren gehört werden, sich sogleich ein Bild der unbekannten Sache zurechtformt. So hat jeder von uns irgendein Bild von Jerusalem in seiner Seele, obwohl das, wenn man es sieht, ganz anders sein mag, als die Seele es sich vorstellt [...] Denn nach Bekanntem stellt er sich Unbekanntes vor. So stellt er sich bei der Stadt Jerusalem freilich auch nicht die Glieder eines Menschen vor, sondern Gebäude, die man gewöhnlich in den Städten findet. So geht der Geist des Menschen bei jeder Sache vor: nach bekannten gestaltet er sich unbekannte, wobei er sie alle als Gestalten – *species* – in sich trägt".[102]

Zunächst zählte also die sinnliche Erfahrung als Grundlage zur Ausgestaltung einer Vorstellung von Rom. Für die meisten dienten dazu die ihnen bekannten Kirchen und Kapellen. Viele dieser sakralen Orte wurden nach römischem Vorbild gestaltet. Einhart hatte etwa die Krypta der unter seiner Anleitung erbauten Basilika in Michelstadt nach dem Vorbild römischer Katakomben errichten lassen. Hier wollte er gemeinsam mit seiner Frau Imma wie in den Katakomben *ad sanctos* bestattet werden.[103] In Seligenstadt, wo die erworbenen Reliquien des Marcellinus und Petrus tatsächlich ihre letzte

[101] Alkuin, De ratione animae VII, hg. von Jacques-Paul Migne (Patrologia Latina 101) Paris 1851, 639–647, hier 642.

[102] Alkuin, De ratione animae VII, hg. von Migne 642; vgl. Mary Carruthers, The Craft of Thought. Meditation, Rhetoric, and the Making of Images, 400–1200. Cambridge 1998, 118–122. Die Übersetzung folgt Jörg Jochen Berns (Hg.), Gedächtnislehren und Gedächtniskünste in Antike und Frühmittelalter [5. Jahrhundert v. Chr. bis 9. Jahrhundert n. Chr.] (Documenta Mnemonica I.1) Tübingen 2003, 505–513, hier 506–509.

[103] Seeliger, Einharts römische Reliquien 67.

Ruhestätte fanden, wurde eine Ringkrypta angelegt, eine Bauform, die sich gerade im 8. und 9. Jahrhundert im Frankenreich größter Beliebtheit erfreute.[104] Wie bei den innerstädtischen Kirchen Roms sollte mit den Ringkrypten im Norden die Fiktion einer ‚authentischen' Grablege erzeugt werden. Solche Anlagen sind archäologisch in einigen Kirchen im Frankenreich bezeugt.[105]

Aber auch der römische Ritus, der Gebrauch und die Ordnung sowie die Belebung des Kirchenraums vermittelten Eindrücke von Rom. In den fränkischen Kirchen kamen den römischen Reliquien höchste Priorität sowohl bei der Gestaltung und Anordnung der Altäre zu, wie etwa bei der von Angilbert neu errichteten Kirche von Centula/Saint-Riquier, bei deren Konsekration im Frühjahr 800 Karl der Große und Alkuin anwesend waren, als auch bei der Organisation der Prozessionen durch die Kirche.[106] Angilbert kümmerte sich nicht nur um den Erwerb einer für diese Zeit stattlichen Anzahl von Reliquien (darunter solche der hl. Petronilla), um die Sammlung hagiographischer Texte, dem Neubau der Kirche, sondern auch um eine gezielte Anordnung der Gebeine der Heiligen und regulierte damit den Zugang zu diesen.[107] In Fulda wurde Jahrzehnte später die Anordnung der erworbenen Reliquien ebenso zum Thema, und Pläne, eine großflächige sakrale Landschaft unter Einbeziehung der Kirchen auf den umliegenden Bergen anzulegen, wurden über Jahrzehnte hin verfolgt.[108] In den meisten Kirchen wurden die wichtigsten Altäre mit kunstvoll gedichteten Inschriften versehen, für die Altäre in Fulda wurden sie von Hrabanus Maurus verfasst, für andere, darunter auch Salzburg, von Alkuin. Wobei hier, gerade im Zusammenhang mit Arn und dem Stephanuskloster bei San Paolo fuori le mura, die von Arn geweihten Al-

---

104 Vgl. etwa die Krypta der Königsgrabkirche von Saint-Denis. Siehe Heinzelmann, Translationsberichte 29; Franz Alto Bauer, Überlegungen zur liturgischen Parzellierung des römischen Kirchenraums im frühen Mittelalter. In: Rainer Warland (Hg.), Bildlichkeit und Bildorte von Liturgie. Schauplätze in Spätantike, Byzanz und Mittelalter. Wiesbaden 2002, 76–78.

105 Vgl. Arnold Angenendt, Zur Ehre der Altäre erhoben. Zugleich ein Beitrag zur Reliquienteilung. In: Römische Quartalschrift für christliche Altertumskunde und Kirchengeschichte 83 (1988) 221–244, hier 230f.

106 Vgl. künftig Maximilian Diesenberger, Studien zu hagiographischen Handschriften in Bayern im 8. und 9. Jahrhundert (in Vorbereitung).

107 Vgl. Rabe, Faith, Art and Politics 111–137.

108 Renate Köchling-Dietrich, Die Andreaskirche in Fulda-Neuenberg. In: Archiv für mittelrheinische Kirchengeschichte 48 (1996) 9–52.

täre zu Ehren des Paulus und Stephanus in der Salzburger Peterskirche zu erwähnen sind.[109]

In den Kirchen und Klöstern des Frankenreichs verschränkten sich sinnliche Eindrücke mit der Lektüre von Texten und bildeten das Material zu jeweils individuellen Vorstellungen der Stadt Rom. Dieses Ensemble von Erfahrungen sollte aber nicht beliebig im Gedächtnis verwahrt werden. Gerade Alkuin war ein wichtiger Proponent der karolingischen *correctio* um 800, deren primäres Ziel die einheitliche Organisation des Wissens darstellte. Der Abt von Tours griff in seinem Traktat *De ratione animae* nicht zufällig (und im Gegensatz zu Augustinus, dessen Schrift *De trinitate* er in seinem Text eigentlich erläutert), auf ein topographisches Beispiel (Rom) zurück. Er wollte besonders die Topographie des Wissens hervorheben. Zwar wird sich keiner, so erklärt er, die Mauern und Pflanzen einer Stadt auf dieselbe Weise vorstellen – bedeutsamer als die Details sei der *animus*, die ‚Essenz' Roms, und damit die Gewissheit, dass, egal wie unterschiedlich das unbekannte Jerusalem auch ausgemalt werden könne, diese Stadt ebenso Häuser, Straßen und Tore aufweist.

Im Gegensatz zur heutigen Vorstellung war dieser Signifikationsprozess für Augustinus und Alkuin ein ‚bewusster' Vorgang.[110] Umso bedeutsamer war daher die Kontrolle dieser Wahrnehmungen, die einerseits ein moralisch einwandfreies Leben und andererseits den Willen zum Wissen erforderte. In diesem Zusammenhang kam dem Verformen der Texte, wie sie durch das graphische ‚Links-rechts-System' des Fuldaer Schreibers, oder durch die Glossen des Salzburger Korrektors vorgenommen wurde, keine große Bedeutung zu. Rom präsentierte sich in diesen Texten als der Ort der größten Dichte an sakralen Stätten, in einer Abfolge von unzähligen Grabstätten, Kapellen, Kirchen, Katakomben und Altären. Der Fuldaer Schreiber wich mit der (manchmal fehlerhaften) graphischen Anordnung des Textes nicht von der ‚Wirklichkeit' ab, er organisierte nur das Wissen über Rom, das dieser Text vermittelte, auf eine andere Weise. Dabei verband er die gedankliche Wanderung durch die Straßen Roms mit Elementen der realen Betrach-

[109] Siehe dazu Heinz Dopsch, Salzburg zur Zeit Erzbischof Arns. In: Niederkorn-Bruck und Scharer, Erzbischof Arn von Salzburg 27–55, hier 39; vgl. auch die Feierlichkeiten zur Erhebung der Gebeine Wynnebalds am 24. September 777: Hugeburc, Vita Wynnebaldi 13, hg. und übers. von Andreas Bauch (Quellen zur Geschichte der Diözese Eichstätt 1: Biographien der Gründungszeit) Eichstätt 1962, 135–185, hier 174–177.

[110] Carruthers, The Craft of Thought 119.

tung. Während der Text in seiner ursprünglichen Form den Blick des Lesers insoweit lenkte, dass er den Zeilen folgte, bewirkt die Auflistung des Textes in zwei Spalten eine Koordination des Blicks, die der Situation vor Ort ähnelt: Die Augen des Lesers wandern wie jene des Pilgers von links nach rechts.[111] Dass der Leser aber nicht zuerst die linke Spalte liest und dann die rechte, gewährleisten die aufgeteilten Überschriften, die beide Seiten immer wieder verbinden.

Die Topographie Roms in der Vorstellung der Leser oder der Hörer war nach Alkuin – der ja seinen Begriff der *memoria* mit dem räumlichen Begriff des *locus* verband – nicht mit den tatsächlichen Verhältnissen in der Stadt zu vergleichen. Diese Topographie folgte anderen Gesetzen, die durch das Lernen (der Interpretation) geprägt waren. Die Ordnung der Dinge konnte zwar unterschiedlich erfolgen, war aber nicht beliebig. Das zeigt sich besonders in den beiden anderen Abschriften von *De locis sanctis martyrum*, die in Bayern zu Anfang und in der Mitte des 9. Jahrhunderts entstanden.

Die ältere der beiden Abschriften ist in Salzburg entstanden, sie basiert auf jener Vorlage, die auch dem Schreiber des Cvp 795 zur Verfügung gestanden ist. Der Text befindet sich in einer Sammlung von Texten, die von einer Predigt über den Diebstahl des heiligen Kreuzes eingeleitet wird (*De crucis tropheo et de latronibus*, fol. 188r); eine zweite und längere Predigt beschäftigt sich mit den Ereignissen um das Felsengrab in Jerusalem, wobei der Text genaue topographische Angaben u. a. auch über die konstantinische Kapelle wiedergibt (*Die dominica post octabam* [sic!] *paschae*, fol. 188v–189v). Nach diesem Text folgt unmittelbar die römische Topographie (*De locis sanctis martyrum quę sunt foris civitatis Romę*, fol. 189v–191r) und die Liste der Kirchen in Rom (fol. 191r). Abgeschlossen wird die (unvollständige) Lage durch einen Auszug aus Isidors Schrift *De ortu et obitu patrum* (fol. 191v), wobei jede biographische Notiz mit einem Buchstaben des griechischen Alphabets versehen wurde. Hier zeigt sich ein Prinzip der Ordnung eines solchen Textes: Die Lage versammelt in hierarchischer Reihenfolge Texte über die Begräbnisstätten der wichtigsten christlichen Personen, ange-

---

[111] Dabei ist aber zu beachten, dass die Abstände zwischen den einzelnen Bauwerken oft beträchtlich sind und der hier postulierte ‚Pilger' nur virtuell ist. Dass dem Schreiber aus Fulda selbst jeder Bezug zu Rom fehlte, zeigt sich schon allein darin, dass er bereits bei der ersten Route die aufgelisteten Orte zwar ‚richtig' auf die linke bzw. rechte Seite aufteilte, aber die falsche Richtungsangabe bringt. Vgl. Die Einsiedler Inschriftensammlung, hg. von Walser 162–167. Eine Arbeit über die Schriftraumgestaltung im Zusammenhang mit frühmittelalterlichen Itineraren ist vom Autor in Vorbereitung.

fangen vom Grab Christi, über die Grabstätten der Apostel bis zu denen der biblischen Figuren.[112] Hier kommt das Bild Roms der von Alkuin demonstrierten Argumentation am nächsten: Die Stadt ist auf ihre Essenz als Grablege der Apostel und zahlloser Märtyrer reduziert. Wenn jeder dieser Texte einen bestimmten *locus* der *memoria* repräsentiert, dann stellen die in dieser Lage versammelten Texte benachbarte Gedächtnisorte dar. Alkuin selbst brachte in seinem Beispiel nicht zufällig Rom mit Jerusalem in Zusammenhang.

Ein anderer handschriftlicher Kontext der Schrift *De locis sanctis martyrum* findet sich in der Würzburger Handschrift M. p. th. f. 49, die um 838 unter Bischof Gozbald geschrieben wurde. Sie besteht heute aus zwei ursprünglich getrennt angelegten Teilen. Der erste Teil enthält von fol. 3r bis 30v das sog. *Martyrologium Bedae* mit einigen das Bistum Würzburg betreffenden Ergänzungen.[113] Auf den letzten beiden Seiten dieses Textes (fol. 31r–33v) hat eine gleichzeitige, nach Bernhard Bischoffs Ansicht Regensburger Hand, die Schrift *De locis sanctorum martyrum quae sunt foris civitatis Romae* und die Liste *Istae vero eclesiae intus Romę habentur* eingetragen.[114] Die Verbindung des Martyrologs, das u. a. die römischen Märtyrer nach chronologischen Kriterien ordnet, mit den beiden Schriften, die einer topographischen Ordnung folgen, verknüpft Zeit und Raum. Hier wurden Informationen über jeweils dieselben Märtyrer, die in grundsätzlich verschiedenen Ordnungskriterien vorhanden waren, miteinander verbunden.

---

[112] Es mögen typologische Gründe gewesen sein, die zur Zusammenstellung dieser Texte führten. Andererseits entspricht diese Verbindung Roms und Jerusalems bzw. Palästinas dem Inhalt von Verhandlungen, die u. a. auch in Salzburg geführt wurden. Im Jahr 803 soll sich Karl der Große gemeinsam mit einer Delegation aus Jerusalem in der Stadt an der Salzach aufgehalten haben. Es war der bereits erwähnte Magister Baldo, der in den Salzburger Annalen den Besuch Karls und der Gesandtschaft aus Jerusalem eintrug. Die Namen des Patriarchen und zweier Gesandter finden sich auch im Salzburger Verbrüderungsbuch. Es ist nur eines von mehreren Zusammentreffen zwischen Karl und Gesandten aus dem Nahen Osten. Für den Kaiser eröffneten sich schon vor 800 ungeahnte Perspektiven wie etwa eine Verbindung mit Byzanz oder aber auch die Kontrolle über Jerusalem. Die Fahne und der Schlüssel der Stadt sollen ihm nach Einhart zumindest angetragen worden sein. Der Kontext dieses gedanklichen Austausches über die fränkische Kontrolle Jerusalems und Palästinas und die starke Präsenz der Franken in Rom um 800 lassen die Zusammenstellung der erwähnten Texte im Codex 1008 in einem anderen Licht erscheinen.

[113] Vgl. Bernhard Bischoff und Josef Hofmann, Libri sancti Kiliani. Die Würzburger Schreibschule und die Dombibliothek im VIII. und IX. Jahrhundert (Quellen und Forschungen zur Geschichte des Bistums und Hochstifts Würzburg 6) Würzburg 1952, 35.

[114] Vgl. Bischoff und Hofmann, Libri sancti Kiliani 34f. und 124f.

Es waren diese Formen der gedanklichen Vernetzung und Organisation unterschiedlicher Gedächtnisorte, denen nach Alkuin zumindest dieselbe Bedeutung zukam wie der Wahrnehmung Roms durch die fünf Sinne.

Bevor sich ein Pilger den Toren der Stadt Rom näherte, hatte er sich längst ein Bild von der Stadt gemacht, das er zwar nach dem Eindruck der tatsächlichen Verhältnisse in einzelnen Zügen revidieren konnte, aber deren *animus* sich nicht verändern würde. Nach diesem Verständnis überdauerte Rom aber auch unbeschädigt die zahlreichen Verwüstungen, die vor allem das Umland der Stadt etwa 751 durch die Langobarden erfahren hatte (das mag auch der Grund gewesen sein, warum die topographischen Texte nicht aktualisiert wurden).[115] In diesem Sinne brachte jeder Pilger auch den *animus* Roms nach Rom zurück. Die Stadt war ohnehin, wie Walter Pohl betont, von Außen als bedeutsamer erachtet worden als von den Römern selbst.

Gerade die Bauten der Päpste auf den Friedhöfen außerhalb der Stadtmauern, die den Kult der Märtyrer stärken und den Zugang zu denselben regulieren sollten, waren Ziel vieler Besucher, die das symbolische Kapital dieser Orte erhöhten oder verringerten. So diente wahrscheinlich die unter Papst Honorius I. erbaute Treppe in die Grabkammer der Heiligen Marcellinus, Tiburtius und Petrus an der Via Labicana den Grabräubern des 9. Jahrhunderts als idealer Zugang, um unbemerkt zu den Reliquien der Märtyrer zu gelangen.[116] Dass den Räubern und ihrem Auftraggeber überhaupt bekannt war, wer in den unzähligen Nischen der Katakomben begraben lag, geht auf lokale Traditionen, auf die bei den Grabstätten vorhandenen Inschriften, aber auch auf Passiones, Martyrologe und auf die topographischen Texte zurück.

Diese Schriften bildeten Rom nicht einfach ab, sie etablierten eigene Räume, indem sie einzelne Bauwerke hervorhoben, sie miteinander vernetzten, die Distanzen in den Hintergrund treten ließen, aber auch indem sie innerhalb der lokalen und überregionalen Kräfteverhältnisse Positionen bezogen. Dabei waren die Texte über Rom den Bauwerken, die sie beschreiben, sehr ähnlich: Wie Bauwerke konnten die Texte (gedanklich) begangen werden; wie diese sammelten sie symbolisches Kapital an, wie Bauten wurden sie verändert, indem Bau(Text)teile entnommen oder hinzugefügt wurden, oder sich ihre unmittelbare Umgebung veränderte. Alle diese Veränderungen wa-

---

[115] Walter Pohl, Das Papsttum und die Langobarden. In: Matthias Becher (Hg.), Der Dynastiewechsel von 751 (im Druck).

[116] Vgl. Seeliger, Einharts römische Reliquien 64f.

ren jedoch nicht beliebig, sie folgten Regeln und (statischen) Möglichkeiten. Diese Interpretationsmöglichkeiten der Texte auszuloten, kommt den Arbeiten eines Architekten oder eines Restaurators nahe, die Bauwerke entwerfen, gestalten oder wiederherstellen. Wie in Bauwerken sammelten sich in Texten schließlich Sedimente an, deren Schichten durch eine Art Archäologie freigelegt werden können: Was sichtbar wird, sind immer Räume, (im Kopf, am Pergament, in der Realität,) die nach jeweils erforderlichen Standpunkten möbliert wurden. In diesen virtuellen Räumen etabliert der Betrachter, Leser oder Hörer jeweils sein reales Erleben der Stadt Rom. Niemals aber zeigt sich die ganze komplexe Vielfalt, denn „wenn ich an Jerusalem denke, kann ich nicht im selben Augenblick an Rom denken.“[117]

[117] Alkuin, De ratione animae 8, hg. von Migne 642.

Susanne Friede

Dualität und Integration.
Zur Typologie der Räume im *Roman d'Alexandre*, in Chrétiens *Lancelot* und dem *Partonopeu*

Um 1185 unternahm es Alexandre de Paris, über dessen Person uns fast nichts bekannt ist, ältere französische und auch lateinische Texte zu einem über 16 000 Verse umfassenden großen Alexanderroman[1] zu verbinden. Wie die Lektüre des *Roman d'Alexandre* zeigt und wie im übrigen Alexandre de Paris dies auch selbst im Prolog (I 2,30–41) in Absetzung von anderen Autoren formuliert, handelt es sich keineswegs um eine bloße Kompilation vorhandener Texte, sondern um ein durchkomponiertes, ausdifferenziertes Gesamtwerk, das erzählerisch und ideologisch ganz neue Wege geht. Keineswegs selbstverständlich ist bereits die Anlage des Werks als Gesamtvita, hatten sich doch die vorangehenden französischen Texte auf sinnfällige Abschnitte konzentriert, z. B. auf die Zeit bis zu Alexanders Sieg über Darius, auf seinen Zug durch den Orient oder auf seinen Tod. Alexandre de Paris orientiert seine Darstellung der Vita in auffälliger Weise am Fortschreiten Alexanders durch den Raum. Erst ein Blick auf zeitgenössische französische Texte lässt erkennen, wie sehr sich sein *Roman d'Alexandre* dabei in der Strukturierung und Inszenierung des Raums auf das ‚literarische System' und dessen Vorgaben bezieht, wie weit er sich aber gleichzeitig von diesen Vorgaben entfernt und so eine neue literarische Behandlung des Raums unternimmt.

Das der Raumstruktur des Texts zugrunde liegende Modell ist das eines Binärraums, bestehend aus einem episch-kämpferischen Raum und einem

[1] Siehe: The Medieval French *Roman d'Alexandre* 2, Version of Alexandre de Paris, Text, hg. von Edward Armstrong, D. L. Buffum, Bateman Edwards u. a. (Elliott Monographs 37) Princeton 1937 (Neudr. New York 1965).

wunderbaren Raum. Der Held wächst im episch-kämpferischen Raum[2] am Hof seines Vaters Philipp in Makedonien auf und besteht dort im Anschluss an das *adoubement*, die Ritterweihe, erste Auseinandersetzungen. Entscheidend ist der Krieg gegen Nikolaus von Cäsarea (I 27–73), von dem er an den Hof, der zunächst noch im Zentrum des epischen Raums zu liegen scheint, zurückkehrt. Dabei werden nur vereinzelt topographische Angaben gemacht und diese immer in Bezug auf den Kampf funktionalisiert. Die Soldaten reiten zum Meer (701) durch eine Ebene (666)[3] nach Cäsarea und erkennen die Stadt an ihren Türmen (860). Der epische Raum wird nur in seiner linearen Ausdehnung dargestellt und ist lediglich als bloße Distanz zwischen zwei Orten (701; 776; 859f.), die es schnellstmöglich zu durchmessen gilt, sowie als Standort für die Truppen (884f.; 940) oder als Ort eines Zweikampfes (1545) von Interesse. Er rückt fast ausschließlich als Objekt der Eroberung in den Blick. So wird ausführlich beschrieben, wie Alexander das eroberte Cäsarea Tholomé als Lehen gibt (I 73,1633–74,1656). Mit Alexanders Auszug vom Hofe in den Kampf gegen Darius öffnet sich der epische Raum und zeigt seine ganze Weite. Er erstreckt sich im Verlauf des Texts bis nach Babylon, dem Todesort Alexanders. Als Scharnier zwischen dem begrenzten Raum des makedonischen Hofes und dem übrigen epischen Raum fungiert die Beschreibung von Alexanders Zelt, das vor der Stadt aufgestellt ist, als Alexander Makedonien endgültig verlässt. Das Zeltinnere schmückt eine Landkarte, anhand derer Alexander, auf seinem Bett liegend, seine zukünftige Welteroberung planen kann (I 96). Auch die Darstellung, wie Herkules den Orient einnahm und den Himmel abstützte (I 97) sowie die abgebildete Belagerung von Troja (I 98) werden von Alexander als Vorausdeutungen auf seine eigene Eroberung eines Weltreichs empfunden.

Ganz diesen Vorausdeutungen entsprechend, erweist sich der epische Raum im folgenden als homogener und recht merkmalsloser Stationenraum, in dem für Alexander nur das Fortschreiten und die Eroberung immer neuer

---

[2] Vgl. zu den für den Raum des Epos charakteristischen Merkmalen, zu denen die ‚Geradligkeit' und die Linearität gehören, Arthur Thomas Hatto, Eine allgemeine Theorie der Heldenepik. Opladen 1991, bes. 16: „Bei all den Heerfahrten und Wanderungen der Helden muß der epische Raum vorherrschend in Stoß und Gegenstoß linear, wenn nicht geradlinig angedeutet werden." Die Übereinstimmung dieser Merkmale mit denen der Darstellung bestimmter Teile des Raums im *Roman d'Alexandre* rechtfertigt die entsprechende Benennung dieses Typus'.

[3] Siehe I 31, 666f.: *Oncques n'issi de Gresce tant gent por Philippon / Com Alixandres ot es plaines de Valbon.*

Gebiete zählen. Neben einigen wunderbaren Bereichen, die wie Hindernisse überwunden[4] oder nach epischer Manier eingenommen[5] werden müssen, reihen sich die Eroberungen der Städte Tarsus, Tyrus – mit der von Alexandre de Paris integrierten Erzählung von der Belagerung von Gadres[6] – und von Syrien aneinander. In diese Reihe gehört auch die freiwillige Anerkennung von Alexanders Herrschaft in Jerusalem (II 111,2437–2449). Durch die selbstverständliche, fast beiläufige Einreihung Jerusalems unter die eroberten Städte im epischen Raum erfahren nicht nur die Stadt selbst und ihr Symbolwert eine Abwertung, sondern Alexandre de Paris setzt sich auch deutlich von den Textsorten der Pilgerreise-Beschreibung und des Kreuzzugsepos, der *chanson de croisade*, ab.[7] Erst nachdem im Folgenden auch die Schlacht gegen Darius geschlagen und der Gegner getötet ist, rückt der wunderbare Raum in greifbare Nähe des Helden und so auch ins Blickfeld des Publikums (III 18). Die Eroberung des epischen Raums erscheint daher die Voraussetzung dafür zu sein, dass der wunderbare Raum betreten werden kann. Diese Abfolge der Räume geht klar mit der Abfolge von Kämpfen im epischen und Irrwegen und Entdeckungen[8] im wunderbaren Raum einher. Sie ist vielleicht nicht unabhängig vom ‚klassischen' Verlauf eines epischen Erzählschemas,[9] in dem neben der Aufrechterhaltung der Chronologie die Kämpfe vor und getrennt von den Irr-

---

[4] Vgl. die Episode um einen verzauberten Hügel, den *tertre aventureus*, I 121,2515–124,2574.

[5] Vgl. die Episode um den Felsen des verräterischen Herzogs I 105, 2189–2218.

[6] Vgl. The Medieval French *Roman d'Alexandre* 4, Le Roman du Fuerre de Gadres d'Eustace, hg. von Edward Armstrong und Alfred Foulet (Elliott Monographs 39) Princeton 1942 (Neudr. New York 1965) sowie The Medieval French *Roman d'Alexandre* 5, Version of Alexandre de Paris, Variants and Notes to Branch II, hg. von Edward Armstrong, mit einer Einleitung von Frederick B. Agard (Elliott Monographs 40) Princeton 1942 (Neudr. New York 1965).

[7] Vgl. Susanne Friede, Die Wahrnehmung des Wunderbaren. Der *Roman d'Alexandre* im Kontext der französischen Literatur des 12. Jahrhunderts (Beihefte zur Zeitschrift für romanische Philologie 317) Tübingen 2003, 465ff.

[8] Auch die Entdeckungen im wunderbaren Raum sind in der Regel mit der Überwindung von Hindernissen durch Kämpfe verbunden, die Erkundung des Raums steht dabei jedoch klar im Vordergrund. Vgl. Friede, Wahrnehmung 515f.

[9] Diese Überlegung verdanke ich den Hinweisen von Frau Dr. Helga Lengenfelder, Herrn Prof. Kurt Smolak und Herrn Prof. Michele C. Ferrari im Anschluss an den Vortrag; Literaturangaben verdanke ich auch Prof. Hans Bernsdorff.

und Entdeckungsfahrten zu erfolgen hatten.[10] Obgleich sich in den mittelalterlichen lateinischen Lehrschriften – abgesehen von der Debatte um *ordo naturalis* und *ordo artificialis* – so gut wie keine Hinweise zur Gesamtkomposition eines Werkes finden,[11] zeigen immer wiederkehrende Hinweise auf die abweichende Erzählstruktur in Vergils *Aeneis*,[12] dass dieses poetologische Prinzip bis ins 12. Jahrhundert zur Diskussion stand. Die Tendenz, auch gegen die Vorlage eine chronologische Erzählweise und den *ordo naturalis* an Stelle eines *ordo artificialis* zu favorisieren, ist auch in den französischen antiken Romanen aus der Mitte des 12. Jahrhunderts, dem Theben-, Eneas- und Trojaroman,[13] zu beobachten, denen der *Roman d'Alexandre* in vielerlei Weise nahe steht.

---

[10] Einen Prototyp dieser Zweiteilung verkörpert selbstverständlich die Aufteilung von Kämpfen und Irrfahrten auf Homers *Ilias* und *Odyssee*, also sogar auf zwei getrennte Epen, bei dem eines die Folge des anderen ist.

[11] Vgl. Charles Sears Baldwin, Medieval Rhetoric and Poetic (to 1400) interpreted from representative Works. Gloucester, Mass. 1959, bes. Kapitel III B u. X; Joachim Thiel, Der altfranzösische Eneasroman und Vergils Aeneis. Eine vergleichende Untersuchung. Diss. (masch.) Göttingen 1968, 281. Zum *ordo artificialis* äußerte sich wirkmächtig Horaz, Ars poetica 42–44. Zur mittelalterlichen Rezeption vgl. exemplarisch Scholien aus der Alkuin-Schule bei Franz Quadlbauer, Die antike Theorie der Genera Dicendi im lateinischen Mittelalter (Sitzungsberichte der Österreichischen Akademie der Wissenschaften, phil.-hist. Klasse 241) Wien 1962, § 25 (dort auch weitere Literatur).

[12] Siehe zur Diskussion um die Erzählstruktur der *Aeneis* Quadlbauer, Theorie, § 30c; Thiel, Eneasroman 270–278 (mit Literaturangaben); Heinrich Georgii, Die antike Äneiskritik aus den Scholien und anderen Quellen. Stuttgart 1891. Die Belegstellen bei Servius, die Anordnung und Zusammenhang der *Aeneis* kritisieren, sind über den Index 562 aufzufinden. Vgl. zur Homer-Vergil-Interpretation im Hinblick auf die Abfolge von Kämpfen und Irrfahrten im *Accessus ad auctores* sowie zur Integration dieser Abfolge in die Erzählstruktur volkssprachiger Epen Helga Lengenfelder, Das ‚Liet von Troyge' Herborts von Fritzlar. Untersuchungen zur epischen Struktur und geschichts-moralischer Perspektive (Europäische Hochschulschriften I 133) Bern-Frankfurt am Main 1975, 24 und Anm. 47.

[13] Siehe hierzu Udo Schöning, Thebenroman – Eneasroman – Trojaroman. Studien zur Rezeption der Antike in der französischen Literatur des 12. Jahrhunderts (Beihefte zur Zeitschrift für romanische Philologie 235) Tübingen 1991, 127–153 (zur linearen Fortsetzungsstruktur der Romane, die sie zum Teil gegen ihre Vorlagen verfolgen), bes. 145 zur chronologischen Erzählweise, sowie Aimé Petit, Les romans antiques et Alexandre. In: Laurence Harf-Lancner, Claire Kappler und François Suard (Hg.), Alexandre le Grand dans les littératures occidentales et proche-orientales. Actes du Colloque de Paris, 27–29 novembre 1997 (Littérales. Hors Série 1999) Nanterre 1999, 289–302. Zur Erzählstruktur des Eneasromans siehe auch Thiel, Eneasroman 278–293.

Der ‚fremde' Raum, in den Alexander nach der kämpferischen Inbesitznahme des epischen Raums gelangt, ist nicht etwa der antagonistische Raum der Feinde, wie dies häufig in der *chanson de geste* oder der *chanson de croisade* der Fall ist. Er kann auch nicht durch einfaches Voranschreiten aus dem epischen Raum heraus betreten werden, sondern erfordert den komplizierten Prozess einer Grenzüberschreitung. Als Grenzbereich zwischen epischem und wunderbarem Raum fungiert dabei die Wüste. Sie zeichnet sich durch übergroße Hitze, das Fehlen von Vegetation und Wasserstellen und das Auftreten von Schlangen oder wunderbarer Tieren aus.[14]

Bevor die Charakteristika des wunderbaren Raums im *Roman d'Alexandre* näher betrachtet werden, ist es nützlich, zunächst einen Blick auf zwei zeitgenössische Texte zu werfen. Sowohl der wohl zwischen 1177 und 1181 entstandene *Chevalier de la charette* des Chrétien de Troyes,[15] kürzer auch *Lancelot*, als auch der anonym überlieferte, zeitnah entstandene *Partonopeu*[16] legen dem erzählten Geschehen ebenfalls eine strukturell ähnliche Binäropposition zweier Räume zugrunde. Lancelot betritt den wunderbaren Raum des Landes Gorre, nachdem Meleagant, ein Vertreter dieses wunderbaren Raums, in den höfischen Raum des Artushofs eingedrungen ist und die Königin Guenievre entführt hat (44ff.). Beide Räume stehen sich also durch das handlungsauslösende Geschehen und in Gestalt ihrer Vertreter – Artus, Lancelot und Keu auf der einen, Meleagant auf der anderen Seite – feindlich gegenüber. Sie sind durch einen Wald verbunden, der den offenbar neutralen Grenzbereich zwischen beiden Räumen bildet (224–322). Meleagant kann die Königin erst aus dem Wald nach Gorre bringen, als er Keu, einen Artusritter, im Kampf besiegt hat. Lancelot, der Guenievre um jeden Preis befreien will, signalisiert im Land Gorre durch die Besteigung des Schandkarrens (347–381), dass er sich den Gesetzen des wunderbaren Raums unterwirft. Nur durch diese Erniedrigung kann er im Übrigen vom Zwerg, der den Karren führt, Informationen über den Verbleib Guenievres erhalten. Dann verfolgt er die Königin möglichst gradlinig und ohne Umwege, wobei er stets

---

[14] Vgl. Friede, Wahrnehmung 443ff.

[15] Siehe Chrétien de Troyes, Der Karrenritter (*Lancelot*) und Das Wilhelmsleben (*Guillaume d'Angleterre*), hg. von Wendelin Foerster (Christian von Troyes, Sämtliche erhaltene Werke nach allen Handschriften, hg. von Wendelin Foerster 4) Halle 1899. Alle Versangaben beziehen sich auf diese Edition.

[16] Siehe *Partonopeu de Blois*. A French Romance of the Twelfth Century, hg. von Joseph Gildea, 2 Bde. Villanova (Pennsylvania) 1967–1970. Alle Versangaben beziehen sich auf diese Edition.

nach dem direkten, wenn auch gefährlicheren Weg fragt. Wenn der Held träumerisch in seine Liebe versunken ist, schlägt sein Pferd den direkten Weg ein.[17] Wie ihm von einer *dameisele* zu Beginn seines Wegs angekündigt wird, reihen sich die *aventures* auf dem Weg zur Königin in loser Folge aneinander. Lancelot gelangt über verschiedene Hindernisse, wie eine von einem Ritter bewachte Furt (715–940), den *passage de pierres* (2206–2266), den Bereich eines hochmütigen Ritters (2580–2663) und schließlich die Schwertbrücke (3010–3151), das letzte, entscheidende Hindernis, zum Zentrum des wunderbaren Raums. Es ist das Schloss des Königs Baudemagu, in dem Guenievre von Meleagant gefangen gehalten wird. In anderen Episoden der *aventure*-Kette gewinnt Lancelot genauere Erkenntnisse über den Verbleib von Guenievre, vor allem aber über seine eigene Funktion für den wunderbaren Raum. Die Gesetze der „anderen Welt" machen diese zu einem „Land ohne Wiederkehr" für Fremde, die einmal dorthin gelangt sind.[18] Wenn Lancelot den wunderbaren Raum wie angestrebt verlassen kann, wären durch sein Handeln gleichzeitig auch alle Bewohner Gorres aus ihrer Gefangenschaft befreit und könnten das Land verlassen. Diese Funktion des Helden wird zum ersten Mal in der Episode um den zukünftigen Friedhof (1841–2022) deutlich, denn dort kann Lancelot eine Grabplatte anheben, die ihrer Inschrift zufolge nur von demjenigen bewegt werden kann, der auch die Gefangenen aus Gorre befreien wird. Der wunderbare Raum erweist sich so insgesamt als homogener Raum, in dem der Held auf einem Stationenweg binnen sechs Tagen und sechs Nächten sein Ziel erreichen kann. Dabei scheint es eine selbstverständliche Abfolge von Bereichen zu geben, die nacheinander durchquert werden müssen und von der einzelne Figuren im wunderbaren Raum wissen. Indem Lancelot die Königin befreit, verändert er den wunderbaren Raum tatsächlich grundlegend und entzaubert ihn, so dass mit ihm auch alle Einwohner von Gorre den Raum verlassen können.[19] Der wunderbare Raum verlangt von Lancelot im übrigen keine anderen Verhal-

---

[17] Siehe Chrétien de Troyes, *Lancelot* 729–731: *Et ses chevaus mout tost l'an porte, / Qu'il ne vet mie voie torte, / Mes la meillor et la plus droite.*

[18] Vgl. Chrétien de Troyes, *Lancelot* 641–647: *'Par foi, seignor, Meleaganz, / Uns chevaliers corsuz et granz, / Fiz le roi de Gorre l [i.e. la reïne]' a prise, / Et si l'a el reaume mise, / Don nus estranges ne retorne; / Mes par force el päis sejorne / An servitume et an essil.'*

[19] Vgl. Chrétien de Troyes, *Lancelot* 5538–5542: *[...] el reaume [...] / Don nus ne retorner ne soloit; / Mes ore, qui onques voloit, / Avoit et l'antree et l'issue, / Que ja ne li fust deffandue.*

tensweisen als das Artusreich. Hier wie dort kämpft er gegen feindliche Ritter, wobei auf die Einhaltung bestimmter höfischer Regeln im Kampf Wert gelegt wird (783–844; 2659–2723), und auch den Damen gegenüber verhält er sich gleichermaßen höfisch (1112–1137; 1268–1271; 1592–1645). Diese Gleichheit der Regeln in beiden Räumen signalisiert dem Publikum stets, dass eine offenbar gewaltsam erfolgte Integration eines ehemals nichtwunderbaren, höfischen Raums in den nun verzauberten Raum der Raumstruktur zugrunde liegt und den Ausgangspunkt des höfischen Romans bildet. Erst durch Lancelots Weg durch den wunderbaren Raum wird diese Struktur außer Kraft gesetzt.

Im *Partonopeu* beginnt die Handlung im epischen Raum, und zwar mit einer ausführlichen genealogischen Abhandlung über das Geschlecht des Königs Chlodwig von Blois (135–498). Chlodwigs Sohn Partonopeu verliert sich sodann bei einer Jagd im Ardennenwald, der wie im *Lancelot* die Funktion des Grenzbereichs übernimmt (507–524). Er wird ganz wie die Helden in den *Lais* durch die Verfolgung eines wunderbaren Wildschweins zum wunderbaren Raum geleitet (607–618), der zusätzlich durch das Meer vom epischen Raum getrennt ist. Mit Hilfe eines magischen Schiffs gelangt Partonopeu in den wunderbaren Raum, der sich als prächtige Stadt darstellt (705–773). Schon durch die minutiöse Schilderung des Übergangs von einem in den anderen Raum und den genau beschriebenen Grenzbereich des Walds und des Meers werden beide Räume als streng voneinander getrennt dargestellt. Im wunderbaren Raum stößt Partonopeu in einem menschenleeren Palast auf die Fee Melior. Sie schließt mit ihm einen Pakt, wonach der Held sie zweieinhalb Jahre nur nachts treffen dürfe, bevor einer Heirat nichts mehr im Wege stehe (1443–1570). Mit der Annahme des Pakts akzeptiert Partonopeu die Gesetze des wunderbaren Raums und lebt ein Jahr in der Stadt mit Namen *Chief d'Oire*, d. h. ‚Ende des Weges', ohne mit jemandem außer der Fee sprechen zu dürfen. Der epische Raum beschäftigt ihn jedoch sehr, und schließlich erhält er von Melior die Erlaubnis, für eine gewisse Zeitspanne dorthin zurückzukehren (1905–1946). Im Folgenden wird Partonopeu so zum ‚Wanderer zwischen den Welten'. Zweimal reist er mit dem magischen Schiff übers Meer nach Blois, wobei der Wald als Grenzbereich nicht mehr genannt wird und auch die Überfahrt mit dem magischen Schiff zunehmend weniger wunderbar stilisiert wird. Partonopeu nimmt erneut seinen Platz im epischen Raum ein, indem er gegen feindliche Nachbarn kämpft. Seine Mutter will um jeden Preis seinen Verbleib in diesem Raum erwirken und überredet ihn beim zweiten Besuch dazu, sich mit Hilfe einer magischen Laterne Gewissheit über die scheinbar dämonische Natur der Fee zu verschaffen (4477–4482). Obwohl Partonopeu sich stets nach Melior sehnt und sie ihm das magische Schiff sendet, um seine Rückkehr zu gewährleisten, bricht er unter dem Einfluss der Mutter schließlich das Tabu und damit den Pakt. Die sich stetig zuspitzende Konkurrenz der Räume um den Helden erfährt so ihren Höhepunkt. Indem Partonopeu Melior im Licht der Laterne sieht, löst er den Zauber, den Melior über den wunderbaren Raum geworfen hat (4523–4676). Diese Entzauberung des Raums führt zum Ausschluss des Helden aus dem ehemals wunderbaren Raum. Zugleich entpuppt sich der Raum als nicht eigentlich wunderbarer, sondern nur verzauberter Raum, ähnlich wie dies für das Land Gorre im *Lancelot* gilt. Durch die Verstoßung Partonopeus aus dem wunderbaren Raum wird die strikte Trennung der beiden Räume zunächst wiederhergestellt, doch dies geschieht nur vordergründig, da sich der entzauberte Raum bereits in seiner Qualität verändert hat. Auch Partonopeu hat sich verändert und ist durch seine Zugehörigkeit zu beiden Räumen im epischen Raum allein nicht mehr überlebensfähig. Er trauert so sehr um Melior, dass er in den Ardennenwald aufbricht, um dort zu sterben (5535–5846). Dort findet ihn Meliors Schwester, die ihn mit dem magischen Schiff erneut in Meliors Reich bringt und beide wieder versöhnen will. Dafür lässt sie Partonopeu heimlich für ein Turnier trainieren, das Melior ausrichten lässt. Herrscher der verschiedensten Völker treten dort gegeneinander an und können den ehemals wunderbaren Raum ungehindert betreten (6577ff.). Partonopeu siegt im Turnier und kann Melior heiraten. Beide Räume sind im Verlauf der Handlung zu einem einzigen mächtigen Raum mit epischen, aber vor allem höfischen Kennzeichen verschmolzen. Die Stadt *Chief d'Oire* wird dabei vom Zentrum des ehemals verzauberten Raums zum Zentrum des neuen, vereinten Raums. Vielleicht kann dies als Darstellung einer politischen Utopie verstanden werden, in der das Ostreich (Meliors Reich) und das Westreich (das Frankenreich und die angrenzenden Länder) zugunsten des letzteren zu einer Großmacht vereint werden,[20] indem eine Integration des ehemaligen wunderbaren Raums des Ostreichs in den epischen Raum des

[20] Siehe vor allem Catherine Gaullier-Bougassas, L'orient troyen des origines, l'orient byzantin de Mélior et l'occident français dans *Partonopeu de Blois*. In: Dominique Boutet, Marie-Madeleine Castellani und Françoise Ferrand (Hg.), Plaist vos oïr bone cançon vallant? Mélanges offerts à François Suard, 2 Bde. Villeneuve d'Ascq 1999, 1, 295–304, hier 296–300.

Westreichs erfolgt. Der Roman stellt die Entwicklung zweier Räume von der strikten Dualität über Kontakt, Konkurrenz, Angleichung und Überlagerung bis zu ihrer ontologischen und topographischen Verschmelzung in einer erzähltechnisch und sprachlich neuen Differenziertheit dar. Dabei triumphiert der nicht-wunderbare, sowohl höfisch als auch episch stilisierte Raum dezidierter als in Chrétiens *Lancelot* über den wunderbaren Raum und löst diesen zugleich in seiner Natur auf und in seiner Herrschaft ab.

Im *Roman d'Alexandre* liegen die Verhältnisse – trotz der Vergleichbarkeit der Ausgangsopposition zweier getrennter Räume – ungleich komplizierter.[21]

Alexander unternimmt nacheinander zwei Exkursionen in den wunderbaren Raum. Sie werden in ihrer Gesamtheit durch seine Tauch- und durch die Luftfahrt begrenzt. Die Tauchfahrt (III 18,379–28,560) leitet die erste Exkursion in den wunderbaren Raum der Wüste ein, die Luftfahrt (III 257, 4938–282,5098) schließt, bevor mit Babylon das Ziel im nichtwunderbaren Raum erreicht wird, die Erkundung des wunderbaren Raums gewissermaßen ab. Alexander gelangt so zu Beginn und am Ende seiner Erkundung des wunderbaren Raums auch an die vertikalen Begrenzungen des Raums, also an die Extrempunkte seiner Ausdehnung auf der Hochachse.[22] Dabei kann der Held diese Dimension des Raums in der einen Richtung bis zum wirklichen Extrempunkt in Gestalt des Meeresbodens (*el fons de la mer*; III 24, 466) erforschen, in der anderen Richtung gelangt er nicht so weit nach oben, wie er beabsichtigte, sondern muss umkehren. Trotzdem konnte er von oben die Welt in ihrer ganzen Ausdehnung erblicken.[23] Die Bereiche der Luft und des Meeres stellen so weitere, der Wüste übergeordnete Grenzbereiche dar. Der Grenzbereich der Wüste wird zudem nicht nur als Eingangsbereich einem homogenen wunderbaren Raum vorgeschaltet wie der Wald und auch das Meer im *Lancelot* und im *Partonopeu*, sondern ist im *Roman d'Alexandre* in mehrfacher Hinsicht der Ausgangspunkt für die Kontaktaufnahme des Helden und seiner Leute mit dem wunderbaren Raum. Die Wüste stellt durch ihre lebensbedrohliche Hitze, die Schlangen und wilden Tiere ein Hindernis dar,

---

[21] Detailliert siehe Friede, Wahrnehmung 514ff.

[22] Siehe Francis Dubost, Aspects fantastiques de la littérature narrative médiévale (XIIème–XIIIème siècles). L'Autre, l'Ailleurs, l'Autrefois (Nouvelle bibliothèque du Moyen Âge 15, 1 u. 2) Genf 1991, 264f.

[23] So berichtet Alexander den Baronen: ‚*Hui ai veü as ieus que j'ai molt desirré, / Car tout ai ensaié et tout ai mesuré. / Le mont si com il est et de lonc et de lé / Si com je l'ai veü l'ai je tout conquesté / Fors seule Babilone [...]*' (III 282,5083–5087).

das vor dem jeweiligen Betreten des wunderbaren Raums durchquert werden muss. Bei Alexanders erstem Zug durch den wunderbaren Raum (III 64,1179–85,1464) macht sie überdies den wunderbaren Raum als solchen aus. Die Makedonen kommen in der Wüste bei ihrer verzweifelten Suche nach Wasser zu einem gefährlichen See mit bitterem Wasser, geraten auf einen Irrweg, werden von Monstern angegriffen und gelangen erst durch die Hilfe weiser Inder auf den richtigen Weg zu einem Süßwassersee. Auch dort ist die Wüste aber nur schwer bezwingbar, da eine Reihe von Monstern und wunderbaren Wesen des Nachts zum See kommt, um zu trinken. Nach diesen ersten Erlebnissen im wunderbaren Raum gelangt Alexander zurück in den – in Absetzung von der Wüste – nun als fruchtbar geschilderten epischen Raum (III 86,1465ff.), wo er die entscheidende Schlacht gegen Porrus, einen ehemaligen Verbündeten des Darius, schlägt. Die zweite Exkursion in den wunderbaren Raum (III 140,2338–201,3584), die nun unter der Ägide des besiegten Porrus stattfinden kann, übertrifft die erste in ihrer Gefährlichkeit und auch in ihrer räumlichen Komplexität. Die Wüste ist hier nur noch das räumliche Kontinuum, in das Alexander zwischen den einzelnen wunderbaren Bereichen gelangt und das somit diese Bereiche verbindet, sie aber gleichzeitig voneinander scheidet. Zudem fungiert sie auch erzähltechnisch als ein Kontinuum, das zahlreiche ‚Wiedereinstiegspunkte' für die Performanz bereitstellt. Bevor sie überhaupt Bereiche des wunderbaren Raums betreten können, müssen Alexander und seine Leute bei der zweiten Exkursion zunächst die von Artus (oder Herkules[24]) und Liber aufgestellten Grenzpfeiler, die *bonnes Artu*, d. h. ‚die Grenzen des Artus', überwinden. Bis zu ihnen vorzustoßen, war von Beginn an das erklärte Ziel Alexanders, auf das auch im Prolog der ersten Branche und im Binnenprolog der dritten Branche Bezug genommen wurde.[25] Durch die Überquerung der Grenzpfeiler scheinen jedoch die Mächte des wunderbaren Raums so erzürnt und herausgefordert zu sein, dass Alexander der Zugang zu den inneren und gefährlicheren wunderbaren Bereichen offen steht. Die Grenzüberschreitung erzeugt also eine

---

[24] Die ursprünglich stets genannte Figur des Herkules, wie sie aus den lateinischen Alexandertexten bekannt ist, wird dabei in den Handschriften, die die von Alexandre de Paris hergestellte Vulgata des *Roman d'Alexandre* überliefern, fast ausnahmslos durch die Figur des Artus ersetzt. Dies zeugt von einer literarischen Bezugnahme auf die Artus-Figur, die sich zum Zeitpunkt der Abfassung des *Roman d'Alexandre* einer großen Bekannt- und Beliebtheit erfreute. Vgl. Friede, Wahrnehmung 383f.

[25] Siehe I 3,128: *Jusqu'aus bonnes Artu fu s'enseigne portee* und III 1,5: *Et des bonnes Artu qu'il cercha et enquist.*

qualitative Veränderung des wunderbaren Raums, die die große Bedeutung der Grenzpfeiler für die dargestellte Raumstruktur belegt. Die Pfeiler vereinen dabei in sich – wie die zwei Herrscher- bzw. Götterfiguren[26] – die Extrempunkte des Ostens und des Westens.

Alexander gelangt – sicher zunächst als Strafe für den in der Grenzüberschreitung begangenen Frevel – in das ‚gefährliche Tal', den *Val perilleus* (III 148,2476–163,2895), der ganz die Züge einer Hölle trägt, und zu den sirenenartigen Wasserfrauen (III 164,2896–167,2936) sowie zu den magischen Quellen der Auferstehung und der Unsterblichkeit (III 172,3017–178,3107). Erneut im feindlichen Raum der Götter angelangt, erreicht er den höchsten Berg, von dem aus er *Occeanon* und damit die Begrenzung der Welt erblickt.[27] Er gelangt mit Hilfe einheimischer Führer zum Blumenmädchenwald (III 187,3254–201,3550), einem feenähnlichen Reich, das er nur aufgrund seiner Enthaltsamkeit wieder verlassen kann, in ein Niemandsland (III 201,3551–3584), das dem ‚Ende der Welt' ähnelt, und schließlich zur Quelle der Jugend (III 202,3598–206,3712) und zu den Orakelbäumen (III 212,3781–216,3877), die ihm seinen Tod in Babylon voraussagen. Alle diese Bereiche sind in Rahmenepisoden bis zur dritten Ordnung ineinander geschachtelt und ergeben so einen komplexen Zirkularraum, in dessen Zentrum der vielfach umgrenzte Blumenmädchenwald liegt und in den z. B. mit der Hölle und dem Feenreich auch Räume integriert sind, die dem Publikum aus anderen Textsorten wie den *Lais* oder der Visionsliteratur bekannt waren. Die einzelnen Bereiche können dabei unaustauschbar nur in einer bestimmten Abfolge vom Helden betreten werden, wobei jeder Bereich die Voraussetzung für das Betreten des folgenden darstellt. Durch die Luft- und die Tauchfahrt Alexanders und seine Erkundung der Extrempunkte der Horizontalachse eignet dem wunderbaren Raum im *Roman d'Alexandre* zudem eine Dreidimensionalität, die den entsprechenden Räumen der höfischen Romane fremd ist.

Ähnlich wie Lancelot sein höfisches Verhalten aus dem Artusreich auch im wunderbaren Raum zur Anwendung bringt, erprobt Alexander im wun-

[26] Die Figur des Herkules kann dabei überhaupt nur deswegen durch die Figur des Artus ersetzt werden, weil auch Artus – wie Herkules – als Gegenspieler zu Liber, dem lateinischen Äquivalent zu Bacchus, seit der raschen Verbreitung des Artusstoffs vom 12. Jahrhundert an allmählich als Herrscher über die westliche bekannte Welt angesehen wurde.

[27] *Li rois monta un tertre qui de hautece vaint / Et vit Occeanon, qui tout le mont açaint, / Et le mont d'Ethiope et le val qu'il estraint.* (III 180,3120–3122). Erstmals erreichen Alexanders Leute den Ozean, als sie an dessen Strand auf die Wasserfrauen treffen (III 164,2897).

derbaren Raum sein kämpferisches, eroberndes Verhalten des epischen Raums. Dies Verhalten äußert sich bereits darin, dass er den wunderbaren Raum um jeden Preis erreichen und betreten will. Dieser Wunsch des Helden[28] findet sich nach Art eines Leitmotivs auf der Handlungs-, aber auch auf der metatextuellen Ebene wieder. Bei der Bezwingung der Monster am Süßwassersee und der verschiedenen Wächtermonster, die einzelnen Bereichen zugeordnet sind, geht Alexander kämpferisch und strategisch ganz wie bei der Eroberung von Städten im epischen Raum vor. Dennoch sind seinem Eroberungsdrang im wunderbaren Raum enge Grenzen gesetzt. Er kann nicht linear von Bereich zu Bereich voranschreiten, sondern ist entweder Irrwegen ausgesetzt oder auf die Hilfe der indischen Führer angewiesen, die ihm der wunderbare Raum, der ein Eigenleben zu entwickeln scheint, nur in bestimmten Bereichen zur Seite stellt. Zudem herrschen in den unterschiedlichen Bereichen jeweils bestimmte zeitliche Gesetzmäßigkeiten vor, die das Betreten, Verweilen und Verlassen des Bereichs reglementieren. Alle wunderbaren Phänomene erweisen sich als unverfügbar für Alexander. Er kann die verjüngende oder unsterblich machende Wirkung der magischen Quellen ebenso wenig nutzen wie die heilkräftigen Pflanzen im Blumenmädchenwald, und er kann weder heilende Steine der wunderbaren Natterfrauen (III 85,1450–1455) noch die Knochen des Dentirant (III 82,1406–1411), die vor dem Tod bewahren, mitnehmen oder vor Ort nutzen. Die für den epischen Raum entscheidende Geste der Inbesitznahme erweist sich somit im wunderbaren Raum als unmöglich. Alexander wird zwar durch seine unbändige *curiositas* zum Erforscher des wunderbaren Raums, der den Führern Fragen über die wunderbaren Phänomene stellt[29] und selbst – wie bei der Erkundung einer verzauberten Höhle – wissenschaftliche Experimente durchführt,[30] um die Funktionsweise der Phänomene und die Ursache des Wunderbaren zu erkennen. Er kann jedoch anders als Lancelot und als Partonopeu den wunderbaren Raum in

[28] Vgl. die zahlreichen expliziten Äußerungen der Figur, z. B.: *‚Assés ai par la terre et venu et alé, / De ciaus de la mer voil savoir la verité, / Ja mais ne finerai si l'avrai esprové.'* (III 19,396–398); *Il en jure sa teste qui d'or est couronee / Ains esteroit tous jors qu'il ne çaindroit espee / Ne voie la mervelle dont Ynde est abitee* (III 53, 994–996).

[29] Vgl. III 200,3523f.: *[...] ‚Par com faite aventure / Sont en cel bos ces femes? Est ce lois ou droiture?'*; 3527: *Font en eles as dieus nisune forfaiture?*

[30] Vgl. III 186,3226–3231. Alexander misstraut der von den Führern gegebenen Erklärung, dass die Höhle von Artus und Liber verzaubert worden sei und dass jeder, der sie betrete, nach drei Tagen tot vor ihrem Eingang aufgefunden werde, und schickt selbst Männer hinein, um den Zauber zu überprüfen.

keiner Weise verändern. Nachdem er die Orakelbäume befragt hat, gelangt er übergangslos zurück in den epischen Bereich (III 216) und nach Babylon, die Bedrohung durch den unausweichlichen Tod ist aber gerade durch die Unverfügbarkeit des heilenden Wunderbaren und das Orakel der Bäume mehr denn je in den Blick des Publikums geraten.

Die drei hier untersuchten unmittelbar zeitgenössischen Texte gehen also mit der Binäropposition eines vertrauten und eines fremden Raums zunächst grundsätzlich von einer ähnlichen Raumkonzeption aus, „spekulieren" diese jedoch auf ganz unterschiedliche Weise „aus".[31] Dabei kommt eine versuchsweise zu erstellende Typologie der Räume nur schwer ohne eine entsprechende Typologie der Helden und ihrer Rolle im ‚fremden' Raum aus.

Der *Roman d'Alexandre* zeigt Alexander als Eroberer, wobei dieses Prinzip sich im wunderbaren Raum nur sehr bedingt und nur insoweit als anwendbar erweist, als dies für das Fortschreiten zwischen den einzelnen Bereichen notwendig ist. Nachdem der epische Bereich weitgehend erobert ist, durchquert der Held den wunderbaren Raum zwar um seiner selbst willen, ist jedoch nicht frei von epischen Verhaltensweisen und Zielen. Dabei dient der epische Raum als Folie, vor deren Hintergrund die Unverfügbarkeit des wunderbaren Raums hervortritt. Daneben übernimmt Alexander die Funktion eines ‚Mediators', der über seine Wahrnehmung und Erkundung den wunderbaren Raum erst für das Publikum wahrnehmbar und eigentlich zugänglich macht. Dabei spielen eine im Ansatz enzyklopädische Auffächerung wunderbarer Bereiche und Phänomene und eine Integration verschiedener, ursprünglich textsortengebundener und textsortenspezifischer Bereiche ebenso eine Rolle wie das wissenschaftliche Vorgehen des Helden im Umgang mit den wunderbaren Phänomenen. Außerdem wird der wunderbare Raum für Alexander zum Ort der Auseinandersetzung mit seinem Schicksal. Die Dualität von epischem und wunderbarem Raum bleibt jedoch lückenlos erhalten, ohne dass der Held den wunderbaren Raum verändern könnte.

In Chrétiens *Lancelot* durchquert der Held den wunderbaren Raum zunächst nur um der Königin, funktional ausgedrückt um des gesuchten Objekts willen. Trotzdem spielt der wunderbare Raum auch unabhängig von dieser Suche eine Rolle, da seine wunderbare Qualität direkt mit dem Tun des Helden verknüpft ist. Der Raum selbst zeigt Lancelot seine Funktion als

---

[31] Der Begriff ist im Sinne von Alfred Adler, Epische Spekulanten. Versuch einer synchronen Geschichte des altfranzösischen Epos (Theorie und Geschichte der Literatur und der schönen Künste 33) München 1975, verwendet.

Befreier auf, und nur weil der Held den Raum unbeschadet verlässt, wird auch die Verzauberung für alle übrigen Bewohner außer Kraft gesetzt. Damit verändert sich der wunderbare Raum genuin dadurch, dass der Held ihn bereist, und die anfänglich feindliche Opposition der Räume wird aufgehoben.

Der *Partonopeu* geht in der Auffassung der Raumkonzeption noch einen Schritt weiter. Hier verlässt der Held scheinbar zufällig, letztlich aber auf Veranlassung der Herrin des wunderbaren Raums den epischen Raum seiner Heimat. Er ist zunächst ähnlich wie Lancelot ein bloß Liebender, der den wunderbaren Raum anders als Alexander nicht um seiner selbst willen aufsucht. Partonopeus Liebe und seine Aufgabe in beiden Räumen bedingen jedoch die Verschmelzung der Räume und die völlige Aufhebung der Dualität. Er verursacht nicht nur die Entzauberung von *Chief d'Oire*, sondern wird zusammen mit Melior zur Integrationsfigur und an ihrer Seite zum Herrscher über einen neuen Raum mit utopischen Zügen, der Vertreter aller epischen Bereiche im Turnier zusammenführt.

Bereits diese drei Beispiele zeigen, dass eine mittelalterliche literarische Raumkonzeption in aller Regel auch ideologische Aussagen enthält und zunächst unabhängig von Fragen nach der realistischen Abbildung oder der etwaigen Kenntnis von tatsächlichen räumlichen Verhältnissen behandelt werden muss. Die neuere Forschung hat sich im Hinblick auf die Darstellung des wunderbaren Raums im *Roman d'Alexandre* zumeist mit dem Hinweis auf den fehlenden Bezug zum realen Raum des vorderen Orients und Indiens begnügt, in dem der wunderbare Raum ja eigentlich liege, und dem Text so indirekt seine mangelnde „Abbildungskraft" vorgeworfen.[32] Nur die wenigsten Rezipienten oder Autoren dürften jedoch den Vorderen Orient oder gar Indien aus eigener Anschauung gekannt haben und hätten demzufolge einen solchen Realitätsbezug des Texts überhaupt würdigen oder überprüfen können. Es kann zudem nicht zweifelsfrei nachgewiesen werden, ob das Publikum den *Roman d'Alexandre* als einen – nach heutigem Verständnis – fiktionalen Text auffasste oder ob es die dargestellten Räume zwar als zeitlich und räumlich weit entfernt, aber durchaus als existent und durch die Autorität des geschriebenen Worts verbürgt verstand. Unabhängig von diesen Fragestellungen moderner Forscher wurden die Aussage und die Qualität eines Texts vom mittelalterlichen Publikum an anderen Kriterien gemessen als an

---

[32] Siehe zur ‚Geographie' des vorderen Orients und Indiens im *Roman d'Alexandre* Catherine Gaullier-Bougassas, Les Romans d'Alexandre. Aux frontières de l'épique et du romanesque (Nouvelle bibliotheque du Moyen Âge 42) Paris 1998, 244–246 und 251–254.

dem modernen Anspruch eines Realitätsbezugs. Dies ist nicht nur aus den wenigen Autorkommentaren[33] den Text betreffend, sondern vor allem aus dem Bezug der Texte aufeinander und zugleich auf ein ‚literarisches System' zu ersehen, das – wie bereits die drei untersuchten Texte zeigen – unterschiedliche Wahrnehmungsmodi oppositioneller Räume ausspekulierend zur Darstellung bringt. Sucht man in der mittelalterlichen Literatur also nach ‚virtuellen Räumen', so eröffnet sich uns ein solcher virtueller Raum wohl am ehesten in Gestalt dieses für uns nicht vollständig rekonstruierbaren literarischen Systems, das in konkreten und zu erschließenden Texten, Erzählmustern und Vernetzungen derselben die verschiedensten Arten von Räumen beherbergt.

---

[33] Siehe *Roman d'Alexandre*, den Prolog I 1–3. Demnach soll der Text dem Publikum folgende Dinge (in Auswahl) erlauben oder vermitteln: eine *riche estoire* (I 1,1); *prendre bon essample* (I 1,2): *conoistre raison d'amer et de haïr* (I 1,3); auch Laienpublikum sollte durch die Abfassung in der Volkssprache davon profitieren können (I 2,31); ein durchkomponiertes, zusammenhängendes Werk, kein Flickwerk (I 2,32–41); gute Sitten und Gewohnheiten (I 2,59f.).

KARIN LICHTBLAU

Virtueller Raum als Spiegel von Emotionen: Minnegerichtshöfe zwischen Imagination und Performanz

1. MINNEGERICHTE IM ARTHURISCHEN BEREICH

Die Königstochter Elidia von Thile übernimmt im *Lanzelet* Roman des Ulrich von Zatzikhoven (nach 1194) die Funktion einer Minnerichterin am Artushof.

Man saget uns ze maere,
daz diu vremde maget waere
rihtaere über die hübscheit.
Swer in der massenîe streit
Von ihte, daz an minne war,
daz beschiet siu schône unde gar,
wan siu sô grôz arbeit
durch valsche minne vordes leit.[1]

Der Artushof hat eine solche Instanz bitter nötig, wie sich anlässlich der für alle Beteiligten äußerst peinlich verlaufenen Mantelprobe zeigt: Ein Feengeschenk – wie so oft mit Danaercharakter behaftet[2] – enthüllt die Minneverfehlungen der Damen des Artushofes. Dabei wird durch das Anlegen eines Zaubermantels das richtige oder falsche Verhalten der Damen in der Minne

---

[1] Ulrich von Zatzikhoven, Lanzelet, hg. von Karl August Hahn, mit einem Nachwort und einer Bibliographie von Frederick Norman. Berlin 1965 (Neudr. Frankfurt am Main 1845) (Deutsche Neudrucke, Reihe Texte des Mittelalters) V. 8033ff.

[2] Man vgl. dazu auch die diversen Tugendproben der Artusromane, wie z. B. die Mantel- oder die Becherprobe bei Heinrich von dem Türlin. Vgl. dazu Christine Kasper, Von miesen Rittern und sündhaften Frauen und solchen, die besser waren: Tugend- und Keuschheitsproben in der mittelalterlichen Literatur vornehmlich des deutschen Sprachraums (Göppinger Arbeiten zur Germanistik 547) Göppingen 1995.

unmittelbar augenfällig gemacht, und durch die Feenbotin als Überbringerin des Geschenks interpretiert. Unter anderem wird auch ein Fehl der Freundin eines Artusritters, die seinen Dienst zwar entgegengenommen, ihm den Lohn aber versagt hat, einer Analyse unterzogen.[3] Nur eine Dame bleibt nahe liegenderweise verschont: Iblis, die Gemahlin des Protagonisten Lanzelet. Ihre Tugendhaftigkeit zeichnet sie allen anderen gegenüber aus.

Über die Beziehungen des gesamten Romans zur Minnekasuistik ist viel diskutiert worden – ich kann in diesem Zusammenhang darauf nicht weiter eingehen. Nur so viel: Die für die mittelhochdeutsche Dichtung ungewöhnliche minnekasuistische Thematik hat der *Lanzelet* im Grunde nur mit den höfischen Versnovellen *Moriz von Craûn* und *Die Heidin* gemeinsam. Sie wird auf französische Vorlagen zurückgeführt.[4]

Lanzelet selbst hat schon eine ganze Reihe von gescheiterten Liebesbeziehungen hinter sich, deren Ende, so etwa die Interpretation von Kurt Ruh[5], sich durchaus mit einem jeweiligen Defizit der Damen bzw. der Minnebeziehung begründen ließe. Elidia ist durch ihre turbulente Biographie für ihr Amt bestens qualifiziert: Eines Minnevergehens wegen – Unbarmherzigkeit trotz treuem Minnedienst, ein Standardthema – war sie in einen Drachen verwandelt worden und konnte nur durch den besten Ritter – Lanzelet – erlöst werden. Die Minnesünde hat sich im fernen Thile abgespielt, die Buße erfolgte in einem dem Artusreich näheren Wald. Wer die extravagante Strafe verhängt hat, bleibt im Dunkeln. Nur die Erlösung des Drachens und dessen weitere Karriere als Minnerichterin sind dem Erzähler wichtig.

Bemerkenswert erscheint in diesem Kontext, dass die Funktion der Minnerichterin durchaus ernst genommen und keineswegs ironisiert erscheint. Und auch wenn, wie in der Forschung angenommen wurde,[6] Minnegesell-

---

3 Ulrich von Zatzikhoven, Lanzelet, V. 5746-6228; vgl. Kurt Ruh, Moriz von Craûn. Eine höfische Thesenerzählung aus Frankreich. In: Formen mittelalterlicher Literatur. Festschrift Siegfried Beyschlag (Göppinger Arbeiten zur Germanistik 25) Göppingen 1970, 77–90, hier 86f.

4 Vgl. Ursula Peters, Cour d'amour – Minnehof. Ein Beitrag zum Verhältnis der französischen und deutschen Minnedichtung zu den Unterhaltungsformen ihres Publikums. In: Zeitschrift für deutsches Altertum 101 (1972) 117–133, 128.

5 Vgl. dazu Kurt Ruh, Höfische Epik des deutschen Mittelalters 2. Berlin 1980, 34–49; Kurt Ruh, Der Lanzelet Ulrichs von Zatzikhoven. Modell oder Kompilation? In: Wolfgang Harms und Peter L. Johnson (Hg.), Deutsche Literatur des späten Mittelalters. Hamburger Colloquium 1973. Berlin 1975, 47–55.

6 Dazu u. a. Peters, Cour d'amour 117–133.

schaftsspiele in welcher Form auch immer, den Hintergrund bzw. die Anregung bilden mögen, bleibt doch die Tatsache auffällig, dass der Text dieses Element nicht als Spiel präsentiert, sondern ernst nimmt. Und dies im Unterschied zur durchaus mit Schwankelementen arbeitenden Szene der Tugendprobe oder der Minnehaft Lanzelets in Pluris.

Damit ist zugleich ein ganz wesentliches – optimistisches – Signal verbunden: Es ist möglich, Minnefragen zu entscheiden, man braucht zwar dafür Experten, bzw. im konkreten Fall eine Expertin, aber grundsätzlich ist eine diffizile Minneangelegenheit im öffentlichen Raum – des Artushofes – diskutier- und lösbar.

Ein zweites Moment ist zu betonen: die Beziehung zwischen arthurischer Welt und Feenwelt und die der letzteren anhaftende besondere Affinität zur Minne.[7] Im *Lanzelet* ist zwar nicht die Rede von einer Feengeliebten des Protagonisten – die Feenkönigin auf ihrer fernen wundersamen Insel ist vielmehr die Ziehmutter und Erzieherin des jungen Helden. Sie hat aber doch eine Art Schirmherrschaft über Lanzelets Minneweg bzw. dessen Erfüllung in der Ehe mit Iblis auszuüben und ist auch dem Artushof als Minneratgeberin nützlich. Iblis und Lanzelet erhalten noch vor der eigentlichen Eheschließung, nachdem der Held sie ihrem Vater abgewonnen hat, von einer Botin der Feenkönigin ein Zelt als Geschenk. Dieses zeichnet sich nicht nur durch eine Reihe von magischen Eigenschaften aus, es fungiert auch als Tugend- bzw. Liebesprobe: Im Spiegel erblickt der Minnende – *staete* vorausgesetzt – das treu liebende Du.

Ein Feenreich, das das Reich der Minnegötter integriert, schildert der Artusroman *Gauriel von Muntabel* des Konrad von Stoffeln (Ende 13. Jahrhundert[8]). Der Artusritter Gauriel, dem die Liebe einer namenlos bleibenden Fee zuteil wurde, bricht das Tabu des *rüemens*, wird dafür bestraft,[9] kann aber letztlich Vergebung erringen. Allerdings wird die Entscheidung darüber der eigentlich Betroffenen, der Fee, aus der Hand genommen und einem Götterpaar der Minne, das ebenfalls in ihrem fernen und durch verschiedene magische Barrieren geschützten Reich residiert, überantwortet. Ein Minne-

---

[7] Wie sie auch für Wolframs Gahmuret bzw. für die gesamte Mazadan-Sippe in Wolframs Romanen gilt.

[8] Die Datierung ist umstritten, die Vorschläge reichen von 1230/40 bis Anfang des 14. Jahrhunderts. Konrad von Stoffeln, Gauriel von Muntabel. Der Ritter mit dem Bock, neu hg., eingeleitet und kommentiert von Wolfgang Achnitz. Tübingen 1997.

[9] Seine Strafe ist eine sich qualvoll und langsam vollziehende Entstellung, die sein ‚hässliches' Innenleben gewissermaßen nach außen kehrt.

gericht von Göttern und Göttinnen der Minne ermöglicht durch seinen Rechtsspruch, dem auch die Dame unterworfen ist, die Eheschließung Gauriels mit der Fee. Beide suchen den Artushof zur Schlussapotheose und auch arthurischen Bestätigung ihrer Minneehe auf, in ihrem Gefolge sind nicht nur die Minnegötter sondern auch allerlei exotische Geschöpfe, wilde Leute, Merwunder u. ä. Ein Gerichtsspruch von Minnegöttern betrifft also Minne und Ehe, das Minnereich besteht zwar als ein ferner exotischer Raum abseits des Artushofes, ist von diesem jedoch nicht prinzipiell getrennt – es tritt von sich aus mit der Menschenwelt in Kontakt. Ernst genommen wird das Minnegericht auch hier, verbunden wird es, wie im epischen Rahmen die Regel, mit der Ehe. Die Fee, sonst die autonom Liebende schlechthin, hat sich hier einer Instanz zu beugen, über die man freilich nicht wirklich genau unterrichtet wird. Minnegericht (mit allegorischen Instanzen) und Ehegericht weltlichen Charakters scheinen hier vermischt. Ein Artusroman nimmt also Elemente der modernen Gattung Minnerede auf, wie dies später noch deutlicher der Roman *Wilhelm von Österreich* des Johann von Würzburg tut, wie die Untersuchung Cora Dietls im einzelnen zeigen konnte.[10] Es ist dies aber keineswegs der einzige spăthöfische Roman, der sich wenigstens passagenweise der Minnerede annähert.[11]

Den Versuch Minneroman und Artusroman zu verschmelzen unternimmt auch *Tandareis und Flordibel* von dem Pleier.[12] Einige Episoden des Romans thematisieren eindeutig Minneprobleme. Das lässt sich etwa an der Geschichte der Jungfrau Claudin zeigen. So wie im bereits erwähnten *Lanzelet* erörtert, hat auch sie den Dienst eines Ritters entgegengenommen ohne

---

[10] Vgl. dazu Cora Dietl, Minnerede, Roman und historia. Der Wilhelm von Österreich Johanns von Würzburg. Tübingen 1999, v. a. 123–241; Dietrich Huschenbett, Tradition und Theorie im Minne-Roman. In: Walter Haug, Timothy R. Jackson und Johannes Janota (Hg.), Zur deutschen Literatur und Sprache des 14. Jahrhunderts. Dubliner Colloquium 1981. Heidelberg 1983, 238–261; Albrecht Classen, Wolframs von Eschenbach Titurel Fragmente und Johanns von Würzburg Wilhelm von Österreich: Höhepunkte der höfischen Minnereden. In: Amsterdamer Beiträge zur älteren Germanistik 37 (1993) 75–102.

[11] Dazu: Rüdiger Schnell, Ars amatoria und höfische Minnetheorie. In: Euphorion 69 (1975) 132–159, hier 158: „Während im hochhöfischen Roman das Thema „Minne, Ehe, Liebe" innerhalb eines umfassenden Problemzusammenhangs dargestellt wird (Erec, Iwein, Parzival, Tristan), führt der im späthöfischen Roman erkennbare Hang zur Minnedidaktik zur Ausbildung von einzelnen, konkreten Minnekasus."

[12] Vgl. dazu: Christoph Cormeau, Tandareis und Flordibel von dem Pleier. Eine poetologische Reflexion über Liebe im Artusroman. In: Liebe und Aventiure im Artusroman des Mittelalters (Göppinger Arbeiten zur Germanistik 532) Göppingen 1990, 23–38.

Lohn zu gewähren. Erschwerend kommt hier noch eines dazu: Der Ritter hat sich in ihrem Dienst verausgabt, und als er nichts mehr besaß, war er für sie auch nicht mehr von Interesse. Der Episode liegt also der beliebte Minnekasus ‚Minne gegen Pfennig' zugrunde. Tandareis rettet Claudin vor der gewalttätigen Rache des abgewiesenen Liebhabers. Nicht nur am Kasus Claudin lassen sich Parallelen zum *Lanzelet* Roman ausmachen: Antonie etwa erinnert an Lanzelets zweite Frau (Ade), und das Minneverbot, das sich die Protagonistin Flordibel selbst auferlegt, an den Fall der Tochter des Galagandreiz. Doch das nur am Rande.

Am Ende seines Abenteuerwegs hat sich Tandareis eigentlich eine ‚Vielehe' eingehandelt: Gleich drei Damen glauben sich ein Anrecht auf ihn erworben zu haben. Claudin hat er errettet, woraus sich üblicherweise ein Anrecht auf Minne ergibt, und sie ist begierig ihn zu belohnen. Die zweite Dame, Antonie, hat Tandareis aus dem Turm, in den ihn ihr gewalttätiger Bruder geworfen hatte, befreit, ihn bei sich verborgen und ihm geholfen an Turnieren am Artushof teilzunehmen. Die dritte Dame und von vornherein die Favoritin ist Flordibel, seine erste Minnedame. Diese Situation gilt es nun am Romanende zu entschärfen. Am Artushof wird ein Gerichtstag über diese Frage abgehalten, Artus überlässt Tandareis die Entscheidung, der natürlich Flordibel wählt. Die beiden anderen Frauen werden – durchaus ehrenhaft – anderweitig verheiratet.

Nun wird der Schilderung dieser Szene, die eigentlich nur auf eines hinaus will – die glückliche Verehelichung mit arthurischer Erlaubnis zwischen Tandareis und Flordibel – relativ viel Raum gegeben. In typisch Pleierscher Manier geradezu penibel wird beschrieben, wie Tandareis sich gegenüber den Ehekandidatinnen verhält. In höflichster Rede dankt er Claudin für ihre Treue, entbietet ihr seinen immerwährenden Dienst und erklärt, dass er bereits eine Frau hat und sie deswegen nicht heiraten könne. Der aktiven und selbstbewussten Antonie hingegen versichert er zwar seinen Dienst, will sich dann jedoch für Pleiersche Verhältnisse geradezu formlos von ihr verabschieden:

> *„Nû will ich" sprach der werde man*
> *„iwer lîp unt iwer leben*
> *got in sîn genâde geben,*
> *unt lât mich iwer urloup hân". [...]*[13]

[13] Pleier, Tandareis und Flordibel, hg. von Ferdinand Khull. Graz 1885, V. 16259 ff.

Kein Wort einer Rechtfertigung, warum eine Ehe mit ihr nicht in Frage kommt. Antonie ist darüber einigermaßen verblüfft und erinnert ihn an ihre Dienste. Erst auf diese Mahnung hin räumt der Ritter ein, dass, hätte er nicht schon eine Verlobte, zweifellos Antonie ihn als ihren Ehemann beanspruchen könnte. Der gesamte Roman legt, so wie alle Pleierschen Werke, starkes Gewicht auf die Schilderung und Erfüllung höfischer Normen, umso aussagekräftiger erscheint darum eine Szene wie die geschilderte, die, in verschleierter Form, potentielle Minnebeziehungen bewertet.

Vergleichen lässt sich das Tandareis Dilemma mit der Situation, in die Gahmuret vor Kanvoleiz gerät. Wolfram von Eschenbach thematisiert hier in seinem Roman *Parzival* die Verknüpfung von Rittertum und Kampf, die in rechtem Verhältnis nur im Falle Herzeloyde gegeben ist.[14] Dieser Aspekt spielt auch beim Pleier zweifellos eine Rolle: In langem Minnedienst errungen hat Tandareis schließlich nur Flordibel, die anderen beiden Frauen wären ihm gewissermaßen nur zugefallen. Im Hintergrund scheinen hier didaktische Erwägungen zur Minne bzw. zur Frauenrolle mitzulaufen. Geschlechterklischees, die so Fritsch-Rößler, im Fall Herzeloyde ins Wanken geraten sind,[15] scheinen im Tandareis wieder verfestigt (der Ritter wählt und wertet).

Bei beiden Beispielen handelt es sich freilich nicht um Minnegerichte, gleichwohl werden Wertungen szenisch umgesetzt, sie werden Vorgang, ‚Schauspiel'.

2. MINNEGERICHT UND MINNEHOF: DIE SPIELERISCHE VARIANTE

Neben der Möglichkeit einer ernsthaften Inszenierung von Minneproblemen steht eine spielerische Variante, die Erörterung von Fragen aus dem Bereich der Minne im Rahmen höfischer Unterhaltungsformen, also ebenfalls in einem öffentlichen Raum.

Deutsche Romane bieten dafür kaum Belege: Der zwischen 1235 und 1240 entstandene Roman *Willehalm von Orlens* des Rudolf von Ems liefert einen der raren Hinweise. Hier erscheint im Rahmen einer großen Turnierveranstaltung mit höfischen Festlichkeiten auch eine Art Minnegericht:

---

[14] Vgl. dazu Waltraut Fritsch-Rößler, Finis Amoris. Ende, Gefährdung und Wandel von Liebe im hochmittelalterlichen deutschen Roman, Tübingen 1999, hier v. a. 181ff.

[15] So setzt sich Herzeloyde selbst als Turnierpreis, und ein deutlicher Rollen-Wechsel zeigt sich auch in der Urteilsverkündung, vgl. ebd. 181ff.

Dar uf sinz sehs tag e
Das der turnay erge,
Und setztent aine kunegin
Ir clag ze rihter under in,
Von der wirt in der wochen
Minnen reht gesprochen,
Als da man rehte lehen reht
Vor ainem herren machet sleht.[16]

Das *minnen reht* wird dem *lehen reht* parallel gesetzt und erhält dadurch Verbindlichkeit, eine Dame wird für die (Spiel)Rolle der Königin als Richterin eingesetzt. Ist es ein Spiel mit Minnefragen – ähnlich den französischen Beispielen, oder eine Diskussion zur Erörterung privater Minneprobleme? Wie selbstverständlich wird diese höfische Sitte erwähnt, jedoch nicht näher ausgeführt.

Eine detaillierte Beschreibung eines solchen Spiels liefert der sehr viel spätere 1480 datierte Roman *Die Kinder von Limburg* des Johann von Soest. Dabei handelt es sich um die getreue Übertragung eines mittelniederländischen Versromans, *Roman van Heinric en Margriete van Limborch*, der zwischen 1291 und 1318 entstand und Hein van Aken zugeschrieben wird. Johann von Soest beschreibt im 11. Buch seines Romans ein höfisches Gesellschaftsspiel, das sich mit der Erörterung von Minnefragen befasst, das so genannte Königsspiel. Eine Reihe von Paaren hat sich in einem Garten zusammengefunden und vertreibt sich die Zeit mit Minnefragen. Der Zeitvertreib scheint allerdings mehr als ein Spiel zu sein, es ist psychologische Raffinesse – das Erörtern von Minneproblemen soll den Liebenden das Verstehen des Partners ermöglichen.

Hy ist itz mencher wol geton
Von herren, fursten und baron,
der tregt gross lyb in synem hertzen,
da von er dan hot grossen smertzen.
Auch kann er nyt wyssen da by,
ob ess yr auch tzu willen sy.
Da umb eyn spil will ich ons machen,
da durch man mercken so al sachen,
und iglicher erkennen sol,

[16] Rudolf von Ems, Willehalm von Orlens, hg. von Victor Junk (Deutsche Texte des Mittelalters 2) Berlin 1905, V. 7121ff.

ob er sy lyb gehebt fur vol
von der, dy ym ist also lyp,
ess sy auch man oder ey wyp.[17]

Die Protagonistin des Romans, Margarethe, gibt dem Spiel seinen Namen:

Das koning spil sol men das nennen,
da by men sollichs sol erkennen.[18]

Danach werden die Spielregeln genau geschildert, worauf ich im Einzelnen nicht eingehe. Nur so viel: Man wählt einen König oder eine Königin durch eine Art Los (Händeübereinanderlegen), der König kann den anderen Fragen stellen. Das Los fällt auf eine Königin, Margarethe.[19] Grundforderung des Spiels ist die Ehrlichkeit – worauf schon der französische Name des Spiels hinweist: *au roy qui ne ment.*[20] Das eigentliche Fragespiel in den Kindern von Limburg mit seinen 32 Minnefragen zerfällt in zwei große Abschnitte, die formal und inhaltlich voneinander abgehoben werden. Zuerst fragt die Königin, dann werden die Rollen getauscht und Margarethe muss Fragen beantworten.[21] Während im ersten Abschnitt persönliche Minnefragen gestellt werden, die sich an die jeweilige ‚private' Paarbeziehung knüpfen, überwiegen im zweiten Teil allgemeine theoretische Fragen oder komplizierte Minnefälle, wobei aber auch hier teilweise von persönlichen Erlebnissen und Empfindungen ausgegangen wird.[22] Das Spiel endet mit einer offenen Frage, deren Beantwortung man auf später verschiebt. Der Aufenthalt im Garten ist zu Ende.

---

[17] Johannes von Soest, Die Kinder von Limburg, hg. v. Manfred Klett (Wiener Arbeiten zur germanischen Altertumskunde und Philologie 4) Wien 1975, 11. Buch, V. 217ff.

[18] Ebd. V. 229f.

[19] Normalerweise (so auch bei Hein van Aken) wird bis 10 abgezählt, hier allerdings bis 25, obwohl die Teilnehmerzahl nur 17 beträgt.

[20] Im Grunde werden hier allerdings zwei Spiele miteinander vermengt, *au roy qui ne ment* und *au roy et a la reine,* wie es etwa Adam de la Halle in seinem Schäferspiel *Robin et Marion* schildert.

[21] Die „Reichsübergabe" von Margarethe an Demophan erfolgt mit Hilfe eines Reises, eine Szene die Hein van Aken genauer schildert und zudem auf die – arthurische – Sitte hinweist, dass der König keinen Gast vom Hof entlassen darf, ohne ihn zu beschenken oder ihm eine Bitte zu erfüllen.

[22] Natürlich sind alle Minnefragen von der topischen Bildwelt der höfischen Minne geprägt, bringen also die gleichen Vergleiche wie die Minnelyrik, Kriegs- und Kampfbilder (Liebeskrieg), Vergleiche aus der Natur etc.

Gestellt werden Fragen wie: Was ist Minne? Kann die Liebe vergehen und wenn ja kann sie wiederkommen? Was geschieht mit einem untreuen Mann? Wie soll der Liebende erkennen, ob er wiedergeliebt wird? Ist die Liebe vor oder nach der Erfüllung größer? Was ist das Stärkste: Natur, Kunst oder Liebe; der König, der Wein oder die Frau? Wer von den drei Rittern erhielt den größten Gunstbeweis, etc.?[23] Zwar dominiert der Wechsel Frage – Antwort, doch zuweilen ergibt sich auch eine Diskussion unter den Teilnehmern.

Dieses Gesellschaftsspiel entspricht, wie bereits erwähnt, einem vor allem in Frankreich, aber auch in Italien und den Niederlanden sehr beliebten minnekasuistischen Fragespiel (*au roy qui ne ment*, *joc d'amor*), für das sich im romanischen Bereich zahlreiche literarische Belege finden lassen[24] und dessen Ursprung letztendlich im Streitgedicht, in *Tenzone* und *Partimen* bzw. *jeu-parti* liegt.[25]

Wichtig erscheint mir in den Kindern von Limburg, dass es sich hier um die Erörterung und Analyse von Minnebeziehungen anhand von Minnefragen handelt, die völlig im überlieferten Kanon stehen und nicht einmal besonders spitzfindig sind, sondern vielmehr großen Spielraum geben, sich dadurch aber umso besser insgeheim auf die jeweilige Minne-Situation der Betroffenen anwenden lassen.

3. MINNEGERICHTE IM MINNEREDENGENRE

Wenn im epischen Rahmen das Reden über die Minne, in welcher Form auch immer, ein wichtiges Element darstellt, so wird es für das spätmittelalterliche Genre der Minnereden zum zentralen Anliegen. Eine beliebte Einkleidungsform stellt hier das Minnegericht dar. Man verbindet mit diesem Begriff nicht nur die Diskussion zu Themen der Minne, sondern die grundsätzliche Möglichkeit verbindlicher Aussagen dazu. Wie die Minnereden ganz allgemein zeigen sich auch die Minnegerichtsdichtungen in Aufbau und

---

[23] Weitere Fragen sind etwa: Was bietet dem Menschen die meiste Lust? Woraus besteht das Band der Liebe, wer machte es und womit? Warum fesselt die Liebe nur einen bestimmten Menschen allein? Warum wird einer vor allen anderen zur Liebe erwählt? Wie kann man einen Treuen abweisen? Wie kommt es, dass manche vor Liebe rasend werden? Was gilt die Schönheit in der Liebe?

[24] Dazu: Peters, Cour d'amour.

[25] Vgl. dazu etwa: Sebastian Neumeister, Das Spiel mit der höfischen Liebe: das altprovenzalische Partimen (Beihefte zu Poetica 5) München 1969.

Einkleidung durchwegs konventionell. Gattungstypisch ist ein Erzähleingang, der das Ich in eine jenseitige amoene Welt, einen fiktionalen Raum führt. Die Grenzziehung zur ‚realen Welt' des meist leidenden Erzähler-Ichs erfolgt dabei durch bestimmte topische Elemente, wie Spaziergang, Traum, Entrückung u. ä. Dem eigentlichen Jenseitsbereich, in dem auch die allegorischen Figuren anzutreffen sind, können dabei noch weitere Stationen vorgeschaltet sein: Das Erzähler-Ich gerät etwa aus einer anfänglichen Natureingangs-Idylle in die Wildnis, verirrt sich, trifft auf eine klagende Dame, die es dann zum Gericht der Minne begleitet etc. Die Möglichkeiten der Abstufung sind hier durchaus vielfältig und Assoziationen zum Aventiureeingang der Artusromane liegen nahe.[26] Hat das Ich das amoene Jenseits erreicht, so trifft es im Falle der Minnegerichtsdichtungen meist auf die personifizierte Minne, bzw. eine Reihe anderer personifizierter höfischer Tugenden, etwa *Ere*, *Staete*, *Triuwe* etc. Hier werden die je individuellen Anliegen des Ich bzw. der klagenden Dame vorgebracht und entschieden. Mit Rat, Botschaft an die vom Erzähler-Ich Umworbene und an die Welt kehrt das Ich wieder in die reale Welt zurück. So weit die Idealstruktur, die sich mit Anja Sommer folgendermaßen zusammenfassen ließe: „Das Bildfeld ‚Gericht' stellte einen Rahmen bereit, innerhalb dessen verbindliche Klärungen strittiger Minnefragen und autoritative Festlegungen bestimmter Handlungsmuster möglich waren."[27] Die literarischen Gerichtsallegorien zeigen dabei diskursive Struktur. Ein Gericht mit personifizierten Tugenden als Richter und Anwälte, mit liebenden Personen als Ankläger und Angeklagte liefert den Rahmen für die Diskussion von Minnekonzepten, die dann dem Richter vorgelegt werden.

Diese Definition charakterisiert die Minnegerichtsdichtungen als eine Gattung, die davon ausgeht, dass sich über Minne etwas Verbindliches aussagen lässt, Personifikationen bzw. allegorische Figuren diese Verbindlichkeit repräsentieren und garantieren. Daran knüpft sich auch die Vorstellung, dass diese Verbindlichkeit vom jenseitigen Bereich aus in die Welt hineinwirke, mit Wort – mit Hilfe einer dem Erzähler-Ich aufgetragenen Botschaft oder durch schriftliche Zeugnisse (Brief mit dem Siegel der Minne) – und Tat, nämlich vom Gericht verhängten Strafen. Wie hart solche Minnestrafen

---

[26] Vgl. dazu Walter Blank, Die deutsche Minneallegorie. Gestaltung und Funktion einer spätmittelalterlichen Dichtungsform (Germanistische Abhandlungen 34) Stuttgart 1970; Ingeborg Glier, Artes amandi. Untersuchung zu Geschichte, Überlieferung und Typologie der deutschen Minnereden (Münchener Texte und Untersuchungen 34) München 1971.

[27] Anja Sommer, Die Minneburg. Beiträge zu einer Funktionsgeschichte der Allegorie im späten Mittelalter. Frankfurt 1999, 147.

mitunter imaginiert werden, dafür sei nur auf Andreas Capellanus *De Amore* und die darauf fußende Tradition verwiesen.[28]

Dieser eben vorgestellte ‚Idealtypus' Minnegericht liegt der entsprechenden Episode der minneallegorischen Großdichtung des deutschen Mittelalters, der *Minneburg*, zugrunde, auf die ich im folgenden kurz eingehen möchte.

Im Rahmen dieses Minnegerichts verhandeln die Personifikationen Weisheit, Gerechtigkeit und Treue vor dem Gericht der Minne drei Kasus, die jeweils das Fehlverhalten von Damen gegenüber dem Werbenden und damit natürlich zugleich gegen die Tugenden selbst thematisieren.[29]

Der Fall der Weisheit betrifft die Minnewerbung, es geht um ein *wip mit geteylter mynne*[30]. Die Dame weist einen treuen Minnewerbenden plötzlich ab, da er den Erweis der Aufrichtigkeit männlicher Minne nicht geben könne – und benutzt die unerfüllbare Forderung zur Untreue, nämlich dazu, verschiedene Männer an sich zu binden. Das Minnegericht verurteilt sie dazu, fortan nur vorgetäuschte Liebe und Untreue zu erhalten.

Um die Bewahrung der Minne geht es im zweiten Kasus, den die Gerechtigkeit vertritt: Eine Frau erhört um der Gerechtigkeit willen einen Werbenden, erfüllt seinen Liebeswunsch, behandelt ihn allerdings in der Öffentlichkeit wie einen Fremden. Der Urteilsspruch lautet: Sie wird nie mehr einen beständig liebenden Mann an sich binden können.

Der dritte Gerichtsfall, den die Diener der Treue vorbringen, betrifft das persönliche Anliegen des Dichters, seine bisher erfolglose Werbung (in den *Underbinden*) um seine Minnedame. Der Text ist nicht vollständig überliefert, doch scheint klar die Verurteilung der hartherzigen Frau vorbereitet zu sein.

Ein weiterer Aspekt der Minnegerichtsdichtungen wird hier deutlich, der den jenseitigen Raum mit dem diesseitigen verknüpft: die persönliche Betroffenheit des Erzählers, für den sich aus dem Erlebten eine unmittelbare Nutzanwendung zu ergeben scheint. Auch die Erzählung von Amors jenseitigem Palast in *De Amore* steht ja im Rahmen einer Verführungsstrategie,

---

[28] Vgl. dazu Alfed Karnein, De Amore in volkssprachlicher Literatur. Untersuchungen zur Andreas-Capellanus-Rezeption in Mittelalter und Renaissance (Germanisch-romanische Monatsschrift Beiheft 4) Heidelberg 1985.

[29] Vgl. Sommer, Minneburg 144–167.

[30] Hans Pyritz (Hg.), Die Minneburg: nach der Heidelberger Pergamenthandschrift (CPG. 455) unter Heranziehung der Kölner Handschrift und der Donaueschinger und Prager Fragmente (Deutsche Texte des Mittelalters 43) Berlin 1950, V. 4011.

wie die auf *De Amore* fußende *Warnung an hartherzige Frauen* des Armen Schoffthor schon im Titel unmittelbar augenfällig macht.[31]

Texte wie diese, aber etwa auch *Der Minne Gericht*[32] des Ellenden Knaben (vor 1459) und das analoge etwas verkürzte Stück *Der mynn gericht*[33] passen also durchaus zur „vorgängigen Auffassung von Minnereden als didaktischer Gattung“[34] formulieren eine klare Aussage, aus ihnen kann man etwas lernen. In beiden genannten Gedichten geht es um weibliche Hartherzigkeit: Der treu und erfolglos um seine Dame Werbende trifft in der Wildnis auf eine Frau, die vom Minnegericht wegen ihrer Hartherzigkeit grausam bestraft wurde, Verbannung für sieben Jahre in die Wildnis in nur dürftigen Kleidern. Ihr Ritter hätte sie vor dem Gericht der Frau Minne angeklagt, so berichtet sie dem Erzähler, das harte Urteil hätte ihn zwar sehr bekümmert, doch es wäre nicht zu verhindern gewesen. Der Erzähler sucht selbst das Gericht der Minne auf, verwendet sich dort – durchaus mit Erfolg – für die Bestrafte und bringt schließlich seinen eigenen Fall vor. Seine Minnedame erhält jedoch noch eine Chance zur Besserung, der Erzähler wird mit den *De Amore* verpflichteten Regeln der Minne und der Verwarnung seiner Dame entlassen.

Viele der Minnegerichte hingegen lassen eine klare Aussage bzw. ein Urteil über eine bestimmte Minnefrage vermissen und das gilt nicht erst für Hermann von Sachsenheim, dessen Minnereich im absoluten Chaos versinkt, sondern lässt sich auch an einigen anderen Minnereden bzw. Minnegerichtsdichtungen ablesen. Vielfach sind dabei die Personifikationen in ihrem Selbstbewusstsein durchaus intakt, nur scheint dies für die menschlichen Beteiligten ohne jede Konsequenz zu bleiben. Sie vernehmen nur leere Worte, die weder Orientierung noch Trost bringen können.

---

[31] Alfred Karnein (Hg.), Des Armen Schoffthors „Warnung an hartherzige Frauen“ (Texte des späten Mittelalters und der frühen Neuzeit 30) Berlin 1979.

[32] Kurt Matthaei (Hg.), Mittelhochdeutsche Minnereden I und II, mit einem Nachwort von Ingeborg Glier (Deutsche Texte des Mittelalters XXIV und XLI) Dublin-Zürich 1967, I, 1–34.

[33] Carl Haltaus (Hg.), Liederbuch der Clara Hätzlerin, mit einem Nachwort von Hanns Fischer (Deutsche Neudrucke, Reihe Texte des Mittelalters) Berlin 1966, 226-230.

[34] Ludger Lieb und Peter Strohschneider, Die Grenzen der Minnekommunikation. Interpretationsskizzen über Zugangsregulierung und Verschwiegenheitsgebote im Diskurs spätmittelalterlicher Minnereden. In: Gert Melville und Peter von Moos, Das Öffentliche und Private in der Vormoderne. Köln-Weimar-Wien 1998, 275–305; 299.

Ich möchte das an einem Textbeispiel zeigen: *Bestrafte Untreue*[35]. Protagonistin dieser Erzählung ist eine verlassene Frau, die Trost in der freien Natur sucht und auf einer schönen Wiese – die typische ‚locus amoenus'-Szenerie wird hier ausgemalt – ohnmächtig niedersinkt. Personifikationen treten hinzu, die ihren Fall beraten; sie ist so weit bei Sinnen, dass sie zwar sehen und hören, aber nicht agieren kann. Die Szene präsentiert sich also als eine Entrückung oder ein Traum. Die Personifikationen besprechen zwar den Kasus, im Grunde beschränkt sich ihr Gespräch aber auf eine Klage, sie äußern nur Wünsche, zeichnen einen Idealzustand, und einigen sich schließlich darauf, dem Treulosen künftig ihre Hilfe zu versagen. Danach ziehen sie sich zurück.

Also die frawen schieden sich.
In meinem syn gedacht ich
Waz mir zu thun wär.
Mir waz leib und mutt schwer,
wan ich waz alles trostes frey,
mir wont auch nyemant bey.
[...]
Der gart waz lang und weit,
ich sach hin und sach her
und sach laider nyemant mer
der mit gab hilff oder trost,
daz ich von trewen waz erlost.[36]

Die eigentlich Betroffene bleibt also hilf- und ratlos zurück – auch die vorgebrachte Strafe bleibt im unverbindlichen Nirgendwo –, ja die Dame konnte nicht einmal mit den Personifikationen in Kontakt treten. Zwei völlig voneinander getrennte Welten – im gleichen Raum präsent – stehen beziehungslos nebeneinander. Der Dame bleibt nur ihr Leid und ihre Klage, und sie stellt ganz rational die – banale – Warnung an andere Frauen vor untreuen Liebhabern an den Schluss. Die amoene Jenseitswelt ist zur kalten, manieristisch künstlichen Paradieslandschaft mutiert.

Weit entfernt erscheint hier etwa eine Frau Minne, die dem Minner eindeutige Ratschläge geben konnte, die auch zum gewünschten Erfolg führten, wie dies etwa die *Konstanzer Minnelehre*[37] vorführt.

---

[35] Matthaei, Minnereden I, 113-119.

[36] Ebd. 119, V. 347ff.

[37] Vgl. dazu Käthe Mertens, Die Konstanzer Minnelehre (Germanische Studien 159) Berlin 1935.

In einer ähnlichen Weise offen bleibt auch ein anderer Text: *Minne und Gesellschaft*[38], datiert um 1325. Als bemerkenswert an diesem Gedicht wird meist betont, dass hier namentlich genannten historischen Personen vom Mittelrhein als Experten in Minnefragen gehuldigt werde. Aus dem Text spricht aber eine gewisse Ratlosigkeit, was den Huldigungszweck bzw. den Expertenstatus durchaus in Zweifel ziehen könnte. Zunächst kurz zum Inhalt: Das betrübte Erzähler-Ich reitet aus, gelangt in ein amoenes Tal zu einem Zelt, aus dem es Stimmen vernimmt. Verborgen belauscht der Erzähler so das Gespräch einer verheirateten und einer unverheirateten Frau, das sich aus der gemeinsamen Tristanlektüre ergeben hat. Es geht um die konventionelle Frage, ob Minne oder Gesellschaft besser sei, wobei die Verheiratete für die Minne, die *maget* aber für die Gesellschaft eintritt. Die beiden kommen zu keinem Ergebnis, der Erzähler verrät sich, wird in der Folge als Schiedsrichter angerufen, kann die Streitfrage aber ebenso wenig entscheiden. Man bestimmt ihn zum Boten, der in die Welt ziehen soll, um binnen Halbjahresfrist eine Antwort zu finden. Er kommt zu einem Hof, an dem sich die besten rheinischen Ritter mit Damen und Jungfrauen zusammenfinden: Ihnen – sie werden namentlich genannt – trägt er das Problem vor, doch auch hier bleibt die Diskussion ergebnislos.

> *Sus yderman sin reht do sprach.*
> *We mir, gedacht ich, waffen ach!*
> *Ich bin noch unbescheiden gar.*
> *Si kerens her, si kerens dar*
> *Und hellent nit geliche.* (V. 557ff.)

Auf der Suche nach einer Lösung zieht der Erzähler weiter und wendet sich zugleich an die Leserschaft um Rat.

> *Wer diese rede gehort hat,*
> *der geb mir dar zu sienen rat*
> *wie ich den frawen wider sage,*
> *daz ich dank an yn bejage.* (V. 567ff.)

Minne und Gesellschaft wurde mit einer Reihe anderer Gedichte als ein Indiz für die Existenz von Minnefragespielen auch im deutschen Raum herangezogen, die Verbindung der Diskussion von Minnethemen mit historischen Personen ist in Deutschland – ganz im Unterschied etwa zu Frankreich – durchaus ungewöhnlich.

---

[38] Matthaei, Minnereden I, 65–73.

Weit entscheidender aber dürfte, so die Interpretation von Lieb/Strohschneider, die „offene Problemlage“ sein, mit der der Text endet, und die Wendung an die Rezipienten. „[...] die Zuhörer der Minnerede rücken damit in jene kommunikative Rolle ein, welche zuvor die Damen an amönem Ort und die hohen Herren auf dem Hoffest innehatten. Sie können und sollen das aufgeworfene Problem weiter diskutieren, ohne daß doch, wie man zuversichtlich sagen darf, eine Entscheidung wahrscheinlich wäre.“[39] Die „Unabschließbarkeit des Minnediskurses“ wäre geradezu der Zweck der Erzählung.

Minne und Gesellschaft wird meist mit Gedichten des Zilies von Sayn in eine Reihe gestellt. Dessen *Minnehof* und *Ritterfahrt* (beide um 1300) thematisieren allgemeine, durchaus konventionelle Minnefragen, allerdings in analoger quasi-realistischer Einkleidung, mit Nennung historischer Personen. Die *Ritterfahrt* gehört zum Bild-Komplex Minneburgerstürmung, zugrunde liegende Frage ist die alte Streitfrage miles – clericus. Der *Minnehof* des Zilies von Sayn präsentiert die allegorische Figur der Frau Minne als Zentrum einer Adelsgesellschaft. Thema ist das Problem des Minnelohns für den treuen Diener ohne Ehrverlust der Dame, das von einer Frau an den Erzähler herangetragen wird:

Lant mich vragen unde sayn,
Dye, de minne kunnen drayn,
Dat si mir geyuen lere,
Wye sin lijf vnde vr ere
Vnverlustlich muge sin.[40]

Der Erzähler fungiert wie in *Minne und Gesellschaft* als Vermittler zum Gericht der Frau Minne, die gewissermaßen einem Kreis von menschlichen Sachverständigen vorsitzt, die den Fall beraten und jeweils von Frau Minne um ihre Meinung gefragt werden. Als Anwalt des Erzählers wird der Ritter Kraft von Greifenstein genannt, ihm trägt er das Anliegen zunächst unter vier Augen vor. Dieser bringt es dann ohne Namensnennung vor das Gericht, das sich zur Beratung zurückzieht. Das Urteil wird von einer Dame verkündet: Dem Ritter komme zwar Lohn zu, doch dürfe die Ehre der Dame nicht

[39] Lieb und Strohschneider, Grenzen der Minnekommunikation 301.

[40] Adolf Bach (Hg.), Die Werke des Verfassers der Schlacht bei Göllheim (Meister Zilies von Seine?) (Rheinisches Archiv 11) Bonn 1930, 220–226, V. 45f; zu Zilies von Sayn: Ronald Michael Schmidt, Studien zur deutschen Minnerede. Untersuchungen zu Zilies von Sayn, Johann von Konstanz und Eberhard von Cersne (Göppinger Arbeiten zur Germanistik 345) Göppingen 1982.

verletzt werden. Frau Minne befragt noch die Grafen Gerhard von Jülich und Johann von Sponheim, die mit dem Fürsprech das Urteil billigen, das schließlich schriftlich ausgefertigt und vom Erzähler der Frau überbracht wird. Auch hier könnte man sich fragen, was denn aus diesem Text gelernt werden solle: Weder die Frage noch die Antwort erscheinen in irgendeiner Weise ungewöhnlich, zählen vielmehr zum Standardrepertoire der Minnedichtung.[41] Auch wenn sprachlich nicht unmittelbar eine Verlängerung der in der Erzählung vorgeführten Minnediskussion signalisiert wird, wie dies bei *Minne und Gesellschaft* der Fall ist, wird man vielleicht auch beim *Minnehof* eine solche Möglichkeit in Betracht ziehen können. Die Diskussionslinie wäre etwa in Richtung ‚Möglichkeiten der Belohnung durch die Dame' vorstellbar. Bei genauer Sichtung der Texte könnten sich ähnliche Hinweise auch durchaus aus anderen Minnereden ergeben, die ja auffallend häufig grundsätzliche und völlig konventionelle Minnethematiken aufgreifen und nicht selten ohne klare Aussage auslaufen. Bereits Ingeborg Glier hat in Bezug auf die Lehrhaftigkeit von Minnereden eine differenzierte Sichtweise vertreten und darauf hingewiesen, dass man die Gattung nicht unbedingt ausschließlich didaktisch verstehen sollte.[42] Es bleibt jedenfalls die Frage, wie weit von Didaxe zu sprechen ist, wenn es um Selbstverständlichkeiten der Minnelehre geht. Und wenn nicht so sehr das Thema wichtig ist, worum geht es dann? Hier könnte man an eine Analyse von Emotionen und möglichen Verhaltensweisen im abgegrenzten Bereich der Minne denken, für die die jeweilige Erzählung den Anlassfall darstellt.

Ebenfalls ohne eigentlichen Abschluss bleibt ein weiterer Text: *Der Minne Gericht*[43]. Am Beginn steht wieder eine Spaziergangseinleitung. Der Ich-Erzähler trifft auf eine klagende Frau, die von ihrem Liebhaber wegen einer losen Dame verlassen wurde. Sie bittet den Erzähler um Rat, wie sie ihr Leid ertragen könne, ohne daran zugrunde zu gehen, und berichtet, dass Frau Minne sie hier zu ihrem Gericht bestellt habe, das auch bald erscheint. Die Dame kann vor Leid nicht sprechen, und so bringt der Erzähler ihr Anliegen vor. Frau Minne rät der Dame, den Treulosen endgültig aufzugeben, und

---

[41] Kurz hingewiesen sei in diesem Zusammenhang auch auf Johannes Hadlaub: Historisch nachweisbare Personen erscheinen in einer Art Minnehof, den der um 1300 in Zürich bezeugte Dichter Johannes Hadlaub in seinen Liedern schildert. Vgl. dazu u. a. Volker Mertens, Erzählerische Kleinstformen. In: Kleinere Erzählformen im Mittelalter. Berlin 1987, 49–65, 62ff.

[42] Glier, Artes amandi 422.

[43] Matthaei, Minnereden I, 120-134.

verweist sie auf den in Liebesangelegenheiten kompetenten Erzähler. Dieser gibt ihr den Rat, sich wieder der Liebe zuzuwenden und ihr Leid nicht zu zeigen, was die Dame jedoch als Ratschlag zur Untreue interpretiert. Allein Minne und die übrigen Tugenden, die mittlerweile eingetroffen sind, *Staete*, Liebe, Zucht, Ehre, *Maze* und *Schame*, bestätigen die Gültigkeit des Rates. Der Gerichtstag, zu dem viele Ritter und Damen herbeidrängen, beginnt. Auch der untreue Ritter ist geladen; man führt einen Brief mit seinem Treueschwur als Beweisstück vor, und er ist geständig. Natürlich wird er verurteilt: Keine Liebe soll ihm mehr zuteil werden, Glück und Ansehen werden ihm entzogen, Schande und Laster erhält er stattdessen, er wird im Buch der Unsteten verzeichnet, in Einsamkeit wird er sein Leid ertragen müssen, von den Rittern verstoßen sein, gebrandmarkt etc. Der Strafenkatalog, der mit reinen Ehrenstrafen einsetzte, steigert sich immer mehr, wobei gerade Frau *Maze* die schlimmsten vorbringt. Abschließend fragt Frau Minne die Klägerin, ob sie jetzt zufrieden sei und ob sie noch eine Strafe vorschlagen möchte, worauf diese – für den Leser durchaus überraschend meint – ihr Ex-Liebhaber solle nicht mehr blau, also die Farbe der Treue, tragen dürfen. Sonst sei sie durchaus zufrieden. Getröstet, ja geradezu frohgemut ob dieser Racheorgie, zieht sie davon. Andere Klagende drängen sich zum Gericht. Der Text endet mit dem Hinweis, dass ungewiss sei, ob sie sich wieder der Minne zuwenden werde: ein offener Schluss wie in *Minne und Gesellschaft*. Kennzeichnend für diesen Text erscheinen zudem die ironischen Signale, die er aussendet: Da ist zunächst der sprechende Name des untreuen Liebhabers (*[...] von Wangkelstein, / zu Unstettem felß ist er da haim, / und in Falscheneck ist er behuset*, 449ff.), was in den Minnereden aber durchaus keinen Einzelfall darstellt. Und natürlich die maßlose Steigerung der Strafen für den Treulosen, die einer Hasstirade mit (völlig irrealen) Bestrafungsphantasien gleicht und als durchaus wirksame Beruhigungsstrategie – angesichts der machtlosen Minnegerichtsbarkeit – für die beleidigte Dame erscheinen könnte.

4. DAS UNMÖGLICHE MINNEGERICHT – HERMANN VON SACHSENHEIM

Wenn die genannten Texte zwischen einem jenseitigen und einem diesseitigen Bereich oszillieren bzw. sich in einen Kommunikationsraum jenseits des Textes zu öffnen scheinen, so gehen die Werke des Hermann von Sachsenheim (ca. 1366 – ca. 1458), insbesondere *Die Mörin* (1453) und *Der Spiegel* (um 1452) noch darüber hinaus. Die beiden Werke sind von Inhalt und Struktur zu komplex um sie in diesem Rahmen analysieren zu können. Die zugrunde liegende Minneproblematik – und das eigentliche Minnegericht – tritt in den Hintergrund, wird wie u. a. Huschenbett[44] zeigen konnte, parodiert, wichtig erscheint vielmehr die Schilderung einer aus den Fugen geratenen Welt. Schon in der *Mörin* fällt der extrem gesteigerte Abstand des Minnereiches zur Menschenwelt auf – Venus Mynn herrscht mit ihrem Gemahl Tannhäuser auf einer fernen Insel, die der Dichter auf einer unfreiwilligen Luftfahrt als Gefangener erreicht. Die ihr als Kaiserin übergeordnete höchste Herrscherin, Frau Abenteuer, erscheint völlig entrückt und unerreichbar in noch weiterer Ferne. Eine Verbindung zur diesseitigen Welt ist nur noch rudimentär gegeben – in einigen Städten verfügt Venus noch über einen gewissen Einfluss.

Auch im *Spiegel* ist der Weg zur Minne weit, man erreicht ihre Welt auf dem Wasserweg durch ein wildes Felsengebirge. Im Unterschied zu den meisten Minnereden aber spielt sich ein großer Teil des Gedichts unterwegs ab, im überschaubaren Raum eines von einem Zwerg gesteuerten Bootes. Der Erzähler hat auch hier im Rahmen einer konventionellen Spaziergangseinleitung eine Personifikation getroffen: Frau Treue, die in der Welt vergeblich nach eben dieser Tugend Ausschau gehalten hat. In maßloser Selbstüberschätzung preist der Erzähler nun seine hervorragende und unerschütterliche Treue – zu seiner Ehefrau, wie sich später herausstellt. Treue bleibt misstrauisch, will ihn aber zu Frau Abenteuer mitnehmen. Es zeigt sich, dass auch hier das Reich der Allegorien im Zerfallen begriffen ist: Die Tugenden sind gewissermaßen Beamte am Hof der Frau Abenteuer, ihre Aufgabe ist es, durch Eintreiben der jeweiligen Tugenden in der Welt den Hof am Leben zu erhalten, bringen sie das nicht zuwege, können sie abgesetzt werden. In letzter Konsequenz müsste sich das Reich also auflösen und

---

[44] Dietrich Huschenbett, Hermann von Sachsenheim. Ein Beitrag zur Literaturgeschichte des 15. Jahrhunderts (Philologische Studien und Quellen 12) Berlin 1962; zu Hermann von Sachsenheim u. a.: Dietrich Huschenbett, Hermann von Sachsenheim. In: Die deutsche Literatur des Mittelalters. Verfasserlexikon 3. Berlin 1981, Sp. 1091–1106; Dieter Welz, Witz, Komik und Humor in der „Mörin" des Hermann von Sachsenheim. In: Zeitschrift für deutsches Altertum 109 (1980) 337–362; Stephen L. Wailes, The character of love in Hermann von Sachsenheim's Die Mörin. In: Colloquia Germanica 1975, 205–222; Christelrose Rischer, Zur Gebrauchssituation höfischer Literatur im 15. Jahrhundert. Die Minnereden Hermanns von Sachsenheim. In: Internationales Archiv für Sozialgeschichte der deutschen Literatur 7 (1982) 21–64.

die Personifikationen sich selbst abschaffen. Gezeigt wird damit aber auch das Aufeinanderangewiesensein der Personifikationen und der Menschenwelt, das sich von den Treuemanifestationen nährt und erhält, ohne die es vergehen müsste. Am Beispiel des Ich-Erzählers wird nun zweierlei vor Augen geführt: verfehlte Selbsteinschätzung und der gefährliche Blick in die Welt, die Neugierde. Der Zwerg führt – verkehrt – einen Spiegel mit sich, den der Erzähler unbedingt ausprobieren möchte. Frau Treue warnt:

> *Sichst du den spiegel eynist,*
> *Dir wurd din hertz versert*
> *Und all din truw verkert*
> *Gen dins hertzen drut,*
> *Als Orylaz gen Jesgute sinr brut*
> *Durch Parcyfal den werden.*
> *[...]*
> *Den der spigel hatt den siten*
> *Und ist also gestalt,*
> *Sin eygenschafft innhalt*
> *Die bildung aller wib*
> *Man sicht in formes schib*
> *In all der welt gemeyn*
> *Frawen und auch jungfrawen reyn*
> *Ir ieglich in der besten zyt,*
> *Als in got das leben git,*
> *Zwuschen zwolff und vierzig jarn.*[45]

Wider Erwarten argumentiert Frau Treue nicht mit der Pflicht zur Treue in Liebesangelegenheiten, sondern mit technischen Schwierigkeiten, die sich dem Auffinden einer im Spiegel gesichteten Dame entgegenstellen könnten.

> *Wurd din hertz verstoln;*
> *Wo woltst du es den wider holn,*
> *Zu Florentz oder zu Flandern?*[46]

Allein der Erzähler insistiert so lange, bis ihm der Blick in den Spiegel erlaubt wird.

---

[45] Hermann von Sachsenheim, Der Spiegel. In: Meister Altswert, hg. von W. Holland und A. Keller (Bibliothek des Literarischen Vereins Stuttgart 21) Stuttgart 1850, 129–202, 151ff.

[46] Ebd.

Ich weis nit, wie mir was,
Als ich blickt in den spigel.
Ich wond in idem bigel
Wern hundert dusent sunnen
Und der himel enbrunnen
Und alles gebirg wer;
Ye ein rot hin, die ander her
Sich drungen durch ein ander.[47]

Zunächst erblickt er darin das Bild seiner Geliebten, gibt sich damit aber nicht zufrieden. Es zeigt sich, dass nicht der Blick an sich in den Spiegel schon fatal ist (nicht der Zauberspiegel an sich, wie Schlechtweg-Jahn meint), sondern das Verharren, die Offenheit für die gezeigten weiblichen Reize, denen gegenüber die Warnungen der Treue fruchtlos bleiben:[48]

Sie sprach: Es mag dich geruwen,
Sihst du darynn zu lang.[49]

Und der lange Blick wird ihm auch zum Verhängnis, er erblickt eine wunderschöne Dame und verliebt sich sofort, will sich – die Ehe erscheint als alleiniges Ziel – von seiner Frau scheiden lassen, um die Spiegeldame zu heiraten. Erst ein Blick in ein Lexikon, das über die Tugendhaftigkeit der Frauen Auskunft gibt und den üblen Charakter der Spiegeldame beweist, belehrt ihn eines besseren. Es kommt zum Minnegericht, bei dem der reuige Erzähler freilich glimpflich davonkommt und mit guten Lehren in die Welt entlassen wird.

Der Spiegel, der im Minnezelt Lanzelets die Person des treuen Minnepartners zeigte, der als Wundersäule Wolframs in *Schastel marveile* Fernsicht ermöglichte, ist jetzt zum Symbol der menschlichen Verführbarkeit geworden, zum Fenster in einen Raum, der alle minnbaren Frauen umschließt.

---

[47] Ebd. 154.

[48] Vgl. Ralf Schlechtweg-Jahn, Minne und Metapher. Die Minneburg als höfischer Mikrokosmos. Trier 1992, 251.

[49] Hermann von Sachsenheim, Spiegel 154.

ANTJE WITTSTOCK

Von eim kemergin – minem studorio. Zur Darstellung von ‚Denkräumen' in humanistischer Literatur

Inter Delicias, quae Eruditorum tenent animos, haud ultimum locum occupare videtur ‚Museum', & studiis aptum, & à strepitu hominum remotum, & nullis aëris injuriis, aut nimio solis calori, obnoxium, & libris necessariis instructum.[1]

Diese Zeilen, die der Lübecker Gelehrte Georg Heinrich Goetze zu Beginn des 18. Jahrhunderts seiner Dissertatio *Museum eruditi [...] Vel Die Denckwürdige Studierstube* voranschickte, nehmen nicht nur die Studierstube als Ausgangspunkt für eine Zusammenstellung von Kuriositäten rund um das Gelehrtenleben, vielmehr wird an Zeugnissen wie diesem deutlich, wie nachhaltig sich ein spezifisches Wissen um den intellektuellen Arbeitsplatz etabliert hat. Schon die antike Literatur reflektiert den Ort der intellektuellen Tätigkeit und verschafft ihr, neben der ländlichen Idylle, einen eigenen Raum. Auch im Renaissance-Humanismus wird der ‚Denkraum' vielfach thematisiert: In der Architektur wird das Studiolo bzw. die Etude als spezifischer Raumtypus ausgebildet.[2] In der Kunst repräsentieren ihn die zahlrei-

[1] „Unter den Annehmlichkeiten, welche die Gelehrten erfreuen, nimmt das Studierzimmer [auch: ‚der Musensitz'] den höchsten Rang ein; der wissenschaftlichen Tätigkeit angepasst, fernab vom Lärm der Menschen, keinen Unbilden der Luft noch der Sonnenhitze ausgesetzt und mit den notwendigen Büchern ausgestattet." Georg Heinrich Goetze, Museum eruditi variis memorabilibus conspicuum, vel Die Denckwürdige Studierstube. Lübeck 1721, 2.

[2] Vgl. dazu die nach wie vor grundlegende Studie von Wolfgang Liebenwein, Studiolo. Die Entstehung eines Raumtyps und seine Entwicklung bis um 1600. Berlin 1977, der auch ich viele Anregungen verdanke. Aus kulturgeschichtlicher Perspektive nähert sich Dora Thornton dem Thema in: dies., The Scholar in his study. Ownership and experience in Renaissance Italy. London 1997. Mentalitätsgeschichtlich unter der Fragestellung nach privatem und öffentlichem Raum behandelt Ariès den Studienraum in: Philippe Ariès und

chen Darstellungen vom ‚Hieronymus im Gehäuse',[3] die zur Identifikationsmöglichkeit humanistischen Gelehrtentums schlechthin zu werden scheinen. Ausgehend von dieser bildlichen Darstellung charakterisiert beispielsweise Jacques Le Goff den humanistischen Intellektuellen geradezu über dessen exklusives Arbeitsumfeld und setzt ihn dadurch in Gegensatz zum Gelehrten des Mittelalters.[4]

Von eim kemergin, minem studorio überschreibt auch der Kölner Ratsmann und Gelehrte Hermann von Weinsberg ein Kapitel in seinem *Gedenkboich*[5] und steht damit für eine Vielzahl von Belegen in der humanistischen Literatur, insbesondere in Selbstzeugnissen, wie Autobiographien und Briefen, aber auch in Traktaten und präskriptiven Texten.

Raum zum Denken und/oder gedachter Raum: Wie stellt sich der entworfene ‚Denkraum' in der Literatur dar? Bislang wird die Frage nach der literarischen Darstellung von Räumen vornehmlich auf Natur und Landschaft bezogen,[6] und die Untersuchung von (literarischen) Innenräumen erfolgt nur eingeschränkt.[7] Die bisherigen Forschungsansätze liefern keine verbindliche,

---

Georges Duby (Hg.), Histoire de la vie privée, 5 Bde. Paris 1986, bes. Bd. 3: De la Renaissance aux Lumières.

3 Zum Bildtypus des ‚Hieronymus im Gehäuse' vgl. Hubert Locher, Domenico Ghirlandaio. Hieronymus im Gehäuse. Malerkonkurrenz und Gelehrtenstreit. Frankfurt am Main 1999. Zum ‚Autorenbild' als dem zugrunde liegenden Bildtypus: Dorothea Klein, Art. Autorenbild. In: Otto Schmidt (Hg.), Reallexikon zur deutschen Kunstgeschichte 1. Stuttgart 1937, Sp. 1309–1314.

4 „Es gibt nichts frappierenderes als den Kontrast zwischen den Bildern, die den mittelalterlichen Intellektuellen und den Humanisten jeweils bei der Arbeit darstellen. Der eine ist Professor, im Lehren begriffen, von Schülern umringt, von den Bänken, auf denen sich die Hörer drängen, belagert. Der andere ist ein einsamer Gelehrter in seinem ruhigen Arbeitsraum; er hat viel Platz inmitten des geräumigen, reich ausgestatteten Zimmers, in dem sich seine Gedanken frei bewegen." Jacques Le Goff, Die Intellektuellen im Mittelalter. Aus dem Französischen übersetzt von Christiane Kayser. Stuttgart 1986, 170f.

5 Das Buch Weinsberg. Kölner Denkwürdigkeiten aus dem 16. Jahrhundert 1, bearbeitet von Konstantin Höhlbaum (Publikationen der Gesellschaft für Rheinische Geschichtskunde 3) Leipzig 1886, 62f.

6 So merkt Alexander Ritter in der Einleitung zum Sammelband „Landschaft und Raum in der Erzählkunst" an: „Ohne den Versuch unternehmen zu wollen, im Sinne der wissenschaftlichen Diskussion die Bezeichnung Raum zu definieren, weisen wir darauf hin, daß Raum in der Dichtung weitgehend Landschaft in der Dichtung bedeutet." Alexander Ritter (Hg.), Landschaft und Raum in der Erzählkunst. Darmstadt 1975, 2.

7 Diese Darstellungen beziehen sich dann vornehmlich auf Beispiele aus der Moderne. So z. B. bei Michael Andermatt, Haus und Zimmer im Roman. Die Genese des erzählten

methodisch-theoretische Basis, um den Transfer eines realen Raums in Literatur zu beschreiben und zu analysieren.

Der vorliegende Beitrag stellt so einen der ersten Versuche dar, den ‚Denkraum' anhand der Selbstzeugnisse von Hermann von Weinsberg, Felix Platter, Caspar von Barth und Ulrich von Hutten zu untersuchen. Die Auswahl von Texten aus dem deutschen Humanismus trägt sowohl der notwendigen stofflichen Beschränkung Rechnung[8] als auch der Tatsache, dass bislang bei der Frage nach humanistischem Selbstverständnis, wie es in den entsprechenden Selbstzeugnissen formuliert wird, der deutschsprachige Bereich noch wenig präsent ist.

Auf der Suche nach dem ‚Denkraum' stellt sich in diesem Beitrag neben der Frage nach dessen Darstellung, d. h. nach Topographie und Inventar, ebenfalls die nach möglichen Gegenbeispielen, anderen Denkorten bzw. eventuell deren Verweigerung. Da schon die realen Studierstuben, insbesondere die

---

Raums bei E. Marlitt, Th. Fontane und F. Kafka. Bern 1987. Dem Titel nach zunächst viel versprechend erscheint der umfangreiche Beitrag von Dietmar Rieger, Imaginäre Bibliotheken. Bücherwelten in der Literatur. München 2002, zumal er seine Untersuchung wie folgt einleitet: „Daß Bücher und Bibliotheken in fiktionaler Literatur keine Wörter, keine Gegenstände bzw. Örtlichkeiten wie andere sind und auch da, wo sie vordergründig eine in erster Linie denotative Funktion zu erfüllen scheinen und ihre Präsentation gleichsam überprüft, verifiziert werden kann, in der Regel nicht auf einen bloßen ‚effet de réel' aus sind, ja sein können, sondern ‚mise en abyme'-verdächtige, in jedem Fall aber meist über ihre Materialität intertextuell und symbolisch weit hinausweisende, ‚vision du monde'-bezogene Metabegriffe und Metaobjekte darstellen, ist schon seit langer Zeit Teil unseres literarischen Bewußtseins [...]" (Rieger, Imaginäre Bibliotheken 1). Obwohl sich Rieger im Kapitel „Fiktion und Idee der Bibliothek im Mittelalter" ausführlich mit dem humanistischen Studiolo beschäftigt (vgl. Rieger, Imaginäre Bibliotheken 74–100), bringt sein Beitrag in Hinblick auf den Aspekt des imaginierten Raumes keine nennenswerten Anregungen.

8 Die gleichzeitig mitzudenkende Tradition des Arbeitens – und dann vor allem des Dichtens – in der ländlichen Idylle muss mit Blick auf den Umfang dieses Beitrages ausgespart bleiben und wird nur dort berührt, wo sie in direktem Zusammenhang zur Gelehrtenstube steht. Zur ‚Dichterlandschaft' vgl. z. B. den gleichnamigen Beitrag von Irene Troxler-Keller, Die Dichterlandschaft des Horaz. Heidelberg 1964, sowie grundlegend Bruno Snell, Arkadien. Die Entdeckung einer geistigen Landschaft. In: Klaus Garber (Hg.), Europäische Bukolik und Georgik. Darmstadt 1976, 14–43.
Mit der notwendigen stofflichen Beschränkung und der Konzentration auf literarische Texte müssen die ebenfalls zahlreichen Belege zu Gelehrtenstuben und dem idealen Studienort in der Gruppe der präskriptiven Texte (vgl. z. B. Heinrich Bullinger, *Studiorum ratio*, Adelphus Muling, *Das buch des lebens*, sowie Walther Hermann Ryff, *Spiegel vnnd Regiment der Gesundtheit*) ausgespart bleiben. Ihr Materialreichtum würde eine eigene Studie erforderlich machen.

Studioli, Muster aus Literatur und Kunst realisieren,[9] und ihre Ausstattung bei weitem nicht nur praktischen Erfordernissen Rechnung trägt, ist zu vermuten, dass es sich beim literarischen ‚Denkraum' gleicherweise um einen gedachten Raum handelt. Demnach erscheinen – so die im folgenden zu belegende These – auch in der literarischen Darstellung bzw. Inszenierung real-imaginär verschränkte, poetische Räume,[10] die als Topos gebraucht werden.[11]

In diesem Zusammenhang ist auch das Verhältnis des Raums zu seinem Nutzer zu befragen. Denn, und diese Prämisse ist als Ausgangspunkt der vorliegenden Fragestellung mitzudenken, ebenso wie die reale Arbeitsstube selbstredend durch ihren Benutzer oder mit Blick auf ihn ‚eingeräumt' ist, muss davon in gleicher Weise bei deren literarischer Darstellung – auch bzw. gerade in den Selbstzeugnissen – ausgegangen werden. Vorausgesetzt wird so eine berechnete Selbstinszenierung aus einem spezifischen Selbstverständnis heraus bzw. mit Blick auf eine bestimmte intendierte Außenwirkung: „Selbstzeugnisse [...] sind keineswegs nur als getreue Protokolle eines bestimmten Lebenswegs zu verstehen. Ihre Wahrheit lässt sich von ihrer Dichtung kaum scheiden. Schließlich geht es um innere Wahrheiten, die nicht allein an der Übereinstimmung mit äußeren Fakten gemessen werden können. Aufgabe des Literaturwissenschaftlers in diesem Zusammenhang ist es, das Inszenierungspotential dieser Beschreibungen freizulegen [...].“[12]

---

[9] Vgl. Liebenwein und Thornton sowie die folgenden Ausführungen zur ‚Einrichtung' der Studierstube.

[10] Ähnlich definiert Andermatt den poetischen Raum in seiner Definition als einen „mittels Sprachzeichen innerhalb eines fiktionalen Textes evozierten Raum“ (Andermatt, Haus und Zimmer 8). Andermatt richtet seine Studie dann jedoch weiter auf den Einsatz der sprachlichen Mittel aus und fragt nach dem Stellenwert, den „Sprachzeichen aus dem semantischen Bereich des Raumes im Gefüge erzählender (narrativer) Texte einnehmen können“ (Andermatt, Haus und Zimmer 10), wobei er sich wesentlich der strukturalistisch-semiotischen und kommunikationstheoretischen Methode bedient (Andermatt, Haus und Zimmer 11).

[11] Mit Blick auf die literaturwissenschaftlich-soziologische Fragestellung, die dieser Beitrag impliziert, scheint insbesondere der Toposbegriff von Lothar Bornscheuer zur weitergehenden Untersuchung fruchtbar. Bornscheuer macht in seinem soziologisch orientierten Ansatz für den allgemeinen Toposbegriff die vier Strukturmerkmale ‚Habitualität, Potentialiät, Intentionalität und Symbolizität' aus und betont den Aspekt der Kommunikation bei der Textgenerierung. Vgl. Lothar Bornscheuer, Topik. Zur Struktur der gesellschaftlichen Einbildungskraft. Frankfurt am Main 1976, 91–108.

[12] Helmut Puff, Leselust. Darstellung und Praxis des Lesens bei Thomas Platter (1499–1582). In: Archiv für Kulturgeschichte 84 (2002) 133–156, hier 141f. Während jedoch Puff durch die Freilegung dieses Inszenierungspotentials „an das Objekt des Interesses, das

Abb. 1: Albrecht Dürer, Hieronymus im Gehäuse, 1514

Subjekt" (ebd.) vorstoßen will, wird hier vorrangig nach dem Inventar und dessen imaginärer Inszenierung gefragt.

Nachdem die Vorstellung eines ‚autonomen Renaissance-Individuums', wie sie mit den Forschungen von Jacob Burckhardt in Verbindung gebracht wird, zunächst als überholt angesehen wurde, versuchen sich die neueren Forschungsansätze nun dennoch wieder mit dem Grundproblem der Individualität auseinander zu setzen und belegen damit, dass man um die Vorstellung eines sich ‚irgendwie' selbst inszenierenden Individuums trotz aller Vorbehalte offensichtlich nicht herumkommt.[13] Auch dieser Beitrag trägt dem Dilemma Rechnung und nähert sich dem Problem über das in der eigenen literarischen Darstellung geäußerte Selbstverständnis.[14]

1. ‚Versatzstücke der Einrichtung'

Vom Ende des 15. Jahrhunderts an belegen eine Reihe teils noch erhaltene, teils über schriftliche Quellen rekonstruierbare Studienräume das Auftreten eines spezifischen Raumtyps. Dieser entstand im Kontext einer Intellektuellen- oder Kaufmannsschicht, die nicht nur die entsprechenden Mittel hatte, um einen eigenständigen Raum mit spezieller Funktion als solchen dauerhaft in die räumliche Organisation des Hauses zu integrieren und einzurichten, sondern auch über ein dafür ausgeprägtes Selbstverständnis und Selbstbewusstsein verfügte. Ein typisches Beispiel für einen dieser Studienräume humanistischer Prägung ist die so genannte ‚Vorderstube' des Nürnberger Gelehrten Sebald Schreyer.[15] Dieser überliefert in den detaillierten Auf-

[13] Eine forschungsgeschichtliche Darstellung der Diskussion kann im vorliegenden Beitrag nicht geleistet werden. Als Beispiele vgl. Stephan Greenblatt, Renaissance Self-Fashioning. From More to Shakespeare. Chicago 1980; Natalie Zemon Davies, Bindung und Freiheit. Grenzen des Selbst im Frankreich des sechzehnten Jahrhunderts. In: dies., Frauen und Gesellschaft am Beginn der Neuzeit. Studien über Familie, Religion und die Wandlungsfähigkeit des sozialen Körpers. Aus dem Amerikanischen von Wolfgang Kaiser. Frankfurt am Main 1989, 7–18; Manfred Frank, Die Unhintergehbarkeit von Individualität. Reflexionen über Subjekt, Person und Individuum aus Anlass ihrer ‚postmodernen' Toterklärung. Frankfurt am Main 1986.

[14] Dies könnte auch die eingangs referierte These von Le Goff erhellen bzw. relativieren. In eine ähnliche Richtung geht bereits der Aufsatz „Leselust" von Helmut Puff, in dem dieser, am Beispiel von Thomas Platter, gerade den kommunikativen und eben nicht weltabgewandten Aspekt des im Text inszenierten Lesens herausstreicht. Vgl. Puff, Leselust 137.

[15] Auf die Bibliothek der Familie Pirckheimer in Nürnberg als eines weiteren, prominenten Beispieles für eine Sammlungsstätte humanistischer Gelehrsamkeit kann hier nur hingewiesen werden. Vgl. dazu Kurt Pilz, Willibald Pirckheimers Kunstsammlung und Biblio-

zeichnungen seines *Memoriale* nicht nur die Kosten, sondern auch das vollständige Programm,[16] nach dem er den Raum am Ende des 15. Jahrhunderts umbauen ließ: Am Marktplatz zentral und erhöht im ersten Stock des Hauses gelegen, verfügte der Raum nach dem Umbau über Sitzgelegenheiten, mehrere Aufbewahrungskästen für Bücher, ein ausklappbares *faul-* oder *lotter pettlein*[17] und große Fenster. Die Wände ließ Schreyer mit Darstellungen von Apoll und den Musen, den sieben Weisen und Horaz sowie mit Bildern seiner Freunde Konrad Celtis, Petrus Danhauser und sich selbst verzieren. Dass Schreyer mit dieser Raumausstattung nicht nur praktischen Gesichtspunkten folgte und eine reale Sammlungsstätte humanistischer Gelehrsamkeit schuf, sondern, unter Zuhilfenahme des Inszenierungspotentials eines Studiolo, auch eine ‚ideelle', macht ein Exkurs in die dahinter stehenden Vorbilder deutlich:[18] So sind es neben den architektonischen Voraussetzungen wie der klösterlichen Zelle oder dem Scriptorium des Mittelalters, dem Archiv, der Bibliothek oder der Schatzkammer, in gleicher Weise die in der Literatur überlieferten Modelle, die den neuzeitlichen Studienraum für konzentriertes Arbeiten, Lektüre oder kontemplative Muße bestimmen.

Schon aus den antiken Quellen sind zwei Arten des Studierens bekannt: Zum einen sah man es in Verbindung mit der freien Natur, wovon z. B. Plinius der Jüngere in der Beschreibung seiner Villa Laurentinum berichtet: Zusätzlich zu einer Bibliothek erwähnt er seine *diaeta*, eine Art Pavillon, mit Wohn- und Schlafzimmer. Diese ist in völliger Ruhe am Rande des Wohnkomplexes gelegen, angebunden an den Garten mit duftenden Blumen und Kräutern, und ermöglicht den Blick auf Landschaft und Meer.[19] Zum anderen kannte man das (nächtliche) Studium in einem von der Außenwelt abgeschiedenen Raum zur nachhaltigen Anspannung des Geistes, wie es beson-

---

thek. In: Willibald Pirckheimer-Kuratorium (Hg.), Willibald Pirckheimer 1470/1970. Dokumente, Studien, Perspektiven. Anläßlich des 500. Geburtstages. Nürnberg 1970, 93–110 und Ernst Rebel, Albrecht Dürer. Maler und Humanist. München 1996, 140.

16 Textabdruck und Kommentar bei Ludwig Grote, Die ‚Vorderstube' des Sebald Schreyer. In: Anzeiger des Germanischen Nationalmuseums. Nürnberg 1954–1959, 43–67, bes. 48–52 und 57–66. Vgl. auch Elisabeth Caesar, Sebald Schreyer. Ein Lebensbild aus dem vorreformatorischen Nürnberg. Würzburg 1967, 28ff.

17 Grote, Die ‚Vorderstube' 57.

18 Die folgenden Ausführungen zum Raumtyp des Studiolo und dessen Vorbildern basieren im wesentlichen auf der Studie von Liebenwein.

19 Vgl. Plin. epist. paneg. 2, 17. Die Verbindung des Studierraumes zum Garten schätzt auch Cicero: *Si hortum in bibliotheca habes, deerit nihil.* Cic. Fam. 9, 4.

ders Quintilian fordert.[20] Auch die nach-antike, christliche Literatur bot literarische Modelle für den idealen Studienort, wie die zahlreichen Variationen des kontemplativen Schauens aus einem hoch gelegenen Fenster oder Turm über die Umgebung hinweg, wie sie insbesondere aus den Visionsdarstellungen bekannt ist,[21] ebenso wie die *vita solitaria* des Eremitentums, die als Kontemplation oder gelehrte Tätigkeit in der freien Landschaft abseits der Städte lokalisiert wird.[22] Schließlich wurden auch in antiken medizinischen Texten Angaben zum idealen Studienort gemacht: Im Rahmen der Diätetik wurde unter den besonderen Bedingungen für die geistige Tätigkeit auch ein hoch gelegener, heller und gut belüfteter Raum empfohlen.[23]

---

[20] In Quintilians *De institutione oratoria* heißt es: „[...] man kann seine ungeteilte Aufmerksamkeit nicht mit gutem Gewissen gleichzeitig auf vielerlei Dinge richten und jedes Abirren der Augen in irgendeine andere Richtung macht die Konzentration auf das eigentliche Vorhaben unmöglich. Und so haben die lieblichen Wälder, die vorbeifließenden Wasser, das Rauschen der Äste im Wind, der Vogelsang und der freie, weithin schweifende Blick etwas derart Fesselndes an sich, dass nach meinem Dafürhalten bei diesem Genuss eher ein Nachlassen als eine Verstärkung der Denkfreudigkeit eintritt. Richtiger handelte Demosthenes, der sich an einen Platz zurückzog, wo kein Laut zu hören war und keine Aussicht sich bot, damit die Augen den Geist nicht nötigten, sich mit Nebensächlichem zu befassen. Daher mögen die nächtliche Stille, das verschlossene Gemach und eine einzige Lampe die Nachtarbeiter gleichsam in ihren besonderen Schutz nehmen." (Quint. Inst. 10, 3, 23–26); zitiert nach Quintilian, Lehrbuch der Redekunst. 10. Buch. Lateinisch und Deutsch. Übersetzt und kommentiert und mit einer Einleitung herausgegeben von Franz Loretto. Stuttgart 1974, 91–93. Auch Plinius der Jüngere gibt an, dass er sich der geistigen Arbeit zunächst morgens bei geschlossenen Fenstern in Stille und Dunkelheit hingibt, ehe er dann, bei eingelassenem Tageslicht, das Entworfene seinem Sekretär ins Diktat gibt. Vgl. Plin. epist. paneg. 9, 36.

[21] Als bedeutende Beispiele kontemplativen Schauens in der Literatur führt Liebenwein die Heiligen Benedikt, Hieronymus und Augustinus an. Vgl. Liebenwein, Studiolo 26 und 173f.

[22] Besondere Bedeutung kommt hier nach Liebenwein Abaelard zu, da dieser die *vita solitaria*, bis dahin dem Mönchtum vorbehalten, auch für Laien reklamiert habe. Vgl. Liebenwein, Studiolo 27 und 174.

[23] Eine Einführung und erste Übersicht über einschlägige Quellen wie Rufus von Ephesus, Galen und Plutarch gibt Werner Friedrich Kümmel, Der Homo litteratus und die Kunst gesund zu leben. In: Rudolf Schmitz und Gundolf Keil (Hg.), Humanismus und Medizin (Mitteilungen der Kommission für Humanismusforschung 11) Weinheim 1984, 67–85, 67ff. Ebenfalls aus dem Bereich der Diätetik entstammt die häufige Empfehlung der Farbe Grün zur Entspannung bzw. Vorsorge gegen Schwermut. So rät z. B. Heinrich Bullinger ‚zur Erholung des Augenlichts', das Lesepult mit einem grünen Tuch zu bedecken (vgl. Peter Stotz (Hg.), Heinrich Bullinger, Studiorum ratio. 2 Bde., 1. Teilband: Text und Übersetzung. Zürich 1987, 137). Der reiche Fundus antiken medizinischen Wissens bildete den Grundstock für die Gelehrtendiätetiken, die als Ausdruck eines ausgeprägten Selbstver-

Der humanistische Idealtyp des ‚Denkraums' mit dem Studio als äußerem Rahmen wird von Francesco Petrarca in seinem Traktat *De vita solitaria* beschrieben.[24] Über ihn wird wesentliches für den Typus einer neuen Gelehrsamkeit bereitgestellt und ein wichtiger Ausgangspunkt für deren bildliche und, wie im Folgenden zu zeigen ist, auch deren literarische Darstellung markiert.

Das Leben in Einsamkeit ist nach Petrarca Grundvoraussetzung für jede geistig schöpferische Tätigkeit. Diese *vita solitaria* steht jedoch nicht als eine gleichberechtigte Lebensform neben der städtischen, sondern ist als Ausdruck der *vita contemplativa* die höhere Form des Lebens schlechthin.[25] Für die anzustrebende *Solitudo* sind nach Petrarca die Komponenten Ort, Zeit und Seele bestimmend.[26] Durch letztere, d. h. durch die innere Bereitschaft und Fähigkeit, sich überall und unter allen Umständen als *solitarius* zu fühlen, also auch im Getriebe der Stadt, wird die *solitudo imaginaria* quasi ortsunabhän-

---

ständnisses im Kontext humanistischer Gelehrsamkeit gerade im 16. Jahrhundert große Beliebtheit und Verbreitung erfahren. Vgl. dazu Kümmel, Der Homo litteratus 67–85.

24 Francesco Petrarca, De vita solitaria. Buch I. Kritische Textausgabe und ideengeschichtlicher Kommentar, hg. von K. A. Enenkel. Leiden 1990. – Auch in der Literatur reflektiert Petrarca den ‚richtigen Ort': So z. B. in seiner ersten Ekloge, in der am Beispiel der Hirten-Dichter Monicus und Silvius die Entstehung von Dichtung diskutiert wird. Hier ist es Monicus, der sich zufrieden in einer Höhle aufhält, während Silvius elend durch Wälder und Hügel irrt: *Monice, tranquillo solus tibi conditus antro, et gregis et ruris potuisti spernere curas; ast ego dumosos colles silvasque pererro, infelix! Quis fata neget diversa gemellis?* Petrarca, 1. Ekloge, zitiert nach Francesco Petrarca, Rime. Trionfi e poesio latine, hg. von F. Neri. Milano-Napoli. o. J., 808–817, hier 808. Vgl. dazu auch der den Text allegorisch ausdeutende Brief von Petrarca an seinen Bruder Gherardo (Francesco Petrarca, Familiarium Rerum, 10,4). Die Vorstellung der Höhle bzw. Felsengrotte als idealem Entstehungsort der Dichtung verweist auf den antiken Topos der Musengrotte (vgl. z. B. Vergil, 5. Ekloge) und fügt dem Studienort meines Erachtens ein weiteres, bei Liebenwein jedoch nicht berücksichtigtes antikes Modell hinzu. Der abgeschlossene Studienraum bezieht sich demnach nicht nur auf Vorbilder wie Quintilian und damit die primär rezeptive oder schriftstellerische Tätigkeit, sondern in der halbrunden Gehäuseform ist ebenfalls die dichterische Inspiration der Musengrotte impliziert. Die in diesem Zusammenhang lohnende Frage, in welchem spezifischen Raum die intellektuell-schriftstellerische und/oder inspiriert-dichterische Tätigkeit angesiedelt wird – die eine nur in der abgeschlossenen Studierstube, die andere nur in der freien Natur? – muss einer weitergehenden Untersuchung vorbehalten bleiben.

25 Petrarca, De vita solitaria, Kap. 2.

26 Petrarca, De vita solitaria, Kap. 4, 6–8.

gig. Doch Petrarca diskutiert auch das richtige Arbeitsumfeld:[27] Der Studienraum soll (in Anlehnung an Quintilian) sowohl ruhig und abgeschlossen sein als auch die Erholung des Geistes und vor allem die Inspiration in der Landschaft ermöglichen. Über die im Raum versammelten Bücher kann der Gelehrte in seinem Studio als dem Ort der Spekulation mit all jenen, die einst *viri gloriosi* waren, Zwiesprache halten. Dieser Gedanke ist später vielfach aufgegriffen worden. So beschreibt z. B. Niccolò Macchiavelli, wie er in seinem *scrittoio* die Welt des Alltags hinter sich lässt, die antiken Höfe der Alten betritt und von ihnen freundlich zum Gespräch empfangen wird.[28]

Während bei Petrarca jedoch klar die Abgeschiedenheit in der freien Landschaft intendiert ist, wurde das Studiolo als architektonischer Typus eines Raumes in das Stadthaus verlagert,[29] wobei der Landschaftstopos durch einen angrenzenden Garten, eine Terrasse oder nur eine entsprechende Bemalung repräsentiert werden konnte.

Vor diesem idealen Hintergrund, der dem intellektuellen Studienraum bzw. dem Studiolo als charakteristisches Kennzeichen innewohnt, den dessen Gestalter und Benutzer evoziert und in den er sich wahrhaftig selbst setzt, erhält auch die Schreyersche Stube eine neue Deutungsebene, deren Bemalung eben nicht nur einen Programmtyp rekapituliert: Indem Schreyer sich und seine Freunde ausdrücklich im *conterfeth,*[30] d. h. im Porträt, hatte malen lassen, wird der Dialog mit den Musen und Weisen bildhaft in Szene gesetzt. Die so genannte ‚Vorderstube' von Sebald Schreyer – als ein Beispiel für eine reale Studierstube – ist so nicht nur Prunkzimmer eines humanisti-

---

[27] Petrarca, De vita solitaria, Kap. 7. Beispielhaft realisiert ist dieser ideale Studienort in Petrarcas Häusern in Arquà und Vaucluse, selbst Entstehungsort von *De vita solitaria.*

[28] *Venuta la sera, mi ritorno in casa et entro nel mio scrittoio; e in su l' uscio mi spoglio quella veste cotidiana, piena di fango e di loto, e mi metto panni reali et curiali; et rivestito concedentemente entro nelle antique corti degli antiqui huomini, dove, da loro ricevuto amorevolmente, mi pasco di quel cibo che solum è mio e che io nacqui per lui; dove io non mi vergogno parlare con loro, e domandarli della ragione delle loro actioni; et quelli per oro humanità mi rispondono; e non sento per quattro hore di tempo alcuna noia: sdimenticho ogni affanno, non temo la povertà, non mi sbigottiscie la morte; tucto mi transferisco in loro.* Niccolò Macchiavelli, Lettere, hg. von Franco Gaeta. Mailand 1961, Nr. 14c, 304.

[29] Durch die Vorbildfunktion von berühmten Studioli wie die der Medici, des Herzogs von Urbino oder der Isabella d'Este wurde diese spezifische Form des Studierraumes schnell verbreitet und nachgeahmt und im 16. Jahrhundert zum Sammlungsraum der Kunst- und Wunderkammer weitergebildet.

[30] Grote, Die ‚Vorderstube' 64.

schen Intellektuellen, sondern gleichzeitig ein in idealer Weise inszenierter Raum, in dessen Mitte sich der Benutzer zudem persönlich begeben konnte.

2. Räume zum Denken und gedachte Räume in der Literatur: Felix Platter, Hermann von Weinsberg und Caspar von Barth

Ganz in der humanistischen Tradition stehend und mit dem Selbstbewusstsein des renommierten Mediziners und reichen Geschäftsmannes verfasste der Basler Felix Platter um 1567 sein *Tagebuch*.[31] Hierin unterstreicht er, dass er schon von klein auf den Willen zum Studieren hatte und Arzt werden wollte: Weinend bettelte er um das *Schreibzeug*, d. h. einen Schreibkasten, der sich im Haus befand,[32] und sah sich schon als kleiner Junge eifrig alle für ihn erreichbaren Bücher an. Von seinem Vater, Thomas Platter, gefördert, erhielt er dessen Buchkasten, den er sich mit viel Mühe herrichtete, und besaß, im Gegensatz zum Vater, schon früh eine eigene Studierstube.

Thomas Platters Studien hatten sehr auffällig noch eine gewisse ‚Raumlosigkeit' ausgezeichnet, wie er in seiner *Lebensbeschreibung*[33] eindrucksvoll herausstreicht: Von feurigem Studieneifer getrieben, jedoch ohne die entsprechenden finanziellen Mittel, verfügte der Vater eben nicht über einen eigenen Raum – und auch keine eigene Zeit – für seine Studien, sondern er beschreibt, wie er sich, als Seilergeselle arbeitend, das Buch zwischen die Seile spannen musste, um so auch bei der Arbeit lesen zu können.[34]

Besonders bedeutsam in Felix Platters Lebensdarstellung ist demgegenüber das *Studiol*, das er während seiner Studienjahre in Montpellier besaß[35] und in seinem Tagebuch ausführlich beschreibt:

> *Mein herr verendert sein apoteck von dem eckhaus auf dem platz an das ander vorüber, do er auch wont in einem engen huß. Ich můßt in*

[31] Felix Platter, Tagebuch. Lebensbeschreibung 1536–1567, hg. von Valentin Lötscher. Basel-Stuttgart 1976.

[32] Platter, Tagebuch 60.

[33] Thomas Platter, Lebensbeschreibung, hg. von Alfred Hartmann. Basel ²1999.

[34] Platter, Lebensbeschreibung 79, 80. Zur Studien- bzw. Lektüresituation von Thomas Platter vgl. Puff, Leselust 137ff.

[35] Obwohl Platter hier eifrig botanische, medizinische und pharmakologische Studien betrieb, verfasste er während dieser Zeit ebenso, wenn auch nur mit mäßigem Erfolg, Gedichte. Einer seiner Freunde in Montpellier war der Dichter Petrus Lotichius Secundus, der mit dem Gedicht *Ad villam Phyllidis prope Nicrum* ein begeistertes Lob auf die ideale Dichterexistenz auf dem Lande entwarf.

> *sein ander haus, so gros und zierlich [...] Do hatt ich ein sal in. Hernoch macht ich mir ein studiol von tilen* [Bretterwänden], *oben in der kammer, daß ziert ich inwendig mit gmäl, und gab mir mein herr ein vergülten seßel dorin, dan er mich gar wol [...] hielte, also das wer dorin kam, sich verwundert, das eß so schön was. Es war ein hübsche altonen* [Terrasse, Balkon] *oben am schnecken* [Wendeltreppe, Treppenturm], *doruf ich die stat übersach, auch bis zum meer, daß ich zů zeiten doselbst hort brußen. Do studiert ich oft und zog ficum Indicam* [Feigenkaktus], *do meim herr ein blatt aus Spanien kommen, doselbst in eim gschir. Ich war allein in dem haus, gieng in die apoteck, so nit weit darvon, gon eßen, und gieng Humelius* [Platters Freund Balthasar Hummel] *znacht mit mir heim, lagen in eim bett, das ich nit allein. Er hort gar gern lutenschlachen* [Lautenschlagen], *sas dick under dem laden und schlůg sy [...].*[36]

Zusätzlich zu seinem Schlafraum baute Felix sich so eine Studierstube aus, die er explizit in den Kontext der Studioli stellt. Durch die eingezogenen Bretterwände erhält es tatsächlich die Form eines kleinen, von einem umgebenden Raum abgeteilten ‚Gehäuses'; innen wird der entstandene Raum verziert und prächtig ausgestattet. Auch die Beschreibung der Topographie zitiert die Elemente des ‚idealen Denkraumes': Neben dem kleinen Studienraum ist der Austritt auf die Terrasse möglich, die den weiten Blick über die Umgebung eröffnet. Über den Turm bzw. die Wendeltreppe werden die konstitutiven Elemente von Entrücktheit und kontemplativer Distanz zitiert. Auch die Verbindung mit der Natur wird durch den Ausblick auf das brausende Meer hergestellt.[37] Und schließlich dient die *ficus Indica*, die sich Platter aus einem Ableger zog und die bald groß heranwuchs, hier wohl nicht vorrangig als dekorative Zimmerpflanze oder dem botanischen Sammeleifer. In einer Beschreibung, die so offensichtlich Elemente des idealen Studierraumes zitiert, fungiert wohl auch die *ficus* als Anspielung auf den Topos des Gartens mit süßen Früchten bzw. der idealen Landschaft schlechthin. Gleichzeitig werden die Einbindung in die soziale Gemeinschaft, das Eintreten in die Stadt und die (professionellen) Verrichtungen sowie die Unterhal-

---

[36] Platter, Tagebuch 173.

[37] Dass es sich hier um das Anzitieren eines Topos handelt, wird durch die Tatsache unterstrichen, dass es, auch zu Platters Zeit, wahrscheinlich nicht möglich war, das Meer von Montpellier aus ‚brausen' zu hören.

tung beim Musizieren als erholsamer Gegenpol zum konzentrierten Arbeiten eingebracht.

Platter nimmt in seine Vita so eine Studierstube auf, die er nach dem Vorbild des humanistischen Studiolo einrichtete bzw. die er in der literarischen Beschreibung durch Nennung der konstitutiven Merkmale als eine solche evoziert. Dass es sich bei dieser Inszenierung der Arbeitsstube nur um ein Beispiel handelt, das auf einen festen Rahmen von Platters humanistischem Gelehrtendasein verweist und Ausdruck seines ausgeprägten Selbstverständnisses ist,[38] belegt auch seine weithin berühmte Kunst- und Wunderkammer, in der er Kuriositäten, Naturwissenschaftliches und Kunst sammelte[39] und die namhafte Gäste anzog.

Gleichzeitig fällt bei Platter ein weiterer Zug der Beschreibung auf, mit dem neben dem idealen Raum auch immer wieder Elemente der Lebensnähe eingebracht werden. So beschreibt Platter ebenfalls ausführlich und nicht ohne Stolz, wie er sich während der Fastenzeit über einer Kerze und in Papier heimlich Eier in seinem Studiolo brät und die Schalen, aus Furcht vor Entdeckung, dort sammelt.[40] An anderer Stelle berichtet er detailliert, dass sein Freund das Licht im Studiolo absichtlich brennen ließ, um glauben zu machen, auch er arbeite wie Felix bis spät in die Nacht hinein.[41] Zahlreiche weitere Beispiele belegen, dass in Platters stilisierende Selbstdarstellung durchaus praktische und lebensnahe Züge aufgenommen sind.

Anders als bei Platter findet bei Hermann von Weinsberg die literarische Selbstdarstellung aus eher mäßigem Erfolg bzw. als Kompensation eines

---

[38] Als Ausdruck dieses Selbstverständnisses ist auf ein Porträt hinzuweisen, das Platter als 48-jährigen zeigt: Er steht in einem Innenraum, in der Hand ein Buch, vielleicht seine ‚Anatomie'. Auf dem Tisch neben ihm liegen einige Früchte, eventuell stehen sie für die botanischen Zuchterfolge seiner berühmten Gartenanlagen. Durch einen halb zur Seite gezogenen Vorhang wird der Raum zum Hintergrund geöffnet und gibt den Blick auf die Ruinen von Augst, der Trümmerstätte nahe Basel frei, die von den interessierten Stadtbürgern im 16. Jahrhundert eifrig besucht wurde. (Bei dem Bild handelt es sich um ein Ganzfigurenbildnis von Hans Bock d. Ä.: Öff. Kunstsammlung Inv. Nr. 84 im Regenzsaal der Universität Basel.).

[39] Vgl. hierzu Elisabeth Landolt, Materialien zu Felix Platter als Sammler und Kunstfreund. In: Basler Zeitschrift für Geschichte und Altertumskunde 72 (1972) 245–306.

[40] Platter, Tagebuch 158f.

[41] Platter, Tagebuch 241.

verhinderten Aufstiegs[42] statt. Obwohl humanistisch gebildet, wovon seine umfangreiche Bibliothek zeugt, und Absolvent der Universität, war der Kölner als nur mäßiger Advokat hauptsächlich im Rat tätig: *In den groissen wassern hab ich nit zu fischen kunnen geraten,*[43] sagt er von sich selbst und führt in seiner Charakterisierung eine langsame Auffassungsgabe und ein schlechtes Gedächtnis an.[44] Mit seiner Aussage *eigenlob stinkt,*[45] scheint er sich von einer panegyrischen Tradition humanistischer Selbstdarstellung distanzieren zu wollen.

Hermanns Hauptinteresse galt dem *Gedenkboich* vom Haus Weinsberg, in dem die Geschichte und Identität von Haus, Familie und ihm selbst in seiner Darstellung unauflöslich verwoben werden.[46] Neben dem Haus selbst wird kein Raum so oft erwähnt bzw. beschrieben, wie sein *Studorio*:[47] So finden sich auch regelmäßig Einträge darüber, dass er es gegen die Winterzeit hin für einen besser beheizbaren Raum neben der Küche verlassen musste, um dann voller Stolz im Frühjahr wieder dort einziehen zu können. Seine Studierstube scheint seine Gelehrtenexistenz, bzw. das selbst entworfene Bild davon, wesentlich zu bestimmen. In diesem Kontext steht auch die Be-

---

[42] So charakterisiert von Stephan Pastenaci in: ders., Erzählform und Persönlichkeitsdarstellung in deutschsprachigen Autobiographien des 16. Jahrhunderts. Ein Beitrag zur Historischen Psychologie. Trier 1993, 96ff.

[43] Das Buch Weinsberg. Kölner Denkwürdigkeiten aus dem 16. Jahrhundert 2, bearbeitet von Konstantin Höhlbaum (Publikationen der Gesellschaft für Rheinische Geschichtskunde 4) Leipzig 1887, 372.

[44] Buch Weinsberg 1, 69.

[45] Buch Weinsberg 1, 355.

[46] Seine Tätigkeit als Gelehrter wird von ihm vielfach reflektiert. So heißt es bei ihm u. a.: *Ich bin gern allein und einsam vor mich baussen* [außerhalb] *der malzit; wan ich uberige zit hab, so lese ich historien, cronicken, geschichtboicher, auch geistliche und weltliche sachen; [...] Wan ich nit am rade ader gericht hab zu sitzen, so bekummern ich mich gern mit dem haus Weinsberch und minem gesclecht, wie ich das funderen, in eren und guttem wesen erhalten mogt, fort gutte ordnung und min gedechtnis nachlaissen, mit anzeignongen der genealogien, herkomst und aller gelegenheit, mit abmaelung der bilder, der wapen und zeichen.* Buch Weinsberg 2, 373.

[47] Vgl. z. B. Buch Weinsberg 1, 293, Buch Weinsberg 2, 266, Das Buch Weinsberg. [...] 5. Kulturhistorische Ergänzungen, bearbeitet von Josef Stein (Publikationen der Gesellschaft für Rheinische Geschichtskunde 16) Bonn 1926, 118. Aus den Beschreibungen Weinsbergs ist abzulesen, dass er neben seiner privaten Studierstube, dem *studiol*, auch eine Art Büro, die *sprechkamer* (Buch Weinsberg 2, 258) hatte. Für familiäre Zusammenkünfte wurde die *groisse stoife* (vgl. z. B. Buch Weinsberg 5, 122) benutzt.

schreibung seines *kemergin oder studorio,*[48] das er sich schon als Zwölfjähriger im Haus des Vaters einrichten durfte. Hier schildert er, wie er von zwei neu entstandenen Kammern die obere beziehen durfte, in die ihm der Vater ein Fenster und eine Tür machen ließ, damit es *sclossich wart.*[49] Diese kleine Stube versah der Junge mit Täfelchen, Bank, Stühlen und Ablageborden an den Wänden und *scleift [...] daruff alles was ich beibrengen mogt.*[50] Neben der Ausstattung mit Büchern, Papier und allerlei Schmuck richtete er sich auch einen Altar ein. Nur sein *neven und mitscholer* durfte ebenfalls in die Stube; ansonsten hielt er sie verschlossen und zog sich dorthin nach der Schule zum Lesen, Schreiben und Malen zurück.[51]

Auch in Weinsbergs Beschreibung begegnen die erhöhte und herausgehobene Lage der Stube, das Abgeschlossene, Elemente des typischen Inventars und seine (eben kindliche) geistige Tätigkeit. Das Zurüsten eines Altars verleiht dem so inszenierten Raum eine sakrale Note. Auffallend ist der praktische Zug des Vaters, den Weinsberg, sicher als Kontrast zu seiner eigenen Begeisterung und intellektuellen Haltung, in den Text aufgenommen hat: So gab dieser ihm die Stube, *uff das ich van der straissen bleiben mogte;*[52] auch berichtet Hermann vom Willen des Vaters, er solle kein Instrument spielen lernen, sondern es lieber zu etwas bringen, *das mir ein ander spilte und das ich nit andern spilte.*[53]

Besonderen Aufschluss über den inszenierten ‚Denkraum' gibt der Ausbau der kleinen Stube in seinem Haus Cronenberg, den Weinsberg auffallend lang und ausführlich beschreibt:

> *A. 1574 den 22. tag marcii hab ich angefangen die alte statmaur in minem stoblin zu Cronenberch zu brechen. Das stoblin war fast enge, das man nit wol einen dischs drin kont haben oder sich gewegen; so hab ich die alt maur 2 fois laissen abbrechen und die stob so vil weiter machen, und dan noch deifer in die maur hinin ein steinen schaff lassen brechn*

---

[48] Buch Weinsberg 1, 62f.

[49] Buch Weinsberg 1, 62.

[50] Buch Weinsberg 1, 62.

[51] Buch Weinsberg 1, 63. Für besonders erwähnenswert hält es Weinsberg offensichtlich, dass er das Zimmer auch nach einer längeren Abwesenheit im alten Zustand vorfand (ebd.).

[52] Buch Weinsberg 1, 63.

[53] Weinsberg kommentiert mit Verständnis aber auch voll Reue: *Min fatter meint es wol, hat allet etwas grois im sinne [...] aber ich wolt, das ich es gelert hette, zu zeiten swarmoit damit zu vertriben* (Buch Weinsberg 1, 117).

und machen, und hab doch das oberst van der mauren onuisgeheult laissen pliben, dweil die balken druff lagen. Diss alt maur war iserhart, das 2 oder 3 steinmetze bei 10 tage daruber moisten brechen, mit isern beisseln und iseren sclagen mit groisser arbeit, dar vil karrn scrotten und keien uis sin komen. Auch hab ich das hulzen finster-gescheils [...] seir nach breite uisgenommen. [...] Vur diss fenster hab ich unden ein anricht gemacht und oben ein schriffdischgin, dar ich min besonder wesen kunt haben und mit eim stoil hoich daran sitzen, so kunt der ander disch zu decken und essen gebraucht werden. Dan ein jeder baut gern die gemacher nach sinem handel, hantwirk und noitturfft, so ginge es mir auch. So leis ich auch ein anricht in den winkel machen, darin kunt man under der trappen uff die dur kicken und uis der hant drin setzn, dweil das stoblin klein was. Es zounten mich auch die steinmetzer ein messigen pennink, klein, gar rosterich, das man naue zwei bildergin druff sach, und hetten das mitten in der mauren fonden, das so alt sult sin, als die maur were. Auch hab ich gegen des stoblin duir ein ander dur ins vorhaus laissen machen, damit fremden die zu mir komen moisten, nit durch die kuch alzit durften gain. Ich hab dasselb stoblen auch folgens laissen weissen, malen und rusten und ein schoin finster mit minem und beider minen hausfrauwen wapen darin machen, und ein schel geleidt bis ins haus Weinsberch, off ich emantz vam gesinde daher gern hette.[54]

Wieder erscheinen die übliche Topographie und typische Teile des Inventars. Die Position der Anrichte, von der aus Weinsberg den Eingang im Blick hat, referiert auf eines der typischen Merkmale, die allgemein mit der erhöhten Lage eines Studiolo in Verbindung gebracht wurden.[55] Ein getrennter Eingang für Fremde macht die Stube zu einem auch öffentlichen Raum, der durch die Ausschmückung und das bunte Fensterglas mit den Familienwappen Repräsentationsfunktion erhält. Die Glocke bindet den isolierten Raum bei Bedarf an das Haus.

Bedeutsam wird der Ausbau durch die besondere Lage der Stube, die sich direkt an der (alten römischen) Stadtmauer befand. Weinsberg berichtet, dass

---

[54] Buch Weinsberg 2, 273f.

[55] Nach Liebenwein verweist die erhöhte Lage des Studiolo neben der Konnotation von Turm und Vision auch auf die mittelalterlichen Darstellungen von Herrschern: Deren Ehrenplatz war über einem Portal, von wo aus es ihnen möglich war, als Zeichen von Herrschertugend und faktischer Macht, Hof und Eingang zu überblicken. Vgl. Liebenwein, Studiolo 39f.

bei diesen Arbeiten eine alte Münze gefunden wurde, die aus den Zeiten des Baus der Mauer stammen sollte. Dass er dieses Detail sicher nicht zufällig in seine Beschreibung aufnimmt, zeigt der in seinem Buch durchgängige Versuch, an die römische Zeit anzuknüpfen und auch die Geschichte vom ‚Haus Weinsberg' dort zu verankern. Der in die alte Stadtmauer getriebene Raum bindet so nicht nur die Familiengeschichte an die Vorzeit, sondern Weinsberg selbst bewegt sich in dieser Darstellung mit seinen Studien der ‚Alten' im römisch-antiken Raum.[56] Auch andere Beispiele, wie der Versuch, den großen Efeu am Haus als Symbol auf die Antike hin auszulegen,[57] machen deutlich, dass Weinsberg nicht nur sein Haus bzw. eben seinen ‚Denkraum' in Hinblick auf einen idealen Raum verstand und dementsprechend umbaute, sondern auch die Beschreibung in seinem Text ganz bewusst daraufhin anlegte.[58]

In den Texten von Platter und Weinsberg erscheinen also Räume, die als Studioli in einer spezifischen Tradition ausgewiesen werden. Offensichtlich als wichtiger Teil intellektuellen Selbstverständnisses ‚eingeräumt', wird die geistige Tätigkeit, der sie ursprünglich dienen, jedoch nur bedingt thematisiert oder reflektiert. Vielmehr wird durch das Anzitieren von formelhaften Elementen der reale Raum zum idealen Raum überformt.

In dem Gedicht *De solitudo* von Caspar von Barth wird der ‚Denkraum' nur noch über Elemente evoziert:

> *Latere qui me, & esse deputas solum,*
> *Vbi sepultus inter arma librorum.*
> *Dies sedere sum repertus in totos,*
> *Opinione falleris nimis bardâ,*
> *Ego receptus interesse me exulto*
> *Choris vetusti ab aevitatibus secli.*
> *Ibi Poeta centuplex, sacrum nomen,*
> *Beata carmine ora solvit ingenti.*
> *Lyrâ modo ille blandior, modo & fulmen*

---

[56] Diesen Zusammenhang sieht bereits Josef Stein, wenngleich nicht mit den für den vorliegenden Beitrag entscheidenden erkenntnistheoretischen Implikationen. Vgl. Buch Weinsberg 5, XXVII.

[57] Buch Weinsberg 5, 347f.

[58] Den Einfluss der antiken Klassiker auf Weinsbergs Textproduktion zeigt auch Pastenaci. Vgl. z. B. seine Ausführungen zu den Selbstbeschreibungen: Pastenaci, Erzählform und Persönlichkeitsdarstellung 118ff., 124.

Grave aemulatur, & tonans, & exundans.
Latus dicatur alterum Sophis priscis.
Ibi Arrianus, à sene incitus claudo.
Tenere regna gaudet, & Plato magnus.
Tyri colonus, & Neronius doctor.
Et Imperator, omnibus prior divis.
Videbis inde ut Aesculapii proles.
Logis plicata nectat orsa disjunctis.
Vt inde prendat & liget vel invitos.
Et hisce cinctus ut vel unicis degam
Med esse solus arbitraberis solum?
Referre nomina omnia est labor magnus.
Quibus recedo quoque doctior puncto.
Abi, in foroque mille, cinctus, obstipa.
Et hinc & inde cum sequentibus, vade.
Ego, sepultus inter arma librorum,
Meraeque solitudinis reus vobis,
Habebo mille pro unico tuo, testes.[59]

[59] „Die Einsamkeit. Wenn du glaubst, ich lebte still und einsam, dort, wo ich tagelang hockend zu finden bin, begraben unter meinem Rüstzeug von Büchern, so täuschst du dich in einer arg törichten Ansicht. Denn ich bin überglücklich, unter die Chöre der uralten Zeiten aufgenommen zu sein und an ihnen teilnehmen zu dürfen: Hundertfältig öffnet dort der Dichter – ein heiliger Stand – zu gewaltigem Gesang seinen gesegneten Mund. Bald singt jener mehr schmeichelnd zur Lyra, bald wetteifert ein anderer mit dem gewaltigen Blitz und donnert und wogt. Der andere Flügel der Bibliothek ist den alten Weisen gewidmet. Arrian, inspiriert von dem lahmen Greis, freut sich, dort das Zepter zu führen, wie auch der große Platon, der Siedler von Tyros und Neros Lehrer und der Kaiser, erhabener als alle ‚Vergöttlichten'. Sodann wirst du sehen, wie Äskulaps Nachfolger das in versprengten Schriften Begonnene verknüpft und verbindet, um diese dann selbst bei Widersprüchen zu packen und zu vereinigen. Und zugegeben, daß ich einzig von diesen umgeben lebe, willst du allein der Ansicht sein, ich sei allein? Es wäre eine große Mühe, die Namen all jener anzuführen, von denen ich stets in jeder wichtigen Frage klüger geworden zurückkehre. Geh nur und sammle auf dem Forum tausend Menschen, dich zu umgeben, und schreite auf und ab mit deinen Begleitern. Ich, unter meinem Rüstzeug von Büchern begraben, wegen völliger Einsamkeit von euch angeklagt, werde tausend Zeugen haben statt deinem einzigen." Caspar von Barth, Solitudo. In: Wilhelm Kühlmann u. a. (Hg.), Humanistische Lyrik des 16. Jahrhunderts. Lateinisch und deutsch (Bibliothek der frühen Neuzeit 5) Frankfurt am Main 1997, 888–891.

In die Stille und die Einsamkeit seiner Bibliothek zurückgezogen, ‚begraben unter meinem Rüstzeug von Büchern', sieht sich das lyrische Ich ‚unter die Chöre der alten Zeit aufgenommen und an ihnen teilnehmend'. In Anlehnung an den Topos von der lebendigen Gesellschaft mit den antiken Autoren, der sich bereits bei Petrarca und Macchiavelli findet, steht dieses Ich auch hier mit den Dichtern und Weisen in lebhaftem Dialog. Der Bibliotheksraum erscheint topographisch aufgelöst und wird nur noch über die Bücher, den einsamen Gelehrten und seine (vermeintliche) Isolation evoziert. Die in ihren Büchern lebendigen Dichter und Autoren, lokalisiert in den beiden Flügeln der Bibliothek, schaffen mit dem lyrischen Ich so einen idealen Raum des Denkens und Dichtens.[60]

3. ‚Verweigerter Denkraum': Ulrich von Hutten

In einem Brief an seinen Freund Willibald Pirckheimer von 1518 versucht Ulrich von Hutten sein Leben am Hofe zu rechtfertigen und spricht sich gegen das von Pirckheimer geforderte, zurückgezogene Leben und Studium aus:[61]

> „Wenn du mich so rasch in den Schatten und zu jenem seßhaften Studium rufst, so weiß ich nicht, ob du dabei meiner Natur Rechnung trägst oder mein Alter berücksichtigst,[62] das jene Ruhe noch nicht zu ertragen vermag. Oder sollte ich mich bei meiner Jugend in vier Wänden bergen und, bevor ich die Stürme und Unruhen der Welt erfahren habe, mich in jene Abgeschiedenheit und Stille zurückziehen? Sollte ich den Verwandten und Freunden den Dienst, den sie von mir fordern und den ich auch leisten könnte, vorenthalten und nur mir oder – wie du mahnst – den Musen leben? Wenn ich dir gehorchte und mich ganz

---

60 Ein ähnliches Beispiel für einen derart ‚aufgelösten' Raum der Lektüre findet sich in den Sabbata von Johann Kessler. Textabdruck in: Marianne Beyer-Froehlich (Hg.), Zeugnisse aus dem Zeitalter der Reformation und Gegenreformation (Deutsche Literatur. Reihe Deutsche Selbstzeugnisse 5) Leipzig 1932, 13–47, hier 17.

61 Gegenstand dieses Briefwechsels zwischen Willibald Pirckheimer und Ulrich von Hutten ist der Dialog Misaulus: Während seiner Zeit am Mainzer Hof hatte Hutten eine Diskussion des Hoflebens nach literarischem Vorbild von Lukian und Enea Silvio Piccolomini angefertigt. Der daraufhin verfasste Brief von Pirckheimer (vom September oder Oktober 1518) und Huttens Antwort darauf vom 25. Oktober 1518 gehören zu den bedeutendsten programmatischen Äußerungen im Kontext der humanistischen Diskussion von *vita activa* und *vita contemplativa*.

62 Hutten war bei Abfassung des Briefes dreißig Jahre alt.

> in jener scholastischen Ruhe begrübe, alle Kraft auf die Studien und das Bücherschreiben wendete, wozu ich dir, ich weiß nicht warum, fähig erscheine, sage mir, was könnte ich dann mit den Gleichstrebenden Erfreuliches besprechen, wenn ich meinen Geist einmal ruhen lassen möchte? Welche Geschichten soll ich dann erzählen, über welche Dinge reden, wenn ich so gar nichts erfahren habe?“[63]

Als seinen ‚idealen Studienort‘ nennt Hutten eben keinen fest eingerichteten Raum zum Denken, sondern eine gleichsam ‚mobile Bibliothek‘:

> „Daher trage ich eine Bibliothek der besten Autoren mit mir herum. Wo immer ich die Möglichkeit habe, lese ich und schreibe ich manchmal. Oft bin ich inmitten der Menge allein, und es ist auch erlaubt, ganz allein zu sein. Ich suche mir gerade einen Vorleser, einen jungen Mann von gutem Verstand, der schon über den Durchschnitt in den Studien Bescheid weiß, schnell lesen und mit Leichtigkeit Diktat aufnehmen kann. Er soll mir in meinen Studien beistehen und mir Mühe abnehmen.[64] [...] Wer gefaßten Geistes ist, hat überall Ruhe, Abgeschiedenheit und Einsamkeit. Was unsere Ohren umschwirrt, hat nichts mit unserem Geist zu tun. Daher glaube ich, daß es mir manchmal nicht an tiefster Ruhe inmitten des Getöses des Hoflebens fehlen wird.“[65]

Mit dieser postulierten Einsamkeit inmitten der Menge, der so oft beschworenen *solitudo imaginaria*, akzentuiert Hutten aus den von Petrarca formulierten *solitudo*-Vorstellungen eben nicht die des Ortes oder die der Zeit, sondern die *solitudo* der Seele, sich überall als *solitarius* fühlen zu können. Gleichzeitig impliziert auch Huttens bewusste Ablehnung des anderen *solitudo*-Konzeptes, dass die Vorstellung eines spezifischen Raumes für intellektuelle Tätigkeit verbunden mit einem auszeichnenden Selbstverständnis als bekannt zugrunde liegt.

Die Darstellung des ‚Denkraums‘ in der Literatur tritt so, je nach Darstellungsabsicht des Autors, in verschiedenen Facetten auf, die sich jedoch auf

[63] Ulrich von Hutten, Schriften 1. Briefe von 1506–1520, hg. von Eduard Böcking. Leipzig 1859, 195–217. Übersetzung zitiert nach: Ulrich von Hutten. Des Ritters Ulrich von Hutten Brief an den Nürnberger Patrizier Willibald Pirckheimer, in dem er über sein Leben Rechenschaft ablegt. Übersetzung von Annemarie Holborn. In: Peter Ukena (Hg.), Ulrich von Hutten. Deutsche Schriften. München 1970, 317f.

[64] Ukena, Ulrich von Hutten 323f.

[65] Ukena, Ulrich von Hutten 329.

ein zugrunde liegendes Vorbild beziehen und als Topos bezeichnen lassen: So wird bei Platter und Weinsberg der ‚Denkraum' zum einen als reale Studierstube in ihre Selbstdarstellung aufgenommen. Zum anderen ist es ihnen über das Zitieren von spezifischen Raumelementen, die auf das humanistische Studiolo verweisen, möglich, sich selbst und ihren Text in diesen Kontext zu stellen und überzeugend zu legitimieren. Der so entworfene Raum funktioniert hier als ein Etikett, d. h. er scheint nicht mehr aus der tatsächlichen Lebens- und Arbeitsrealität zu entstehen, sondern wird dieser zusätzlich angeheftet.[66] Neben der Beschreibung vom praktischen, lebensnahen Gebrauch der Studierstube, die in die ebenfalls thematisierte Alltagswelt eingebunden ist, steht so der Entwurf eines idealen, poetischen Raums.[67]

Wie fest die Vorstellung eines spezifischen ‚Denkraums' offensichtlich verankert ist – und hier müsste nach dem Verhältnis zum zeitlichen Kontext gefragt werden, immerhin steht man mit den Texten von Weinsberg, Platter und Barth schon am Ausgang des 16. bzw. am Beginn des 17. Jahrhunderts – zeigt die briefliche Auseinandersetzung von Pirckheimer und Hutten zu Beginn des 16. Jahrhunderts: ‚Der bleiche Gelehrte in seinem Kämmerlein' ist, auch heute noch, fast sprichwörtlich und Erasmus von Rotterdam kann „die Philosophen, die nach der Lampe riechen"[68] oder „die Weisen, die vertrocknet in der Luft der Studierstube, bei ihrem dünnen und eiskalten Blut angstvoll nach Atem ringen"[69] in die Satire aufnehmen. Typische Elemente des

---

[66] Ausgehend von dieser Selbstdarstellung ließe sich die Frage nach dem zugrunde liegenden Selbstverständnis von humanistischen Gelehrten weiter ausbauen. In diesem Kontext ist meiner Meinung nach auch die These von Le Goff zu relativieren, die einen stark eingeschränkten Blick auf den Humanismusbegriff repräsentiert.

[67] Hierzu gilt es anzumerken, dass im Rahmen der vorliegenden Fragestellung nach der Verschränkung von realem und imaginärem Raum die Frage nach einem symbolischen Verweischarakter der Denkraum-Vorstellung ausgespart wurde, da sie den Blick in eine andere Richtung und auf andere interpretatorische Voraussetzungen und Implikationen gelenkt hätte. Führt man sich jedoch vor Augen, dass z. B. das Fenster nicht nur als realpraktisches Element der Ausstattung fungiert, sondern gleichzeitig tradiertes Symbol für die Verbindung von Innen- und Außenwelt ist, könnte auch die runde, abgeschlossene Form des Gehäuses auf eine zirkulär aufgefasste Struktur des Denkvorgangs hindeuten. Topographie und Inventar des ‚Denkraums' wiesen, bewegte man sich auf dieser Deutungsebene weiter, ebenfalls auf Versatzstücke eines, in diesem Fall symbolisch dargestellten ‚Raum des Denkens' hin.

[68] Erasmus von Rotterdam, Das Lob der Torheit. Deutsche Übersetzung von Alfred Hartmann. In: Werner Welzig (Hg.), Erasmus von Rotterdam. Ausgewählte Schriften. Ausgabe in acht Bänden. Lateinisch und deutsch 2. Darmstadt 1975, 51.

[69] Erasmus von Rotterdam, Lob der Torheit 51.

Arbeitsplatzes oder der Arbeitssituation werden zu einem selbstredenden Charakterisierungsmerkmal des geistig Tätigen. So ist es letztlich auch möglich, dass, wie bei Caspar von Barth, über nur wenige Elemente ein vollständiges Raumbild mit der daran gekoppelten, spezifischen Arbeitsweise entworfen werden kann.

Die alles bedingende Voraussetzung für die Schaffung literarischer ‚Denkräume' ist die Verfügbarkeit und Anwendung des zugrunde liegenden Codes: Selbst ein nach literarischen und kunstgeschichtlichen Vorbildern mit Bedeutung aufgeladenes Konstrukt, wird der reale ‚Denkraum' zum Topos und lässt so wiederum einen imaginären Raum entstehen.

ULRICH ERNST

Virtuelle Gärten in der mittelalterlichen Literatur
Anschauungsmodelle und symbolische Projektionen

1. FORSCHUNGSSITUATION UND FORSCHUNGSPERSPEKTIVEN

Nachdem der Aspekt des Raumes in der geistes- und kulturwissenschaftlichen Forschung lange Zeit vernachlässigt worden ist, hat er in jüngerer Zeit an Aktualität gewonnen, ja es wurde unter den Wissenschaftsslogans ‚die Rückkehr des Raumes'[1] und ‚the topographical turn'[2] ein neues epistemologisches Paradigma proklamiert. Darüber soll nicht vergessen werden, dass schon Michail Bachtin viele Jahre zuvor mit dem Begriff des Chronotopos, der die Kondensierung von Zeit in Raumfigurationen in den Blick rückt,[3] eine wichtige Kategorie entwickelt hat, die auch für die Untersuchung von imaginativen Gartenkonzepten nützlich ist.

Eine der Ursachen für das gesteigerte Interesse an dem Phänomen Raum ist sicher mediengeschichtlicher Art, zumal in Publikationen des neuen Forschungsparadigmas auf die Raumvorstellung der digitalen Welt Bezug genommen wird, die unter dem Label ‚Cyberspace' einen suggestiven Bekanntheitsgrad erreicht hat. Gegenüber einem verwandten Begriff wie dem Imaginären besitzt der Terminus des Virtuellen trotz seiner Unschärfe den Vorzug, eine Brücke von literarischen Konstrukten der Vormoderne zur mo-

---

[1] Vgl. Rudolf Maresch und Niels Weber (Hg.), Raum – Wissen – Macht. Frankfurt am Main 2002, Einleitung, 12ff.

[2] Vgl. Sigrid Weigel, Zum ‚topographical turn'. Kartographie, Topographie und Raumkonzepte in den Kulturwissenschaften. In: Kultur Poetik 2/2 (2002) 151–165.

[3] Vgl. Michail M. Bachtin, Formen der Zeit im Roman. Untersuchungen zur historischen Poetik [1975], hg. von Edward Kowalski und Michael Wegner, übers. von Michael Dewey. Frankfurt am Main 1989, 7–9.

dernen Medienwelt und zur medienästhetischen Betrachtungsweise zu bilden.[4] Eine Kondition für die Annahme virtueller Räume ist das Bewusstsein des künstlerisch Konstruierten, das für das Mittelalter vorauszusetzen ist, da schon in der Antike die Unterscheidung zwischen faktenbezogener und literarisch projizierter Ortsbeschreibung, Topographie und Topothesie, bekannt ist, wie sich aus den Definitionen in den *Schemata dianoeas* ergibt: *Topographia est loci descriptio [...], Topothesia est loci positio, cum describitur locus, qui non est, sed fingitur.*[5] Die Kategorie des Virtuellen (zu virtus = Tauglichkeit) besitzt auch einen weiteren Vorteil: Sie lässt sich nicht nur im Sinne von ‚der Möglichkeit nach' zur Abgrenzung zwischen historischen und rein literarischen Gärten nutzen, sondern die weitere Bedeutung von virtuell als ‚durch Spiegelung erzeugt', erlaubt eine Verbindung zur Spiegelpoetik, die auch in der Form der *mise en abyme*[6] für virtuelle Gartenbeschreibungen von großer Relevanz ist.

Die Konzentration auf virtuelle Räume schränkt zwangsläufig die Quellenauswahl ein: Weder historische Gärten, die Gegenstand der Gartenarchäologie sind,[7] noch Dokumente wie der Klosterplan von St. Gallen mit seiner Darstellung eines Klostergartens, noch antike und mittelalterliche Fachliteratur wie die Schriften eines Columella[8] oder Petrus de Crescentiis[9], auch nicht Lehrdichtung wie der *Hortulus*[10] des Walahfrid Strabo, und ebenso wenig

---

[4] Vgl. Elena Esposito, Fiktion und Virtualität. In: Sybille Krämer (Hg.), Medien – Computer – Realität. Frankfurt am Main 1998, 269–296; dies., Die Wahrnehmung der Virtualität. Perzeptionsaspekte der interaktiven Kommunikation. In: Georg Stanitzek und Wilhelm Voßkamp (Hg.), Schnittstelle. Medien und kulturelle Kommunikation. Köln 2001, 116–131.

[5] Schemata dianoeas. In: Rhetores latini minores, hg. von Carolus Halm. Leipzig 1963, 73 (11). Zur Tradition der *descriptio* allgemein außerhalb der Gartenthematik vgl. die Studie von Haiko Wandhoff, Ekphrasis. Kunstbeschreibungen und virtuelle Räume in der Literatur des Mittelalters. Berlin 2003.

[6] Zu diesem Strukturprinzip vgl. André Gide, Journal 1889–1939. Paris 1951, 41 (1893); dazu Lucien Dällenbach, Le Récit spéculaire. Essai sur la mise en abyme. Paris 1977, 15–31.

[7] Walter Janssen, Mittelalterliche Gartenkultur. Nahrung und Rekreation. In: Bernd Herrmann (Hg.), Mensch und Umwelt im Mittelalter. Wiesbaden 1996, 224–243.

[8] Columella behandelt ungewöhnlich extensiv den Gartenbau im zehnten Buch seines Werkes *De re rustica*. Columella, De re rustica libri duodecim, hg. und übers. von Will Richter. München 1982, 10. Buch, 416ff.

[9] Petrus de Crescentiis, Ruralia Commoda T. I–IV, hg. von Will Richter. Heidelberg 1996–2002. Von den Lustgärten der vornehmen Herren handelt Liber VIII (T. 3, 1998, 11–26).

[10] Walahfrid Strabo, De cultura hortorum (Hortulus). Stuttgart ²2002.

Zeugnisse der Gartenikonographie[11] sollen Gegenstand der folgenden literaturwissenschaftlichen Erörterung sein, sondern ausschließlich virtuelle Gärten in weltlichen und geistlichen Texten.[12]

Nicht nur vor dem Hintergrund der gegenwärtigen Medienlandschaft, sondern vor allem auch im Kontext der neuen kulturwissenschaftlichen Fragestellungen wird das geradezu explosive Interesse an dem topographischen Modell des Gartens verständlich, das in einer Vielzahl von Publikationen seinen Niederschlag gefunden hat.[13] In diesem Kontext ist zu berücksichtigen, dass im Mittelalter verschiedene Gartenkulturen und -architekturen, z. B. byzantinische, islamische[14] und okzidentale, nebeneinander existieren und sich unter dem Aspekt der kulturellen Praxis funktional Ziergärten, Nutzgärten, insbesondere Klostergärten (Kräuter- und Arzneigärten), und Lustgärten differenzieren lassen.

Betrachtet man die Raumkonfigurationen der mittelalterlichen Gartenkultur aus der Perspektive der mediävistischen Literaturwissenschaft, so kann

---

[11] Vgl. Claus Nissen, Die botanische Buchillustration. Ihre Geschichte und Bibliographie. Stuttgart ²1966; Peter Cornelius Mayer-Tasch und Bernd Mayenhofer, Hinter Mauern ein Paradies. Der mittelalterliche Garten. Leipzig ²1998; Hans Walter Lack (Hg.), Ein Garten Eden. Meisterwerke der botanischen Illustration. Köln 2001 (Katalog der Ausstellung Wien 2001); eindrucksvolle Abbildungen auch in der Studie von Jean Delumeau und Sabine Melchior-Bonnet, Le Paradis. Paris 2001.

[12] Vgl. dazu die wichtigen Arbeiten Reinhold R. Grimm, Paradisus coelestis – Paradisus terrestris. Zur Auslegungsgeschichte des Paradieses im Abendland bis um 1200. München 1977; Dietrich Schmidtke, Studien zur dingallegorischen Erbauungsliteratur des Spätmittelalters. Am Beispiel der Gartenallegorie. Tübingen 1982; Dieter Hennebo, Gärten des Mittelalters. München 1987; Ilva Beretta, „The World's Garden“: Garden Poetry of the English Renaissance. Uppsala 1993.

[13] Vgl. nur Hermann Bauer u. a. (Hg.), Wandlungen des Paradiesischen und des Utopischen. Studien zum Bild eines Ideals. Berlin 1966; Frank Richard Cowel, Gartenkunst. Von der Antike bis zur Gegenwart. Stuttgart 1978; Elisabeth B. MacDougall, Medieval Gardens. Washington D. C. 1986; Clemens Alexander Wimmer, Geschichte der Gartentheorie. Darmstadt 1989; Germain Bazin, DuMont's Geschichte der Gartenbaukunst, übers. von Annette Roellenbleck. Köln 1990; M. Caroll-Spillecke (Hg.), Der Garten von der Antike bis zum Mittelalter. Mainz 1992; Andrea van Dülmen, Das irdische Paradies. Bürgerliche Gartenkultur der Goethezeit. Köln 1999; Ehrenfried Kluckert, Gartenkunst in Europa. Von der Antike bis zur Gegenwart. Köln 2000; Günter Oesterle und Harald Tausch, Der imaginierte Garten. Göttingen 2001; größtenteils noch nicht überholt die grundlegende Darstellung von Marie-Luise Gothein, Geschichte der Gartenkunst. 2 Bde. Hildesheim 1977 (1914; Neudr. Jena ²1926).

[14] Elisabeth B. MacDougall und Richard Ettinghausen (Hg.), The Islamic Garden. Washington D. C. 1976; Hermann Forkl (Hg.), Die Gärten des Islam. Stuttgart 1993.

man vorab konstatieren, dass analog den historischen Gärten auch virtuelle literarische Gärten durch bestimmte Raumkonstituenten geprägt sind: durch eine geometrische Grundfigur, durch Formen der Limitierung (Mauer, Hecke), durch Gliederung in bestimmte Zonen für Bäume, Blumenbeete und Wiesen und durch Zentrierung etwa mittels eines Brunnens sowie durch eine bauliche Verbindung mit geschlossenen Räumen, Grotte, Burg (Burggarten) oder Schloss (Schlossgarten). Der besondere Charakter des Gartens als Transit- und Schwellenraum zeigt eine gewisse Disposition zu Passageritualen[15] und manifestiert sich in expliziten Bezugnahmen auf die Verbindung von Exterieur und Interieur, bei denen die Tür, das Schloss und der Schlüssel, die durch die Einfriedung des Gartens hindurch führen, eine symbolische, oft erotische, Bedeutung erhalten.

Die Studie will das Überschreiten des realen Gartens in alternative virtuelle Ebenen der Vorstellung, einerseits in allegorische Konstrukte, andererseits in erotische Fluchträume, Zonen der Intimität mit Zügen des Abgesonderten, Privaten, ja Heimlichen, sowie in utopische Modelle einer Einheit von Natur und Kunst, Einzelnem und Gesellschaft anhand repräsentativer Quellen beschreiben. Dabei soll der imaginäre Garten auch als multisensorischer Raum der Farben, der Blumendüfte und des Vogelgesangs, zudem als durch Sehachsen strukturiertes Areal und als Außenraum, der wiederum Innenräume, z. B. ein Zelt, umschließt, in Erscheinung treten.

2. Garten als mythische Lokalität

Klassische Gartenbeschreibungen in der Antike, welche die Ausbildung der Topik des *locus amoenus* befördert haben,[16] begegnen schon zu Beginn der europäischen Literatur in Homers *Odyssee*[17]. Als literarisches Paradigma hat

[15] Vgl. die Studie von Arnold van Gennep, Übergangsriten (Les Rites des passage), übers. von K. Schomburg und Sylvia M. Schomburg-Schwerff. Frankfurt am Main 1986, der von einem Dreiphasenmodell ausgeht, das ‚Trennungsriten', ‚Schwellen- bzw. Umwandlungsriten' und ‚Angliederungsriten' umfasst (S. 21). Zum Begriff und Phänomen des Schwellenzustands vgl. Victor Turner, Das Ritual. Struktur und Anti-Struktur, übers. von Sylvia M. Schomburg-Schwerff. Frankfurt am Main 1989, 95 (Dank auch für Hinweise an Waltraud Fritsch-Rößler!).

[16] Vgl. auch zum Folgenden Ernst Robert Curtius, Europäische Literatur und lateinisches Mittelalter. Bern ^{7}1969, 191ff.

[17] Homer: Odyssee, hg. und übers. von Anton Weiher. München ^{9}1990.

vor allem der Garten des Phäakenkönigs Alkinoos (VII, 112–132)[18] gewirkt, der, vier Morgen groß, in Palastnähe gelegen ist und sich durch eine trichotomistische räumliche Gliederung mit Baumgarten, Weingarten und Gemüsegarten auszeichnet. Idealisiert erscheint der von Odysseus bestaunte, in verschiedene Zonen funktional gegliederte Garten, weil die Bäume von Früchten strotzen und ein steter Westwind alles permanent blühen und reifen lässt: Wenn sonst Blüte- und Erntezeit jahreszeitlich geschieden sind, fallen sie in dieser chronotopischen Konstruktion zusammen. Kunstvoll und zweckmäßig zugleich ist die Bewässerung, verteilt sich doch eine Quelle im Garten, während eine andere zum Palast hin flutet, wo die Bürger ihr Wasser schöpfen.

Die Verbindung von Landschaftskultivierung und Baukunst verkörpert ein bestimmtes Ideal, das auch in späterer Zeit, wie die von Homer inspirierte Schilderung des Gartens der Elektra in den *Dionysiaka*[19] des Nonnos von Panopolis dokumentiert (III, 140–164), als literarisches Muster fortwirkt. Die Kontiguität der Gartendarstellung zu einer Automatenbeschreibung bei Homer (VII, 91–94) weist als Symptom des Virtuellen nicht nur ebenfalls auf eine analoge Schilderung bei Nonnos voraus (III, 173–179), sondern auch auf die integrative technische Aufrüstung des Gartens durch mechanische Brunnenfiguren im byzantinischen Liebesroman des Hochmittelalters.[20]

Die *Odyssee* bietet noch einen zweiten *locus classicus*, nämlich den großen Garten des greisen Laertes, der von Dornsträuchern umgeben und mit Obstbäumen, Weinstöcken und Gemüsebeeten ausgestattet ist (XXIV, 222–256, 336–343). Ihn hat der Vater des Odysseus, von dem Diener Dolios unterstützt, während der Abwesenheit des Sohnes und der ‚Hausbesetzung' durch die Freier, vorbildlich gehegt und gepflegt. Laertes, der im Widerspruch zu seinem hohen Stand als Gärtner gekleidet ist und als solcher auch diesen inferioren Dienst verrichtet, erkennt zunächst seinen Sohn nicht, der seine Identität hinter einem Wall von Trugreden verbirgt. Schließlich gibt

---

18 Vgl. C. Schneider, Art. Garten. In: Reallexikon für Antike und Christentum 8. Stuttgart 1972, Sp. 1048–1062, hier 1048.

19 Nonnus, Dionysiaca T. I–II, hg. von Rudolf Keydell. Berlin 1959; Nonnus, Dionysiaka, übers. von Thassilo von Scheffer. Wiesbaden 1953.

20 Vgl. Eustathios Makrembolites, Hysmine und Hysminias, übers. von Karl Plepelits. Stuttgart 1989, I, 5,1ff.; vgl. Ulrich Ernst, Zauber – Technik – Imagination. Zur Darstellung von Automaten in der Erzählliteratur des Mittelalters. In: Klaus Grubmüller und Markus Stock (Hg.), Automaten in Kunst und Literatur des Mittelalters und der frühen Neuzeit. Wolfenbüttel 2003, 115–172.

sich Odysseus zu erkennen, indem er als Gnorisma eine dem Vater bekannte Narbe vorweist und zur weiteren Beglaubigung alle Bäume aufzählt, die ihm Laertes in seiner Kindheit geschenkt hat: 13 mit Birnen, 10 mit Äpfeln, 40 mit Feigen und 50 mit Reben. So erweist sich die Rückkehr des Odysseus in die Heimat zugleich als eine Zeitreise in die Kindheit, bei welcher der Garten als memorialer Raum fungiert.

Erstmals als virtueller Schauplatz einer Liebesbegegnung präsentiert sich der Garten im griechischen Prosaroman *Leukippe und Kleitophon*[21] des Achilleus Tatios (I, 15). Von seiner Architektur her viereckig konstruiert, ist er von einer Mauer umgeben, die mit einer Säulenreihe verbunden ist. In der konzentrischen Perspektive der Gartenekphrase folgen auf die Bäume, deren Zweige sich zu einem Schattendach verschlingen, die Blumen, die in solche mit Kelch (Rose, Narzisse) und kelchlose (Veilchen) unterschieden werden. Als Quelle dient ein viereckiger Teich, dessen Wasser mittels Spiegelung gleichsam zwei Gärten repräsentiert, einen realen und einen virtuellen. Die Gartenbeschreibung endet mit einer Schilderung der Vögel, die in als wild bezeichnete Singvögel und als zahm klassifizierte Ziervögel eingeteilt werden, wobei ein an einem Baum hängender Vogelbauer mit einem Papagei ein exquisites Detail darstellt. Neben der im Ansatz erkennbaren Systematik von Flora und Fauna ist für spätere Gartenschilderungen, etwa die im mittelalterlichen Rosenroman, auch das Spiegelmotiv von großer Bedeutung: als *mise en abyme* und Indikator von Virtualität.

In einem bukolischen Kontext erscheint die Gartenbeschreibung im Hirtenroman des Longos *Daphnis und Chloe*[22], in dem der alte Philetas einen ummauerten Garten (*kepos*) besitzt (II, 3ff.), der für alle Jahreszeiten Annehmlichkeiten bietet und, da schattenreich von Bäumen überwölbt und von drei Quellen bewässert, viele Vögel anzieht. In diesem Garten tummelt sich ein den Liebenden wohlgesonnener göttlicher Knabe, nämlich Eros, der älter als Chronos ist und sein Alter dadurch beweist, dass er von Ereignissen aus Philetas' Jugend erzählt, denen er unbemerkt vom eigentlichen Akteur beigewohnt hat. Wie schon bei Homer entpuppt sich der Garten als Sphäre der Erinnerung an die Kindheit und erscheint durch die Präsenz des Gottes in der

---

[21] Achille Tatius d'Alexandrie, Le Roman de Leucippé et Clitophon, hg. und übers. von Jean Philippe Garnaud. Paris 1991; Achilleus Tatios, Leukippe und Kleitophon, übers. von Karl Plepelits. Stuttgart 1980.

[22] Daphnis and Chloe, hg. und übers. von George Thornley, verbessert und vermehrt von J. M. Edmonds. Cambridge (Mass.) 1978 (Neudr. [1]1916).

Rolle des *puer senex* als mythische Lokalität, die in der Funktion des Chronotopos Vergangenheit und Gegenwart fusioniert.

Die Tendenz zur Pastoralisierung der Gartenbeschreibung zeigt sich auch in einer zweiten Ekphrase, die dem Lustgarten des Gutsherrn (IV, 1ff.) gewidmet ist, dem Daphnis und Chloe unterstehen. Mit der Länge von einem Stadium und der Breite von vier Plethren befindet sich der Garten ohne Kontakt mit einem Gebäude in einer Höhenlage, weist alle Arten von Bäumen auf, nicht nur kultivierte wie z. B. Apfel- und Birnbäume, an die sich Weinstöcke mit reifenden Trauben anschmiegen, sondern auch natürlich wachsende wie Zypressen, Lorbeeren, Platanen und Pinien. Den inneren Bereich nehmen die kultivierten, fruchttragenden Bäume ein, die gleichsam von den unfruchtbaren geschützt sind, welche in dieser kunstvollen, auf spätere Gartenlabyrinthe[23] vorausdeutenden Schachtelung ihrerseits wieder von einer Mauer umgeben sind. Gemäß dem alles beherrschenden Gartenkonzept einer planvollen und harmonischen Verbindung von Kultur und Natur werden auch die Blumenbeete in solche eingeteilt, die durch Kunst gezogen sind wie Rosen, Hyazinthen und Lilien, und solche, die die Erde einfach trägt wie Veilchen, Narzissen und Anagallis. Durch die differenzierte Klassifizierung des Bewuchses erscheint der Garten als ein begehbares Herbarium. Auch hier wird eine Wunschwelt szenisch vergegenwärtigt: In fast jeder Jahreszeit bietet der Garten eine üppige Fülle, insbesondere im Frühling Blumen, im Sommer Schatten und im Herbst Früchte. Während sich bei den meisten virtuellen Gartenbeschreibungen die räumliche Perspektive durch Mauern, Zäune oder Hecken verengt, hat man hier aufgrund der Höhenlage eine freie Aussicht auf die Ebene und auf das Meer.

Exakt im geometrischen Zentrum des tetragonen Areals stehen ein mit Efeu umschlungener Altar sowie ein mit Reben bekleideter Tempel des Dionysos, in dessen Interieur Bilder mit Szenen aus dem Dionysos-Mythos zu sehen sind.[24] Als der Gutsherr sich ankündigt, von dem Daphnis und Chloe die Heiratserlaubnis erbitten wollen, wird der von dem Sklaven Lamon, dem Ziehvater des Daphnis, anlässlich der Ankunft des Besitzers besonders hergerichtete, dem Dionysos geweihte Lustgarten von einem Rivalen des Daph-

---

[23] Vgl. Hermann Kern, Labyrinthe. Erscheinungsformen und Deutungen. 5000 Jahre Gegenwart eines Urbilds. München 1982, 359–389.

[24] Zur Bedeutung der Initiation im Zusammenhang mit den Dionysos-Mysterien vgl. Reinhold Merkelbach, Die Hirten des Dionysos. Die Dionysos-Mysterien der römischen Kaiserzeit und der bukolische Roman des Longus. Stuttgart 1988.

nis, der auch um Chloe gefreit hat, verwüstet. Der anvisierte Passageritus der Vermählung im Rahmen eines Initiationsgeschehens wird im ‚Schwellenraum' Garten durch den Nebenbuhler zunächst blockiert, und die Idylle mutiert zur Antiidylle, der *locus amoenus* zum *locus horribilis*, wenngleich der Plan des Widersachers das gattungstypische Happy-End nicht verhindern kann.

3. Biblische Gartenmodelle

Eine wichtige ideengeschichtliche Grundlage der mediävalen Vorstellungen vom Garten bildet der biblische, nach einem aitiologischen Konzept entworfene und mit Reminiszenzen an den orientalischen Mythos durchtränkte Genesisbericht[25] (Gn 2,8–18), demzufolge Gott in Eden im Osten einen Garten mit allerlei Bäumen anlegt, die verlockend anzusehen sind und köstliche Früchte tragen. Anders als in den antiken Gartenbeschreibungen, die ebenfalls um Utopien der Fruchtbarkeit und Wunschprojektionen von edlen Speisen kreisen, befinden sich im Zentrum des Paradieses zwei arboristische Konstrukte, der Baum des Lebens, der vor dem Tod bewahrt, und der Baum der nur Gott vorbehaltenen Erkenntnis von Gut und Böse. Die Absenz des Todes verleiht dem Paradiesgarten bis zum Zeitpunkt des Sündenfalls, der die Todverfallenheit als *poena peccati* nach sich zieht, ein besonderes chronotopisches Profil, das mit dem konventionellen Stillstand der zyklischen Zeit nicht identisch ist. In Differenz zu den antiken Gärten ist das Paradies eine Schöpfung Gottes aus dem Nichts, der indes nicht nur als Schöpfer und Architekt des Gartens in Erscheinung tritt, sondern ihn auch benutzt, d. h. in ihm spazieren geht. Wenn Gott in dem Garten lustwandelt, erinnert solches Geschehen an die Präsenz der Götter in den als mythische Lokalität gezeichneten antiken Gärten.

Bewässert wird der im Rahmen des Hexaemerons geschaffene Garten durch einen Strom, der sich in vier Hauptflüsse mit Namen Phison, Gihon, Tigris und Euphrat teilt. Wenn Gott den Menschen in den Garten setzt, damit er diesen bebaue und hüte, wird damit der geschichtliche Beginn menschli-

[25] Biblia sacra. Iuxta Vulgatam Versionem T. I–II, hg. von Robert Weber. Stuttgart 1969. Vgl. Claus Westermann, Biblischer Kommentar. Altes Testament. Genesis. 1. Teilbd. Genesis 1–11. Neukirchen-Vluyn ^{2}1976, 284ff.; zur Bedeutung des Paradiesgartens für das Mittelalter vgl. auch Karl Brunner, Das Paradies ist ein Baumgarten. In: Gerhard Jaritz (Hg.), Kontraste im Alltag des Mittelalters. Wien 2000, 25–33.

cher Kultur markiert. Als anthropologischer Grenzdiskurs[26] ordnet der Genesisbericht den Menschen einerseits Gott unter und stellt ihn andererseits durch die Namensgebung über die Tiere. Sofern der Schöpfer dem Menschen erlaubt, von allen Bäumen zu essen, nur nicht von dem Baum der Erkenntnis von Gut und Böse, findet die permissive Moral ihre Grenze in einem einzigen Verdikt. Durch Verbote und Regeln, welche, auch wenn sie der *curiositas* des Menschen Grenzen setzen, Motoren des Kulturprozesses sind, konstituiert sich die für die spätere Aneignung des Paradiesgedankens wichtige Trias von Begehren, Limitation und Transgression. Mit der Ausgrenzung aus dem Paradies schlägt der *locus amoenus* in einen *locus terribilis* um, den Acker mit Dornen und Disteln (Gn 3,17f.) als Chiffre des postlapsarischen Lebens mit seinen Nöten und Widerwärtigkeiten, für das die biblische Paradiesgeschichte letztlich eine Theodizee liefert.

In dem um 300 v. Chr. entstandenen Hohelied, das aus verschiedenen Liebesliedern mit Sprecherrollen besteht und dessen Landschaftsschilderungen partiell bukolisch gefärbt sind, erscheint die Gartenvorstellung im Kontext eines Frauenpreises und eingekleidet in eine Naturallegorie. Wenn der Bräutigam die Braut als verschlossenen Garten und versiegelten Quell (Ct 4,12) apostrophiert, wird damit der bräutliche Status der Jungfräulichkeit markiert. Die kostbaren Gewächse und opulenten Früchte des Gartens, Granatbäume, Narde und Krokus, Kalmus und Zimt, Myrrhe und Aloe, deuten verschlüsselt auf die Fruchtbarkeit der *sponsa*, auf ihre Bereitschaft für die Liebe und auf die erotischen Freuden, die sie dem *sponsus* verheißt. Hingabe signalisiert die Braut dem Bräutigam gegenüber, wenn sie die Vorstellung vom Garten als Raum olfaktorischer Reize beschwört: *surge aquilo et veni auster perfla hortum meum et fluant aromata illius / veniat dilectus meus in hortum suum et comedat fructum pomorum suorum* (Ct 4,16–5,1). Dem Garten als Zone des Übergangs zwischen fester Behausung und Wildnis korreliert das Passageritual der hochzeitlichen Vereinigung, das metaphorisch dadurch umschrieben wird, dass der Bräutigam in seinen Garten kommt und von dessen Früchten kostet (Ct 5,1).

Neben dem Paradiesgarten der Genesis und dem als Sinnbild der Braut fungierenden *hortus conclusus* des Hohelieds verdient die *descriptio* des Gartens von Joachim mit der badenden Susanna im apokryphen Appendix

[26] Zu diesem Komplex vgl. den Sammelband von Claudia Benthien und Irmela Marei Krüger-Fürhoff (Hg.), Über Grenzen. Limitation und Transgression in Literatur und Ästhetik. Stuttgart 1999.

des Buchs Daniel (Dan 13,1ff.) großes Interesse.[27] Gegenüber der hymnisch-metaphernreichen Personalpanegyrik des Hohelieds dominiert hier eine fast schwankhafte Narrativik: Zwei greise Richter lauern der schönen Susanna im Garten auf und bedrängen sie, ihnen zu Willen zu sein. Als sie sich wehrt und laut um Hilfe schreit, bezichtigen sie die Unschuldige bei den herbeigelaufenen Leuten des Ehebruchs mit einem jungen Mann. Bei der Gerichtsverhandlung überführt Daniel die vermeintlichen Zeugen der Falschaussage und rehabilitiert auf diese Weise die Angeklagte.

Die biblische Erzählung enthält eine Reihe von Motiven, die in späteren mittelalterlichen Gartenschilderungen, z. B. bei Gottfried von Straßburg und Konrad von Würzburg, wiederkehren: der Garten als ein umgrenzter, fast intimer Raum mit Gartentor und Riegel sowie Seitenpforte, sein Charakter als Ort sexueller Transgression, handelt es sich doch seitens der Alten um sexuelle Nötigung, die erotisch konnotierte Hitze zur Mittagszeit mit den Folgen von weiblicher Entblößung und männlicher Schaulust, und schließlich die Pervertierung des Lustorts als Hinterhalt. Literarisch sind auch die Motive von Relevanz, die zwar nicht auf der Ereignisebene, wohl aber in den falschen Beschuldigungen der beiden Richter eine zentrale Rolle spielen: der Ehebruch mit einem jungen Mann im Garten als ebenfalls transgressiver Akt, die Greise in der Rolle von Sittenwächtern und Aufpassern, die Entdeckung in flagranti und das gerichtliche Nachspiel.

Während die Schöpfungsgeschichte thematisch mit dem Paradiesgarten verknüpft ist, verbindet sich das Erlösungsgeschehen ebenfalls mit der Vorstellung von einem Garten, der im Kontrast zum Paradies allerdings nicht als *hortus deliciarum*, sondern als Schauplatz der Passion Jesu dargestellt wird: In einem Garten erfolgt die Verhaftung Christi (Io 18,1; 26), am Ölberg seine Kreuzigung und im Garten Gethsemane am Fuße des Ölbergs (Io 19,41) sein Begräbnis. Im Ölgarten erblicken ihn die zum Grabe eilenden drei Marien als Auferstandenen und halten ihn sogar für den Gärtner (Io 20,15), eine Episode, die als ‚Gärtnerszene' in das geistliche Spiel im Mittelalter eingegangen ist.[28] Im Mittelalter hat man zwischen dem ersten Adam und Christus als dem zweiten Adam, zwischen Paradiesesbaum und Kreuzesbaum sowie zwischen Paradiesgarten und Garten Gethsemane einen typologischen Bezug

[27] Vgl. Dieter Bauer, Das Buch Daniel. Stuttgart 1996, 219–226.

[28] Vgl. Rolf Bergmann, Studien zu Entstehung und Geschichte der deutschen Passionsspiele des 13. und 14. Jahrhunderts. München 1972, 65f., 196.

hergestellt: Paradies und Leidensgarten erscheinen als Klammern der *formatio* und *reformatio mundi* umfassenden Heilsgeschichte.

4. FACETTEN DER PARADIESVORSTELLUNG IN BIBELEPIK UND VISIONSLITERATUR

Mit der Spätantike beginnt die christliche Interpretation des Paradieses, als deren erster wichtiger Exponent im Westen Ambrosius gelten kann, der in seiner Schrift *De paradiso*[29] die Quelle des Lebenswassers mit Christus und die Paradiesflüsse mit den vier Kardinaltugenden identifiziert, während sein Schüler Augustinus in *De civitate Dei*[30] das Paradies allegorisch auf die Kirche, die Ströme auf die vier Evangelien, die Bäume auf die Heiligen, den Lebensbaum auf Christus und den Baum der Erkenntnis auf den freien Willen des Menschen bezieht (XIII, 20ff.).

Poetische Ekphrasen des Paradieses liefert ebenfalls seit der Spätantike die lateinische Bibelepik,[31] beginnend mit dem stark kulturgeschichtlich konzipierten Werk *Alethia*[32] des Claudius Marius Victorius, in dem das Paradies mit seinem topischen Arsenal, Früchtereichtum, ewiger Frühling, Häufung von Wohlgerüchen, vier Paradiesströme etc., extensiv und detaillistisch beschrieben wird (223–304). Den Anschluss an diese Tradition suchen Dracontius mit seinem Bibelepos *De laudibus Dei libri tres*[33], das im Rahmen des Hexaemerons in den Versen 180–205 eine entsprechende *descriptio loci* enthält, und Avitus mit seinem aus fünf Büchern bestehenden Werk *De spiritalis historiae gestis*[34], das im ersten Buch das Paradies in den Versen 193–298 schildert. Alle drei großen Bearbeitungen des Buchs Genesis dokumentieren durch Versifizierung, Episierung, Rhetorisierung und ansatzweise Allegorisierung einen eigenen Modus von *re-écriture* des bibli-

[29] Ambrosius, De paradiso, PL 14, 274–314.

[30] Augustinus, De civitate Dei T. II., hg. von Bernhardus Bombart und Alphonsus Kalb (CCSL XLVIII) Turnhout 1955.

[31] Zum Folgenden vgl. Dieter Kartschoke, Bibeldichtung. Studien zur Geschichte der epischen Bibelparaphrase von Juvencus bis Otfrid von Weißenburg. München 1975, 48–52.

[32] Claudius Marius Victor, Alethia, hg. von Pieter Frans Hovingh (CCL CXXVIII) Turnhout 1960, 125–193.

[33] Blossius Aemilius Dracontius, De laudibus Dei, hg. von Friedrich Vollmer (MGH, AA 14) Berlin 1905, 23–113.

[34] Avitus, De spiritalis historiae, hg. von Rudolf Peiper (MGH, AA VI, 2) Berlin 1883, 201–294.

schen Prätextes und sind auch, teilweise durch mythologische Reminiszenzen, mit antiken Mustern intertextuell verbunden.[35]

In der volkssprachigen deutschen Bibelepik der Karolingerzeit bietet eine erste Beschreibung des himmlischen Reiches, die Elemente aus dem Anschauungsmodell des Gartens verwertet, Otfrid von Weißenburg in seinem *Evangelienbuch*[36], in dem Lilien und Rosen als ewig blühende, niemals welkende Blumen die geistlichen Sinne des Menschen, sein spirituell-olfaktorisches und sein spirituell-visuelles Vermögen, ansprechen: *Thar blyent thir io / lilia inti rosa, / suazo sie thir stinkent / joh elichor nirwelkent. / Thia bluat, thia erda fuarit, / joh akara alle ruarit – / thia sconi zi ware / thia sihistu alla thare*...(V, 23, 273ff.).[37] Otfrid hat hier nicht den *typus* des irdischen, sondern den *antitypus* des himmlischen Paradieses im Auge, das sich auf der Folie der augustinischen *civitates*-Lehre als identisch mit dem transzendenten *regnum caeleste* erweist, in dem folgerichtig das für den *locus amoenus* charakteristische *deliciae-sensus*-Schema im Rückgriff auf die origenistische Lehre von den geistlichen Sinnen spiritualisiert erscheint.

Später liefert die *Wiener Genesis*[38] im Diskurszusammenhang der volkssprachigen Bibelepik eine ausführliche Beschreibung des Paradiesgartens (V. 232ff.), aus der einige Merkmale herausdestilliert seien: die Fruchtbarkeit des Gartens, in dem alles ständig blüht, ein ideales Klima, das verhindert, dass die Früchte durch Kälte vernichtet werden oder durch Hitze verdörren, das kanonische Blumenpaar Lilie und Rose und der topische Mischwald. Zur Nahrungsaufnahme besteht an diesem utopischen Ort kein Grund, da sich die Stammeltern des Menschengeschlechts durch den divinen Wohlgeruch des Gartens ernähren, der sich aus einer Fülle wohlriechender, teilweise auch heimischer Kräuter zusammensetzt, die in Form eines epischen Katalogs aufgelistet werden. Die Akkumulation von Kräutern (V. 244–252) spannt einen Bogen vom antiken Paradisus zum mittelalterlichen Klostergar-

---

[35] Vgl. Klaus Thraede, Art. Epos. In: Reallexikon für Antike und Christentum 6. Stuttgart 1961, Sp. 983–1042, hier 1030.

[36] Otfrid, Evangelienbuch, hg. von Oskar Erdmann. von Ludwig Wolff (ATB 49) Tübingen [4]1973.

[37] Vgl. Ulrich Ernst, Der Liber Evangeliorum Otfrids von Weißenburg. Literarästhetik und Verstechnik im Lichte der Tradition. Köln 1975, 322–332; Reinhildis Hartmann, Allegorisches Wörterbuch zu Otfrieds von Weißenburg Evangeliendichtung. München 1975, 283f., 346.

[38] Die frühmittelhochdeutsche Wiener Genesis, hg. von Kathryn Smits. Berlin 1972; vgl. Rainer Gruenter, Der paradisus der Wiener Genesis. In: Euphorion 49 (1955) 121–144.

ten und steht im Dienst einer ‚Poetik des Enumerativen'[39], die man in Anlehnung an die moderne Systemtheorie auch noch näher als eine Poetik der Ausdifferenzierung bestimmen kann.

Was den topographischen Aspekt angeht, so befindet sich der Paradiesgarten der *Wiener Genesis* im Osten, wo er auch auf mittelalterlichen *mappae mundi*, z. B. der Ebstorfer Weltkarte[40], eingezeichnet ist, dazu in der Nähe des Wendelmeers[41] und eines hohen Gebirges. Wenn es in der *Wiener Genesis* heißt, der Garten liege so hoch, dass er bis zum Mond reicht: *Der selbe garto stât ôstene / an der werlte orte. // daz tieffe wentelmere dar ubere gât, / manich hoch berch dâ vor stât. // der garte stât sô hôhe / daz ime bî gât der mâne* (V. 255–257), so folgt der Autor nicht dem antiken Vorbild des Longos, sondern bezieht sich auf eine theologische Tradition, die Petrus Lombardus kodifiziert hat.[42]

Paradies- und Himmelsvisionen bieten ein weiteres Quellenreservoir für mittelalterliche Konzepte virtueller Räume in Form von Gartenarchitekturen, wie beispielsweise die *Vision Drycthelms* demonstriert, die in der *Historia gentis anglorum*[43] des Beda Venerabilis überliefert ist. Bei dieser die Realität transzendierenden Schilderung (V, 12) handelt es sich um den Typus der Jenseitsvision, die so strukturiert ist, dass der Protagonist auf ein von einer Mauer geschütztes irdisches Paradies stößt. Innerhalb der Umwallung erblickt er eine weite Aue voll duftender Blumen, über die ein herrliches Licht ausgebreitet ist, das heller als die Strahlen der Sonne leuchtet, und auf der Wiese befinden sich zahlreiche, weiß gekleidete Menschen, die die Chöre der Seligen bilden. Die auf die mittelalterliche Lichtmetaphysik verweisende Schilderung erinnert im Detail einerseits an die gleichfalls im Jenseits situ-

---

39 Zur Aufzählung als elliptischer Beschreibung vgl. Sabine Mainberger, Die Kunst des Aufzählens. Elemente zu einer Poetik des Enumerativen. Berlin 2003, 106–111.

40 Vgl. Jürgen Wilke, Die Ebstorfer Weltkarte. Bielefeld 2001, 1. Textbd. 66; 2. Tafelbd., Beilage.

41 Zu dem schon im Hildebrandslied (V. 43) erwähnten Wendelmeer, das sich um die Erde ‚windet', vgl. Rosemarie Lühr, Studien zur Sprache des Hildebrandsliedes. Frankfurt am Main 1982, 612–615.

42 Petrus Lombardus, Sententiae in IV libris distinctae T. I, P. II. Grottaferrata 1971, Lib. II, Dist. XVII, C. 5,4, 414: *Unde volunt in orientali parte esse paradisum, longo interiacente spatio vel maris vel terrae a regionibus quas incolunt homines secretum; et in alto situm, usque ad lunarem circulum pertingentem. Unde nec aquae diluvii illuc pervenerunt.* Zur Lokalisierung des Paradieses nahe der Mondsphäre vgl. J. Engemann, Art. Paradies. In: Lexikon des Mittelalters 6. München-Zürich 1993, Sp. 1697–1699, hier 1697.

43 Beda Venerabilis, Historia gentis anglorum, hg. und übers. von Günter Spitzbart. Darmstadt 1982, Bd. II, 468f.

ierten Elysischen Gefilde Vergils[44] und andererseits an eine Paradiesvision Gregors des Großen[45].

Beeinflusst von der Vorstellung der zwei Paradiese, entfaltet Mechthild von Magdeburg in ihrem Werk *Das fließende Licht der Gottheit*[46], hier im 57. Kapitel des VII. Buches, eine Vision des irdischen und des himmlischen Paradieses.[47] Signifikant sind bei dem *paradisus terrestris* die Raumstrukturen, und zwar erstens die unermessliche, in Diskrepanz zur konventionellen Gartenarchitektur unlimitierte Weite: *Siner breiti und siner lengi der vant ich kein ende*, und zweitens die Positionierung zwischen der irdischen Welt und dem Himmel: *zwúschent dirre welte und des paradises beginne.* Die edlen Pflanzen und Früchte des Paradiesgartens übertrifft an Wert das von Süd nach Nord fließende Wasser, in dem sich irdische Süße mit himmlischer Wonne vermischt: *in den wasseren irdenschú suessekeit getempert mit himmelscher wunne.* Der räumlichen Mittelstellung des Paradieses zwischen Himmel und Erde korrespondiert die utopische Vorstellung von einem Genuss, bei dem *sensus carnales* und *sensus spirituales* zusammenwirken. Die Eliminierung der für den *locus amoenus* sonst auch charakteristischen Fauna wird aus der anthropozentrischen Funktion des Paradieses erklärt, nämlich daraus, dass Gott den Garten ausschließlich für den Menschen geschaffen hat: *Da inne was tier noch vogele, wand got hatte es alleine dem menschen bevolhen, das er mit gemache da inne wonen solte.*

Das oberhalb des tellurischen Paradieses lokalisierte himmlische, welches das irdische vor allem Ungewitter beschützt, firmiert als Aufenthaltsort der Seelen, die des Fegefeuers noch nicht bedürfen, aber auch einstweilen nicht in die ewige Seligkeit eingegangen sind. Dieses himmlische Paradies wird aber ebenso wie das irdische nach dem Jüngsten Gericht nicht weiter existieren, vielmehr werden beide am Ende der Zeiten auf Gottes Geheiß miteinander vereinigt: *Swenne alles ertrich zergat und das irdenische paradys nit gestat, als got sin gerihte hat getan, so sol das himmelsche paradys ovch zergan; is sol alles in dem gemeinen huse wonen, das zuo gotte will komen.* Die visionären und damit auch virtuellen Gartenschilderungen Mechthilds

[44] Vergil, Aeneis, hg. und übers. von Johannes Götte. Darmstadt 1983, VI, 638ff.

[45] Gregorius, Dialogues I–III, hg. von Adalbert de Vogue. Paris 1978–1980, IV, 36.

[46] Hans Neumann, Mechthild von Magdeburg, ‚Das fließende Licht der Gottheit'. Bd. 1: Text, Bd. 2: Untersuchungen. München 1990/1993; vgl. Mechthild von Magdeburg, Das fließende Licht der Gottheit, übers. von Margot Schmidt. Stuttgart-Bad Cannstatt 1995.

[47] Zum Folgenden vgl. Katharina Bochsler, Die Jenseitsvisionen Mechthilds von Magdeburg in der Tradition der mittelalterlichen Visionsliteratur. Frankfurt am Main 1997, 41–51.

verbinden horizontale und vertikale Raumperspektiven und rücken beide Paradiese, die den Charakter von Interimszuständen besitzen, in einen geschichtstheologischen, genauer eschatologischen Zusammenhang.

5. HERMENEUTISCHE OPTIONEN DES BIBELTEXTES: EXEGETISCHE GARTENKONZEPTE

Im Mittelalter avanciert der Garten zu einem beliebten Objekt der Exegese, die die biblischen Elemente häufig nicht nur spirituell auslegt, sondern auf literaler Ebene auch ausphantasiert, so dass der biblische Prätext imaginativ erweitert wird und diese quasi virtuellen Amplifikationen wieder als Grundlagen für neue Auslegungen dienen. Durch die vielfältigen allegorischen Interpretationen des biblischen Wortlauts entstehen zudem neue virtuelle Text-, Anschauungs- und Sinnwelten, die im folgenden Gegenstand der Untersuchung sein sollen.

Ein Paradigma für eine mariologische Auslegung, die auf den *hortus conclusus* des Hohelieds (Ct 4,12) rekurriert, bietet das wohl um 1160 im steirischen Benediktinerkloster Admont von einem unbekannten Spiritualen geschaffene *St. Trudperter Hohelied*[48], das den verschlossenen Garten (56, 30ff.) explizit auf *unsere vrouwen*, also auf Maria als *Dei genitrix* hin deutet. Im Prozess der Exegese wird der biblische Wortlaut bereits auf der literalen Basis transzendiert: Da, wie es in einem Additum heißt, kein Garten verschlossen sein kann ohne einen Zaun oder eine Mauer, fügt sich eine entsprechende Auslegung dieser aus dem Bibeltext ex negativo deduzierten Signifikanten an, und zwar wird die Mauer als Zeichen für die einzigartige Demut Mariens interpretiert: *diu mûre daz was diu diemuot miner vrouwen, der newart neheiniu gelich*, während das ebenfalls noch hinzugedachte Schloss ihre Reinheit symbolisiert: *daz slôz daz was diu kiusche*.

Gleichfalls über den basalen Bibeltext hinausgehend, fragt die Exegese auch nach dem Gärtner, der hier mit dem Heiligen Geist identifiziert wird, durch den allein und nicht durch den Samen eines Mannes Maria fruchtbar wird, so dass sie als Mutter dem Gottessohn zum Aufwachsen dienen kann: *der gartenaere daz was der heilige geist, der da zôch in ire alle die grüene unde allen den wuocher, da got mite gewenet wart.* Der Heilige Geist ist einer-

[48] Das St. Trudperter Hohelied. Eine Lehre der liebenden Gotteserkenntnis, hg. von Friedrich Ohly. Frankfurt am Main 1998; vgl. die Studie von Urban Küsters, Der verschlossene Garten. Volkssprachliche Hohelied-Auslegung und monastische Lebensform im 12. Jahrhundert. Düsseldorf 1985, bes. 93, 208, 227, 275.

seits der Herr des Gartens, der jede Art von Bösem aus seinem Reich ausgeschlossen hat, und andererseits der Torhüter, der Christus hereinlässt, ohne dass dabei das Schloß geöffnet worden wäre: *er was der torwartel, der Christen în lie, daz daz slôz / nie ûfgetân wart.* Da es sich bei der süßen Frucht, die in diesem Garten aufgezogen wird, um das Jesuskind im embryonalen Zustand handelt, ist – in einer Variante der Vorstellung vom Körper als Territorium – auch Gottvater mittelbar Herr und Besitzer des Gartens.

Während das Verhältnis von Bräutigam und Braut im Hohelied vom Judentum ursprünglich auf die Beziehung Jahwes zu Israel als dem auserwählten Volk projiziert wurde, man es in der christlichen Exegese spätestens seit Beda Venerabilis heilsgeschichtlich auf die Verbindung zwischen Christus und der Kirche transferiert hat,[49] setzt mit dem Hohen Mittelalter eine Individualisierung der Brautvorstellung ein, die als Seele oder seit Rupert von Deutz als Maria konkretisiert wird.[50] Wenn in diesem Kontext der verschlossene Garten als Leib, präziser als Schoß Mariens interpretiert wird, hat diese korporalistische Gartendeutung ihren dogmatischen Sinn im Erweis der *virginitas intacta* Mariens, die wieder die Conditio sine qua non für die Lehre von der göttlichen Herkunft des Logos und von seiner hypostatischen Union bildet. Die mit dem Bild des verschlossenen Gartens umschriebene Jungfräulichkeit der Braut in der epithalamischen Poesie des Hohelieds erscheint in der *interpretatio christiana* der mittelalterlichen Kirchenlehrer als *virginitas ante partum, in partu et post partum* der Gottesmutter.

Während in diesem Auslegungsteil des *St. Trudperter Hohelieds* der dogmatische Gedanke der Jungfräulichkeit Mariens im Vordergrund steht, ergibt sich in der folgenden Passage ein neuer, die Mariologie überschreitender, monastischer Deutungsansatz, aufgrund dessen die klösterliche Lebensform als Garten begriffen wird. Nach dieser Auslegung existieren neben Maria noch weitere Gärten, die sich Gott zu seinem Wohnsitz erwählt hat, darunter auch die *vita communis* im Mönchsstand bzw. die Gesamtheit der geistlich lebenden Gläubigen, sofern diese von dem Zaun monastischer *consuetudo* und von der Dornenhecke klösterlicher *disciplina* geschützt und mit Hilfe des benediktinischen Schweigegebots verschlossen sind: *noch sint ouch GARTEN, dâ wonet got inne. daz ist geistlich leben unde ioch ieclich geistlich mennesche, obe si den zûn der guoten gewoneheit umbe sich habent un-*

[49] Vgl. Friedrich Ohly, Hohelied-Studien. Grundzüge einer Geschichte der Hoheliedauslegung des Abendlandes bis um 1200. Wiesbaden 1958, 64–69.

[50] Vgl. ebenda 121–135.

de der bedürnet ist mit den wassen geboten unde wol BESLOZZEN ist mit redelicheme swîgenne. An diese programmatische Exegese, die nicht zuletzt der Propagierung der monastischen Lebensform dient, schließt sich eine Passage über die Bearbeitung des Gartens an, in der das ganze Spektrum gärtnerischer Tätigkeiten tropologisch auf monastische Tugendübungen und Praktiken der klaustralen Askese ausgelegt wird.

Für die Raumstrukturen der Gartenvorstellung im *St. Trudperter Hohelied* sind verschiedene Elemente charakteristisch, die auch in profanen Kontexten begegnen: die Umschließung des Gartens durch Zaun, Mauer oder Hecke, das Tor mit Schloss (und Schlüssel), der Vorgang des Blühens, der in der Erwähnung von Grünen und Frucht zum Ausdruck kommt, die Figuren des Gärtners und Torhüters sowie die agrarisches Wissen voraussetzenden und kulturelles Schaffen evozierenden Tätigkeiten der Pflege und Bearbeitung des Bodens: hacken, düngen, säen, eggen, Unkraut jäten, anbauen. Die vom Bibeltext aus entwickelte spirituell-optionale Deutung des Gartens als Kloster fügt sich ebenso gut wie die Identifizierung des *hortus conclusus* mit Maria zu dem für das *St. Trudperter Hohenlied* als Zielgruppe supponierten Nonnenpublikum in dem von Hirsau aus reformierten Kloster Admont.

Ein ekklesiologisches, von speziellen marianischen oder monastischen Aspekten freies Verständnis der Christenheit als Garten sowie die Gleichsetzung des Paradieses mit der Kirche gehen zwar schon auf die Kirchenväter zurück, halten sich aber im ganzen Mittelalter persistent durch und infiltrieren auch die geistliche Dichtung in der Volkssprache. Ein relativ spätes Beispiel für eine differenzierte allegorische Auslegung bietet die um 1300 entstandene und in drei Büchern das Wirken Christi darstellende Dichtung *Gottes Zukunft* [51] des Heinrich von Neustadt, in der geschildert wird, wie Maria Magdalena den auferstandenen Christus fälschlich mit dem Gärtner identifiziert, eine Annahme, die aus der Sicht des Autors gar nicht so abwegig ist, da der Auferstandene diesem Bild durchaus entspricht: *Er was ein gertener gereht / Der dem garten rehte dut. / Er pflantzet manig krudelin gut / Und sewet vil guten samen: / Sit er Evam und Adamen / Pflantzet in dem paradise* (V. 4112–4117). In der Tat hat Christus in der Rolle eines Kulturstifters nicht nur den Paradiesgarten gepflanzt, sondern in der Zeit des Alten wie auch des Neuen Testaments den Samen für viele *cives Dei* gelegt (V. 4119–4122). Gut augustinisch gehören zu diesen sowohl die Propheten als auch

[51] Heinrich von Neustadt, Apollonius von Tyrland, Gottes Zukunft und Visio Philiberti, hg. von Samuel Singer. Berlin 1906.

die Apostel, die nicht nur Diener des göttlichen Gärtners sind (V. 4123–4126), sondern sich auch selbst gärtnerisch betätigen, indem sie einerseits Unkraut jäten und andererseits edle Pflanzen mit der Lehre Gottes begießen: *Die selben habent si gesewet, / Gepflantzet und abe gemewet, / Gerudet nider und getreden / Daz bo(e)se krut zu gejeden / Daz edel krut begozen wol / Mit maniger lere gnaden vol* (V. 4127–4132). In der detailreich ausgemalten Bildsphäre erscheint die Gartenpflege als Prototyp kulturellen Handelns, während auf der Sachebene das Aussäen über Generationen hinweg eine Kontinuität indiziert, die sich theologisch in dem typologischen Nexus zwischen Propheten und Aposteln sowie im Hinblick auf letztere in dem dogmatischen Gedanken der apostolischen Sukzession manifestiert.

Programmatisch wird der von Christus gepflanzte Garten mit seinen vielen Bäumen und edlen Pflanzen nach dem Muster der ekklesiologischen Allegorese auf die Christenheit ausgelegt, wobei die Größe des Gartens den ökumenischen, katholischen Charakter der Kirche unterstreicht: *Der garte hat auch baume vil, / Edel kru(e)ter ane zil: / Sin bau(e)m sint auch worden groz, / Daz im kein garte ist genoz. / ,Sage an, wo ist der garte breit?' / Ez ist die werde cristenheit, / Die selbe Crist gepflantzet hat: / Dar zu nam er sins vater rat.* (V. 4133–4140). In diesem vegetabilen Bildfeld symbolisieren die verdorrten Bäume in dem Garten der Kirche die vertrockneten Herzen der Menschen, die neues Leben durch das Blut der Liebe erhalten, das aus den Wunden Christi fließt: *Da waz auch inne verdorret / Vil manig baum verstorret, / Biz daz fruht riche saf / Der dorren baume wortzel traf. / Ich meine daz minnen heiz blut / Daz Crist zu den wunden wu(e)t, / Daz manig dorre hertze sider / Brahte in reines leben wider.* (V. 4141–4148). Wie man konstatieren kann, ist die Gartenallegorese als ganze nicht auf Landschaftsdetails, sondern auf Personen fokussiert, deren Reihung vom göttlichen Schöpfer des Paradiesgartens über die Propheten und Apostel als Helfer des himmlischen *hortulanus* bis hin zur gesamten Christenheit als göttlichem Garten eine geschichtstheologische Perspektive aufweist, wobei am Schluss ein Akzent in Richtung auf die spätmittelalterliche Leidensmystik mit ihrem Blut- und Wundenkult gesetzt wird.

Während das *St. Trudperter Hohelied* eine kohärente Auslegung von Bibelstellen aus dem Hohelied bietet und Heinrich von Neustadt das Treffen Marias mit dem auferstandenen Christus allegorisch ausgestaltet, finden sich im Mittelalter auch reine Kataloge der symbolischen Valenzen des Gartens. Am leichtesten lassen sich die mittelalterlichen Signifikate der *res signifi-*

cans ‚Garten' eruieren, wenn man die allegorischen Enzyklopädien konsultiert. Was wäre da empfehlenswerter, als ein spätmittelalterliches Kompendium heranzuziehen, das sich im Untertitel selbst als Garten versteht, nämlich das extrem umfangreiche allegorische Lexikon *Sylva, seu potius hortus floridus allegoriarum totius sacrae scripturae*[52] des Benediktinermönches Hieronymus Lauretus? In den hier unter den Lemmata *Hortus*, *Paradisus*, *Hortulanus* inventarisierten allegorischen Signifikaten (522f.) erscheint der Garten zunächst als Sinnbild Gottvaters (*Hortus deliciarum dici potest Deus pater*), fungiert sodann als Symbol der Kirche (*Hortus Domini, dicitur ecclesia*) und verweist schließlich tropologisch auf die *Felicitas*, die *Vita justorum* und die *Virtus*. Differenziert ist die Deutung des *hortus conclusus* als Maria, die in zwei Schritten erfolgt: Garten ist Maria, weil sie die Frucht guter Werke hervorbringt, verschlossener Garten aufgrund ihrer Jungfräulichkeit: *Hortus conclusus dicitur Virgo: hortus quidem, qui dat fructum bonorum operum: conclusus vero, propter carnis intergritatem*. Letztendlich sei noch die Deutung der Gärten auf die Seele der Gläubigen und die Herzen der Heiligen erwähnt, die durch Hut geschützt und durch den Duft der Keuschheit blühend sind: *Horti, dici possunt animae fidelium: et corda Sanctorum, per custodiam munita, et per castitatis odorem florida* (522). Die Tendenz zu einer psychologisierenden und moralisierenden Auslegung des Gartens verträgt sich insofern mit dem Begriff des Virtuellen, als dieser auch als Derivat von *virtus* (= Tugend) verstanden werden kann.

Die personalistische Auslegung des Gartens auf die *anima* des Menschen bildet eine wichtige Voraussetzung für die Entwicklung mystischer Deutungsansätze im Spätmittelalter, insbesondere für die brautmystische Interpretation in Richtung auf eine *unio mystica* im Garten der Seele und für die passionsmystische Interpretation als *compassio* mit Christus im Ölgarten, die Dietrich Schmidtke beide in seiner umfassenden Studie untersucht hat.[53] Lenkt man statt dessen den Blick auf die Frühe Neuzeit, so kann man feststellen, dass Vorstellungen vom mystischen Garten eindrucksvoll in religiösen Einblattdrucken dieser Epoche fortleben, welche vor allem Bilder von dem geistlichen Weinstock, von der Rosenhagmadonna und von dem Leidensgarten Christi visuell figurieren und transportieren. Auf einem Augsburger Briefmalerblatt mit dem Titel *Der Geistliche Ölgarten Christi* aus der

[52] Hieronymus Lauretus, Silva allegoriarum totius sacrae scripturae. Barcelona 1570 (Nachdr. Köln ^{10}1681), hg. von Friedrich Ohly. München 1971.

[53] Vgl. Schmidtke, Studien zur dingallegorischen Erbauungsliteratur.

Zeit um 1650 werden verschiedene Blumen mit Stationen des Leidensweges Christi verknüpft, den die von einem Engel begleitete Seele abschreitet:[54] In diesem Konzept spiritueller Ikonographie und Architektur konvergieren Passionstheologie und Memorialpoetik.

6. Ambivalenz des Gartens im Artusroman: Magischer Bezirk oder Chiffre der Intimität?

Häufig besitzt der Garten in der höfischen Erzählliteratur, insbesondere in den Lais und im Artusroman zauberische Qualitäten, beispielsweise wenn er als Feengarten in Erscheinung tritt. Untersucht man solche magischen Gärten in der Matière de Bretagne, so gilt es allerdings zu bedenken, dass unbeschadet einer intensiven Rezeptionstätigkeit auf magiologischem Gebiet mit dem 12. Jahrhundert ein psychologisches Zeitalter beginnt, das eine starke Hinwendung zur Innerlichkeit erkennen lässt, wie nicht zuletzt die Entstehung der Liebeslyrik dokumentiert. Aus diesem Faktum und auch aus der kontemporären allegorischen Deutung des Gartens auf die Seele des Menschen resultiert, dass bei der Interpretation poetischer Gartenszenen mit keltischer Patina nicht nur der magiologische, sondern auch der psychohistorische Aspekt in die Betrachtung mit einzubeziehen ist.

In dem *Erec* Hartmanns von Aue[55], der auf einem Prätext Chrétiens de Troyes[56] basiert, erfährt der Protagonist sein finales Abenteuer und seine härteste Bewährungsprobe in dem magischen Garten *Joie de la curt.*[57] Dieser Garten wird von Mabonagrin und seiner Geliebten bewohnt, der er geschworen hat, in einer von der Gesellschaft abgeschirmten Zweisamkeit mit ihr sein Leben zu verbringen. Da die Geliebte bereits als Elfjährige für ihn das elterliche Haus verlassen hat und ohne Schutz ihrer Sippe ganz auf ihn angewiesen ist, hat sie ihm dieses Muntversprechen abgenommen, mit der Klausel, dass er nur bei einer Niederlage im Zweikampf, womit sie aber keineswegs rechnet, davon entbunden sei. Jeder, der versucht, in den für die symbiotische Zweierbeziehung reservierten Raum des Gartens einzudringen, wird auf Geheiß der Geliebten von Mabonagrin geköpft und sein Kopf als

---

[54] Vgl. Eva Maria Bangert-Schmid, Erbauliche und illustrierte Flugblätter aus den Jahren 1570–1670. Frankfurt am Main 1986, 194f., Abb. 41.

[55] Hartmann von Aue, Erec, hg. von Christoph Cormeau und Kurt Gärtner. Tübingen ^{6}1989.

[56] Chrétien de Troyes, Erec et Enide, hg. und übers. von Albert Gier. Stuttgart 1987.

[57] Vgl. Gertrud Höhler, Der Kampf im Garten. Studien zur Brandigan-Episode in Hartmanns Erec. In: Euphorion 68 (1974) 371–419.

magische Trophäe auf einen Pfahl gesteckt (V. 8769ff.), während die Witwen der getöteten Ritter und Herausforderer als Gefangene in der nahen Burg ihr weiteres Dasein fristen müssen. Als liminaler Schauplatz für Kampfrituale erscheint der Garten nicht nur in der Artusepik, sondern auch in der Heldenepik, wie z. B. die Aufnahme des Motivs in *Laurins Rosengarten* dokumentiert.[58]

Von Anfang an scheint bei der Raumkonzeption in Hartmanns *Erec* apotropäische Magie im Spiel zu sein, insofern der Garten statt mit Hilfe einer Mauer, eines Grabens, eines Zauns, eines Gewässers oder einer Hecke (V. 8701ff.) außen durch eine undurchdringliche Wolke geschützt wird und man in das Innere nur durch einen einzigen, verborgenen und schmalen Weg gelangen kann (V. 8468ff.; 8703ff.; 8745ff.). Während die Vorstellung des engen Pfades biblischer Provenienz (Mt 7,14) ist, geht die Mauer aus Luft auf irisch-keltische Vorstellungen von einem *autre monde* zurück.[59] An den Sesam-öffne-dich-Zauber erinnert es, wenn von einer Pforte die Rede ist, die sich für den Herausforderer beim ersten Wort automatisch öffnet (V. 8483ff.), hinter ihm aber sogleich wieder schließt. Dieser Mechanismus evoziert die schon antike Verbindung von Garten und Automat, die sich in der frühen Neuzeit verstärkt, in der der Garten teilweise zum Technologie-Park mutiert. Wenngleich Hartmann den magischen Charakter des Gartens auf der Textoberfläche nicht antastet, muss es zu denken geben, dass er die programmatische Aussage Chrétiens, dass hier Nigromantie am Werk sei,[60] expressis verbis nicht aufnimmt. Durch diese Omission lässt er dem Leser Raum für eine psychologische Deutung, welche die durch die *enumeratio negativa* auffällig akzentuierte ‚wolkige' Absperrung des Gartens als Virtualitätssignal enthüllt.

In dem durch magische Zugangsblockaden abgeschirmten Garten wachsen viele Arten von Bäumen, die auf der einen Seite Obst tragen und auf der anderen Seite in herrlicher Blüte stehen: *boume maneger slahte, / die einhalp obez bâren / und andersît wâren / mit wünneclîcher blüete* (V. 8719–8722). Der Topos des Mischwalds und die chronotopische Kontraktion der Jahreszeiten stammen zwar aus dem Depot des antiken *locus amoenus*, verweisen

58 Vgl. Ulrike Kindl, Die umstrittenen Rosen. Laurins Rosengarten zwischen mittelalterlicher Spielmannsepik und deutsch-ladinischer Volkserzählung. In: Christa Tuczay u. a. (Hg.), *Ir sult sprechen willekomen*. Grenzenlose Mediävistik. Festschrift für Helmut Birkhan. Bern u. a. 1998, 577–579.

59 Vgl. Dagmar Thoss, Studien zum locus amoenus im Mittelalter. Wien 1972, 152.

60 Chrétien de Troyes, Erec 5739ff.: *El vergier n'avoit anviron / Mur ne paliz se de l'er non; / Mes de l'er iert de totes parz / Par nigromance clos li jarz[...].*

hier aber primär auf einen Fruchtbarkeitszauber des Gartens. Der betörende Duft des Obstes und der Blüten sowie der suggestive Wettgesang der Vögel lassen jeden, der den Garten betritt, seinen Kummer vergessen (V. 8719ff.): Die Ablenkung und die Zerstreuung, die die olfaktorischen und akustischen Reize des Gartens bieten, wirken geradezu wie ein Heilzauber gegen die Melancholie. Wenn man von dem Obst zwar soviel essen kann, wie man will, die Früchte aber nicht hinausgetragen werden können (V. 8739–8744), verbindet sich in diesem an das Tischlein-deck-dich-Motiv erinnernden Speisewunder magische Fruchtbarkeit mit lokalem Bindezauber. Die Engführung von magiologischer und psychologischer Perspektivierung wird aber auch hier greifbar: Versteht man das Genießen der Früchte als Symbol für erotische Erfüllung, so wird auf psychohistorischer Ebene deutlich, dass diese, passend zu der isolationistischen Zweierbeziehung des Liebespaares, nur in der Abgeschiedenheit des Gartens, nicht aber außerhalb im Rahmen einer Teilnahme am gesellschaftlichen Leben möglich ist. Liebeserfüllung und Partizipation am kurialen Leben erscheinen inkompatibel.

Die Raumkonzeption des Gartens wird trotz fehlender Hinweise auf eine geometrische Architektur durch eine Zentrierung bestimmt, die eine komplexe Verbindung von Außenraum und Innenraum, Kunst und Natur sowie Schrift und Bild stiftet: In der Mitte des Gartens befindet sich nämlich ein prächtiges Zelt, das mit Menschen, Vögeln und allerlei wilden und zahmen Tieren bemalt ist, über denen jeweils als Bildtitulus ihr Name geschrieben steht (V. 8907ff.). Das permanente Wohnen in einem Zelt, gewöhnlich einer provisorischen Unterkunft im Krieg oder auf Reisen, kollidiert mit zwei von der damaligen Geschlechter- und Standesordnung vorgegebenen höfischen Lebensformen: zum einen mit der Queste des Mannes nach ritterlichen Abenteuern, die ein Ausreiten voraussetzt, zum anderen mit dem dauerhaften Aufenthalt der höfischen Dame in ummauerten Räumen, insbesondere in der Kemenate am Hof. Durch die kosmischen Bildmotive des Zelts wird die Außenwelt an diesem sekreten Ort zwar wie von Ferne gespiegelt, nicht aber in den abgeschotteten Innenraum des Gartens integriert, mag auch andererseits das Bildprogramm im Hinblick auf das Paar eine Überwindung des Realitätsverlusts und ein Ende des isolationistischen Zustands verheißen.

Nachdem Erec in den Garten gelangt ist, kommt es nach einem Wortgeplänkel zu dem Tjost mit Mabonagrin, den der Protagonist letztlich zu seinen Gunsten entscheidet. Nach dem ‚Erlösungsgeschehen' sehen sich Mabonagrin und seine Geliebte dazu veranlasst, das *paradise* (V. 9542), in dem sie durch das gegenseitige Aufeinander-Fixiertsein fast magisch gefangen waren, zu verlassen und sich wieder in die Gesellschaft einzugliedern. Der Anschluss an die Gesellschaft wird dadurch symbolisiert, dass der siegreiche Erec dreimal in ein Horn stößt und daraufhin alle, die außerhalb des Gartens der Dinge harren, diesen jetzt gefahrlos betreten können. Das raumüberbrückende akustische Signal indiziert, dass sich hinter der gesellschaftlichen Abkapselung ein Kommunikationsproblem verbirgt, dass durch die mediale Veränderung des Gartens zu einem Schallraum einer Lösung zugeführt wird.

Die Episode hat symbolische Funktion, fungiert geradezu als *mise en abyme* für die gesamte Dichtungsthematik und spiegelt in nuce die Beziehung zwischen Erec und Enite, nur dass hier nicht der Mann, sondern die auch aus Eifersucht handelnde Frau das gesellschaftliche Leben des Paares blockiert, zugleich aber auch die Öffnung und Beseitigung dieses Zustandes einsamer Zweisamkeit. War Mabonagrin vorher durch sein Versprechen gleichsam von seiner Frau gesteuert, so gewinnt er durch Reintegration in die Gesellschaft seine Handlungsfreiheit zurück. Insgesamt wird der Garten durch die Umgrenzung und den Schließmechanismus als ein intimer Raum für eine obsessive Zweierbeziehung markiert, die Erec durch sein Eindringen und seinen Sieg über Mabonagrin aufsprengt. Der feminine Versuch einer Domestizierung des Helden misslingt hingegen, die schier endlose Mechanik der Zweikämpfe auf dem quasi weiblichen Territorium des Gartens, die als eine Art von Surrogatritual Mabonagrin den Schein ritterlichen Lebens und einen Anstrich von Ehre im unmittelbaren Gesichtskreis seiner Geliebten garantiert, wird durch Erec gebrochen und endet mit einer Niederlage, die wenigstens für Mabonagrin aufgrund der Rückgewinnung von Mobilität psychologisch eine Befreiung darstellt.

Nach der dyadischen Phase des Paares in dem als *locus solitarius* genutzten Bereich des Gartens, in dem, wie auch die stagnierende Beziehung des Paares zeigt, die Zeit angehalten wird, eröffnen sich beiden Partnern neue Entfaltungsmöglichkeiten, was aber für die von Verlustängsten geplagte Geliebte nur bedingt gilt. Da die Rückkehr in eine gesellschaftsferne Innerlichkeit nicht mehr möglich ist, erscheint es nur konsequent, wenn der Garten am Ende für immer verschlossen wird. Auch hier wieder erscheint der Garten nach einem längeren statischen Zeitraum in einer neuen Dialektik von Inklusion und Exklusion als Schwellenraum für Passagerituale: Man geht als ein anderer aus dem Garten heraus, als der, der man war, als man hinein gegangen ist.

Der Name der Episode ist nicht Bezeichnung eines gegenwärtigen Zustandes, sondern Programm: Indem Erec in heldischer Parade den Minnebann, der über dem isolierten Lebensraum des Paares liegt, bricht und die Liebenden der Gesellschaft zuführt, wird – man beachte den Chiasmus – der *Hortus deliciarum* entzaubert und die *Joie de la curt* freigesetzt. Psychohistorisch betrachtet, triumphiert aus der Perspektive ritterlicher Ideologie die höfische Öffentlichkeit über die als magisch diskreditierte, radikale Innerlichkeit und Privatheit. Was aus höfischer Sicht exemplarisch vorgeführt wird, ist die Sozialisierung des Helden und seiner Dame. Unberührt davon bleibt die ‚Modernität' des Gartens als Chiffre für eine geschützte und schützenswerte Privatsphäre.

7. Der höfische Garten als Ort sexueller Transgression

Der Garten fungiert in der mittelhochdeutschen Dichtung häufig als Stätte der Minnebegegnung, liefert also den Hintergrund für ein Rendezvous von Verliebten und ist oft mit einer Aura von Geheimnis und Verführung umgeben:[61] Insofern die Liebesbeziehung vorehelicher oder ehebrecherischer Art ist, stellt sie eine sexuelle Transgression dar, die in die Idylle und Utopie des Gartens einen Normenkonflikt trägt.

Mit erotischer Atmosphäre aufgeladen ist die Schilderung der Begegnung Tristans und Isoldes in der zweiten Baumgartenszene von Gottfrieds *Tristan*.[62] In dem vorangehenden *huote*-Exkurs, in dem sich der Erzähler gegen die Reglementierung der Ehefrauen mittels eheherrlicher Gewalt wendet, erklärt er zunächst, dass die ideale Frau, die sich in ihrer Weiblichkeit akzeptiert, dem Mann, dem sie ihre Zuneigung schenkt, ein Paradies im Herzen bereitet (*der hat daz lebende paradîs / in sînem herzen begraben;* [V. 18066f.]),[63] das – und hiermit wird im Rückgriff auf das biblische Modell der Vertreibung aus dem Paradies (Gn 3,18) kontrastiv und ex negativo die Dystopie markiert – keine Stacheln, Disteln oder Dornen der Eifersucht kennt (V. 18073–18075).

---

[61] Vgl. Walter Blank, Die deutsche Minneallegorie. Gestaltung und Funktion einer spätmittelalterlichen Dichtungsform. Stuttgart 1970, 155.

[62] Gottfried von Straßburg, Tristan I–III, hg., übers. und komm. von Rüdiger Krohn. Stuttgart 1980.

[63] Zur Vorstellung des *paradisus interior* vgl. Friedrich Wilhelm Wodtke, Die Allegorie des ‚inneren Paradieses' bei Bernhard von Clairvaux, Honorius Augustodunensis, Gottfried von Straßburg und in der deutschen Mystik. In: Hugo Moser, Rudolf Schützeichel und Karl Stackmann (Hg.), Festschrift für Josef Quint. Bonn 1964, 277–290.

Nach dem Exkurs wird vom Dichter erzählt, wie Isolde, sich fast schon provokativ über die Verbote ihres Ehemannes Marke hinwegsetzend, bei glühender Hitze in der Mittagszeit – die Umstände erinnern an die biblische Episode mit Susanna im Bade – einen abgelegenen, schattigen Platz für ein Stelldichein mit Tristan im Garten aussucht (V. 18139–18144). Sie lässt dorthin ein Bett schaffen, das mit Polster und Laken, Purpur und Seide und fürstlichem Bettzeug überaus prächtig hergerichtet wird (V. 18146–18151), legt sich selbst, nur mit einem Hemd bekleidet, darauf, entlässt alle Hofdamen bis auf ihre Vertraute Brangäne und schickt nach Tristan. Durch Isoldes fortschreitende Expedierung der Öffentlichkeit und ihre Ausstattung des Ruheplatzes mit einem höfischen Prunkbett wird der Garten gleichsam kemenatisiert, das Exterieur mutiert zum Interieur. Das luxuriöse, fürstliche Bett, hier konnotiert mit einem Hauch von ‚Verruchtheit', indiziert in Diskrepanz zum *lectulus floridus*[64], dass von einem Liebesvollzug mit natürlicher Unschuld in freier Natur keine Rede sein kann; zugleich wird das Scheitern des Liebesglücks durch die unbedachte und leidenschaftliche, ja erotisch obsessive Art des Vorgehens und die leichtfertig in Kauf genommene Vielzahl der Mitwisser signalisiert. Da verwundert es nicht, dass sich die ursprünglich positive kordiale Allegorie des inneren Paradieses zur Vorstellung vom Sündenfall im Paradies mit tödlichen Folgen wandelt, heißt es doch in Form einer Prolepse über den zum Garten eilenden Tristan: *nu tete er rehte als Âdam tete. / daz obez, daz ime sîn Êve bôt, / daz nam er und az mit ir den tôt* (V. 18162–18164).

Als sich später der König inquisitorisch nach seiner Frau erkundigt und von Brangäne erfährt, dass sie sich im Garten befände, ertappt er in der Rolle des Voyeurs die Liebenden in flagranti (V. 18190–18214), schreitet aber nicht ein, sondern entfernt sich, um zur Herstellung von Öffentlichkeit den Kronrat als Zeugen herbeizurufen, was insofern nicht zum Erfolg führt, als Tristan beim Eintreffen der Magnaten den Ort der Tat bereits verlassen hat. Summa summarum erscheint der Garten insgesamt als Erweiterung des Innenraums, als Stätte der Zweisamkeit, als Ort erotischer Transgression und schließlich in jäher Peripetie auch als Schauplatz verlorenen Liebesglücks.

Von Gottfried von Straßburg beeinflusst ist die Gartenszene im *Engelhard*[65] Konrads von Würzburg, die allerdings eine andere Form von *amor illicitus*, nämlich voreheliche körperliche Liebe, zur Darstellung bringt

---

[64] Vgl. Karin Lerchner, Lectulus floridus. Zur Bedeutung des Bettes in Literatur und Handschriftenillustrationen des Mittelalters. Köln 1993, 431ff.

[65] Vgl. Konrad von Würzburg, Engelhard, hg. von Ingo Reiffenstein. Tübingen ^{3}1982.

(V. 2926ff.). Im Garten des dänischen Königs verabreden sich die frisch Verliebten Engelhard, Sohn eines burgundischen Adeligen, und Engeltrud, die Königstochter, zu einem ‚Date', während die Hofleute ein Mittagsschläfchen halten. Ähnlich wie Isolde bittet auch Engeltrud, die das Stelldichein listig arrangiert, vorher die Hofdamen, sich aus dem Garten zu entfernen. Der Garten erscheint als quasi weibliches Territorium, über das die Frau eine Art von Schlüsselgewalt besitzt. Nachdem man sich in aller Heimlichkeit getroffen hat, führt Engeltrud den Geliebten zu einem Liebeslager an einem schattigen Platz. Beide werden jedoch nach kurzer Zeit beim Liebesspiel von einem Neider, Prinz Ritschier von England, entdeckt, der seinen entflogenen Falken verfolgt, der sich just auf dem Baum niedergelassen hat, unter dem die Liebenden liegen. Der Aufpasser konnte nur deshalb mühelos in den Garten gelangen, weil Engelhard in seiner aufgeregten Vorfreude die Gartentür von innen nicht verschlossen hatte. Als Ritschier die Sache dem König meldet, stellt dieser wegen der Ehrverletzung Engelhard zur Rede, der alles abstreitet und den Kopf aus der Schlinge ziehen kann, indem er gegenüber dem König sophistisch argumentiert: Wenn er unlautere Absichten gehabt hätte, wäre er nicht so töricht gewesen, die Gartentür offen zu lassen; auch wäre er gar nicht vor dem König erschienen, sondern hätte unmittelbar nach dem Vorfall das Weite gesucht.

Die Transgression im Garten, die in der spätmittelalterlichen Mären- und Novellendichtung schwankhafte Züge gewinnt, die hier nicht weiter verfolgt werden können,[66] setzt voraus, dass außerehelicher (Isolde) und vorehelicher (Engeltrud) Geschlechtsverkehr einen Verstoß gegen gesellschaftliche und kirchliche Normen darstellen, die angesichts einer neuen laikalen und bei Gottfried vermutlich auch häretisch beeinflussten Einstellung[67] mit zweifellos libertinistischen Zügen als repressiv empfunden werden. Der Garten mit seinen Sichthindernissen bietet gewisse Möglichkeiten, sich der entsprechenden *huote*, die im Bereich der Burg besonders rigide ist, zu entziehen, bildet somit einen Fluchtraum für Liebende. Obwohl die Gärten von Mauern umgeben und auch abschließbar sind, unterliegen sie gleichwohl noch der sozialen Kontrolle der Burg- bzw. Schlossbewohner. Die Liebenden gehen

[66] Vgl. das Märe: Die Buhlschaft auf dem Baume. In: Novellistik des Mittelalters, hg. und übers. von Klaus Grubmüller. Frankfurt am Main 1996, 244–259; zu ähnlichen Geschichten bei Boccaccio und Chaucer vgl. Kommentar 1114ff.

[67] Vgl. Ulrich Ernst, Die Auseinandersetzung mit häretischen Strömungen in der deutschen Literatur des 13. Jahrhunderts. In: Jan A. Aertsen und Andreas Speer (Hg.), Geistesleben im 13. Jahrhundert (Miscellanea Mediaevalia 27) Berlin 2000, 362–392, hier 391f.

deshalb ein hohes Risiko des Entdecktwerdens ein, wenn sie sich wie im *Tristan* und im *Engelhard* im Garten zum Austausch von sexuellen Handlungen verabreden. Wie an beiden Romanen zu ersehen ist, schlägt angesichts einer dominanten Öffentlichkeit der Versuch dauerhafter Intimität fehl. Ähnlich wie beim ersten Sündenfall der Stammeltern sind auch die ‚paradiesischen' Freuden im höfischen Lustgarten fragil und nur von kurzer Dauer. Das Glück des Gartens wird von der gefräßigen Zeit eingeholt, was nachher bleibt, ist nicht nur beseligende Erinnerung, sondern auch traumatische Erfahrung.

8. GARTEN ALS ALLEGORISCHE INSZENIERUNG

In Differenz zur exegetischen Allegorese, die sich in den Geleisen der Bibelhermeneutik einordnet, öffnet sich die poetische Allegorie mit dem Einsatz von Abstracta agentia säkularen Bezügen und verträgt sich eher mit Vorstellungen von poetischer Autonomie, wenngleich auch der Personalallegorie ein moralisch-didaktischer Zug inhärieren kann. Wenn in geistlichen Texten der Garten als Sinnbild für die Seele erscheint, so bietet dieser semantisierende Zugriff gleichwohl eine wichtige Voraussetzung für die Verwendung personifizierter innerpsychischer Kräfte, wie z. B. Emotionen, Tugenden und Laster, vor dem Hintergrund von allegorischen Gartenkulissen.

Personifikationen, die auf einer Gartenbühne agieren, beherrschen den von Guillaume de Lorris in den Jahren 1230–1249 begonnenen und von Jean de Meun zwischen 1275 und 1280 vollendeten *Roman de la Rose*[68], der mit dem Konzept des *bellum intestinum* an die *Psychomachie* des Prudentius anschließt. Statt Gewächse in einem allegorischen Tugendgarten zu beschreiben, operieren die beiden Autoren, durchdrungen von einer Ästhetik des Analogen und Anthropomorphen, mit epischen Figuren, die in einer Seelenlandschaft agieren.

Der Roman berichtet im ersten Teil, von Anfang an eine virtuelle Ebene ansteuernd, von einem Traumerlebnis des Dichters, der, sich als Ich-Erzähler präsentierend, an einem Maimorgen bei einem Spaziergang auf eine schöne weite Ebene gelangt und sich später mit einer hohen Mauer konfrontiert sieht, die einen quadratisch angelegten Garten (V. 467, 513, 1322) umgrenzt. Auf der Außenmauer prangen mit entsprechenden Attributen Schreckbilder

[68] Guillaume de Lorris und Jean de Meun, Der Rosenroman, hg. und übers. von Karl August Ott. I–III. München 1976/78/79.

allegorischer Gestalten: *Haine, Felonie, Vilanie, Convoitise, Avarice, Envie, Tristece, Vieilleice, Papelardie, Povereté*, die als Kräfte einerseits aus dem Garten ausgeschlossen sind, ihn andererseits aber in apotropäischer Bildhaftigkeit gegen feindliche Besucher verteidigen. Zugleich verweisen diese ikonischen Figuren, die jeweils durch ‚Dress code', Physiognomie und Körpersprache als liebesfeindliche Mächte charakterisiert sind, auf die als lebend und handelnd vorgestellten Abstracta im Garteninnern. Wie man erkennt, manifestiert sich die virtuelle Realität des Romans auf unterschiedlichen Ebenen sowie in diversen Medien und Brechungen.

Unter den handelnden Personifikationen öffnet Oiseuse, die Inkarnation des Müßiggangs, dem durch den Vogelgesang neugierig gewordenen Dichter die schmale Tür zum Garten und berichtet ihm von Deduit, den Besitzer, der *de la terre as Sarradins* (V. 592) Bäume herbeischaffen und hier anpflanzen ließ. Durch den Hinweis auf das Land der Sarazenen als Ursprungsort einiger Bäume erhält der Garten einen exotischen Anstrich, und zugleich wird eine Assoziation an die islamische Gartenkultur evoziert, die dem Westen durch Beispiele aus dem maurischen Spanien bekannt ist. Deduit gibt sich in diesem Garten mit seiner Freundin Leece der Festfreude hin, an der auch andere allegorische Figuren partizipieren, die von einer hedonistischen, fast neoepikureischen Einstellung erfüllt sind, deren Ideal eine höfische ‚Spaßgesellschaft' zu sein scheint.

Nach Betreten des Gartens genießt der Ich-Erzähler alle Freuden und Annehmlichkeiten des *locus amoenus*, insbesondere den Gesang der Vögel, deren Artenvielfalt in Form eines Katalogs vorgeführt wird (V. 639–660) und deren Melodien ihn zu Vergleichen mit dem christlichen *cantus angelicus* (V. 663f.) und dem antiken Sirenengesang (V. 669–674) inspirieren: Der Garten verwandelt sich hier in einen Klangraum mit synkretistischen symbolischen Valenzen. Zum topischen Thesaurus der Gartenekphrase gehören auch der Mischwald mit Bäumen aller Art, die große Anzahl von Gewürzkräutern (V. 1326–1360), der im Hohelied (Ct 1,15) vorgebildete *lectulus floridus*[69] (V. 1391–1398), die polychrome Blumenpracht (V. 1399–1410) und das Sistieren der Zeit, sichtbar daran, dass alles im Sommer wie auch im Winter blüht (V. 1399–1402). Der Hinweis auf die vielen Tiere, die sich im Garten tum-

---

[69] Zur literarischen Tradition des Motivs vgl. Lerchner, Lectulus floridus 428–446.

meln (V. 1375–1386), wirkt in diesem Kontext exzeptionell und rückt die Ekphrase an die Traditionslinie des herrscherlichen Tierparks heran.[70]

Im Unterschied zum konventionellen Aufbau der Gartenekphrase nach dem Schema von außen nach innen, dem eine gewisse Starrheit anhaftet, folgt die Beschreibungsperspektive dem flanierenden Protagonisten und wird dadurch stark aufgelockert. Der Ich-Erzähler gelangt in Begleitung des mit Pfeilen und Bogen bewaffneten Amor zu einem verzauberten Brunnen, der *Fontaine d'Amors*, die nach Ausweis der Inschrift am Marmorrand zugleich der Brunnen des Narziss ist, der sich in sein eigenes Spiegelbild im Wasser verliebt und daran schließlich zu Grunde geht (V. 1432–1435).[71] Hier erblickt der Erzähler zwei mirakulöse Kristalle, in denen sich, jeweils zur Hälfte, der gesamte Garten spiegelt, inklusive der Rosensträucher in der Ferne, die erotisch konnotiert sind (V. 1612ff.). In der Spiegelung zeigt sich nicht nur die Einwirkung der hochmittelalterlichen Katoptromantie und Kristallomantie, die in enger Affinität zur Hydromantie stehen,[72] sondern auch der Einfluss eines neuen, naturkundlich fundierten Interesses für Optik und *scientia de speculis.*[73] Nicht zu vergessen sind auch historische Vorformen des Virtuellen in der Geschichte der Gartenekphrase, etwa bei dem antiken Autor Achilleus Tatios, der die Spiegelung des Gartens im Wasser schon eigens thematisiert, oder bei Gottfried von Straßburg, bei dem in der ersten Baumgartenszene im *Tristan* der Schatten den Helden vor den Spähern Marke und Melot im Ölbaum warnt (V. 14622–14636).

---

[70] Zum Tierpark Karls des Großen vgl. Gunnar Heuschkel, Zum Aachener Tiergehege zur Zeit Karls des Grossen. In: Wolfgang Dreßen u. a. (Hg.), Ex oriente – Isaak und der weiße Elefant. Bagdad – Jerusalem – Aachen. Eine Reise durch drei Kulturen um 800 und heute. Mainz 2003, 144–155; zur Beschreibung des Tiergartens im *Erec* Hartmanns von Aue vgl. Werner Rösener, Jagd, Rittertum und Fürstenhof im Hochmittelalter. In: ders. (Hg.), Jagd und höfische Kultur im Mittelalter. Göttingen 1997, 123–148, hier 137f.

[71] Vgl. Ursula Orlowsky und Rebekka Orlowsky, Narziß und Narzißmus im Spiegel von Literatur, Bildender Kunst und Psychoanalyse. München 1992, 130–135.

[72] Vgl. Erich Köhler, Der Rosenroman. In: ders., Vorlesungen zur Geschichte der französischen Literatur, hg. von Henning Krauß und Dietmar Rieger. Mittelalter II. Stuttgart 1985, 131–168, hier 158ff.

[73] Vgl. Patricia J. Eberle, The Lovers' Glass: Nature's Discourse on Optics and the Optical Design of the Romance of the Rose. In: University of Toronto Quarterly 46 (1976/77) 241–262; vgl. auch Ulrich Ernst, Mirabilia mechanica. Technische Phantasmen im Antiken- und im Artusroman des Mittelalters. In: Friedrich Wolfzettel (Hg.), Das Wunderbare in der arthurischen Literatur. Tübingen 2003, 45–77, hier 57.

Nachdem der Erzähler eine sich im Wasser spiegelnde Rose als Geliebte ausgewählt hat, schießt Amor mit seinen Pfeilen *Biauté, Simplece, Cortoisie, Compaignie, Biaus Semblanz* auf ihn[74] und expliziert ihm, wie er sich der Geliebten zu nähern habe. Der Garten, der mit seinen ca. 2000 Versen die gesamte erste Hälfte des Romans von Guillaume de Lorris einnimmt, ist somit nicht nur Staffage für diverse Abstracta agentia und Landschaftssegment mit Stimmungsvalenzen, sondern, wie die Brunnen-Episode zeigt, zugleich Movens der Handlung.[75] Übergreifend im Rahmen einer artistischen Spiegelpoetik ist die Funktion der virtuellen Rose als Chiffre der Geliebten.

Während die viereckige Form des Gartens in der Antike schon bei Longos belegt ist, erscheint die detaillierte Ekphrase der Gemälde mit Personifikationen auf der Gartenmauer prima vista als eine Novität des Rosenromans. Von einem solchen Bildschmuck ist vorher erst im *Bel Inconnu*[76] des Renaut de Bâgé zu Ende des 12. Jahrhunderts die Rede, in dem marmorne Mauern eines Feengartens beschrieben werden, die mit Bildern aller von Gott geschaffenen Lebewesen in Reliefform dekoriert sind (V. 4292–4298). Dadurch wird eine eigentümliche Verbindung von Makrokosmos und Mikrokosmos konstituiert, insofern die Außenwelt sowohl durch eine künstlerische Wiedergabe in Form von Gemälden wie auch durch die natürliche, mikrokosmische Anlage des Garteninneren gespiegelt wird: Der Garten ist Symbol des Kosmos,[77] zugleich aber auch eine Innenwelt der Außenwelt.

Blickt man sich in der byzantinischen Epik des Hochmittelalters um, so bietet eine engere Parallele zu der Gartendarstellung des Guillaume de Lorris der im 12. Jahrhundert entstandene höfische Prosaroman *Hysmine und Hysminias* des Eustathios Makrembolites.[78] In der Romanhandlung dominiert als Schauplatz der Garten des Sosthenes, des Vaters der Hysmine, und hier be-

---

[74] Vgl. Angelika Storrer und Eva Lia Wyss, Pfeilzeichen: Formen und Funktionen in alten und neuen Medien. In: Ulrich Schmitz und Horst Wenzel (Hg.), Wissen und neue Medien. Bilder und Zeichen von 800 bis 2000. Berlin 2003, 159–195, hier 168 (Abb. 3).

[75] Vgl. Thoss, Studien zum locus amoenus 134.

[76] Renaut de Bâgé, Le Bel Inconnu, hg. von Karen Fresco, übers. von Colleen P. Donagher. New York 1992; vgl. auch Renaut de Beaujeu, Der schöne Unbekannte, übers. von Felicitas Olef-Krafft. Zürich 1995.

[77] Vgl. Hieronymus Lauretus, Silva 523, der für *hortus* auch das Signifikat *mundus* verzeichnet.

[78] Eustathios Makrembolites, Hysmine und Hysminias 1, 4–6, 2; 2, 1–11, 3; 4, 4–25, 2; zum Folgenden vgl. F. M. Warren, A Byzantine Source for Guillaume de Lorris' *Roman de la Rose*. In: Publications of the Modern Language Association 31 (1916) 232–246.

gegnen wir nicht nur einer Zuordnung von Garten und Liebesgott, wie sie schon bei Longos greifbar ist, sondern auch das Motiv der Gemälde auf der Gartenmauer scheint auf. Dargestellt sind mit Beischriften Personifikationen der vier Kardinaltugenden, ein Bild des Weihegotts Eros und zwölf Monatsbilder, wobei in die Ekphrase des Mai ein *locus amoenus* integriert ist. Angesichts der Tatsache, dass der Garten des Sosthenes Merkmale aufweist, die durch westliche Quellen nicht abgedeckt sind, darf man wohl davon ausgehen, dass Guillaume de Lorris für seine Gartenschilderung Anregungen aus Byzanz verwertet hat.

Der Kontinuator des *Roman de la Rose*, Jean de Meun, hat das unvollendete Werk des Guillaume de Lorris um mehr als das Vierfache ausgeweitet und dabei dem Garten seines Vorgängers mit polemischer Attitüde einen eigenen *parc* gegenübergestellt, der auch keine quadratische, sondern eine in sich perfekte zirkuläre Form aufweist (V. 20294–20297). Während er den Garten des Guillaume de Lorris dem Bereich der Lüge zuordnen will, beansprucht er, sich an die Kontrastierungstopik geistlicher Dichtung anlehnend, für seinen Garten den Charakter der Wahrheit. Sein gleichwohl ebenfalls virtueller Garten ist ein jenseitiges Konstrukt, das von Priester Genius all denen versprochen wird, die sich an die Gebote der Natur, der Stellvertreterin Gottes, halten (V. 19507ff.), die es zur obersten Pflicht der Menschen erhebt, durch Fortpflanzung den Fortbestand der Art zu sichern.

Auf der Außenseite der Gartenmauer sind bei Jean de Meun auf unterster Ebene die Hölle mit allen Teufeln und Sünden sowie der Zerberus, auf mittlerer Ebene die vier Elemente mit den ihnen zugeordneten Räumen und Lebewesen und auf oberster Ebene der Sphärenhimmel mit Planeten und Fixsternen auf höchst realistische Weise dargestellt (V. 20299–20334). In Frontstellung gegenüber dem Narzissbrunnen des ersten Teils lässt der Fortsetzer im Rückgriff auf die christliche Vorstellung des *fons vitae* (Apc 22,1) das Bild eines Brunnens aus drei Quellen erstehen, die aufgrund der vollkommenen Dreizahl die göttliche Trinität symbolisieren (V. 20465–20478). Während man nach Jean de Meun in den beiden Kristallen[79] im Brunnen des ersten Teils nur jeweils eine Hälfte des Gartens erblicken kann, spiegelt der eine und einzigartige Karfunkelstein[80] mit seiner endogenen Luminiszenz, der sich in

[79] Zur Tradition und Symbolik des Kristalls vgl. Ulrich Engelen, Die Edelsteine in der deutschen Dichtung des 12. und 13. Jahrhunderts. München 1978, 334–343.

[80] Vgl. ebenda 324–331; Theodore Ziolkowsky, Der Karfunkelstein. In: Euphorion 55 (1961) 297–304.

dem Brunnen des zweiten Teils, der *fontaine de vie*, befindet, stets den Garten in toto: dies der originelle Beitrag des Jean de Meun zur katoptrischen Poetik des ersten Teils.

Stärker als bei Guillaume de Lorris finden sich in der Fortsetzung Bibelreminiszenzen und Anklänge an die christliche Ikonographie des Paradieses, vor deren Hintergrund der ‚paradiesische' Ölbaum, der die Kiefer im ersten Teil substituiert, die Lammsymbolik (Io 1,29; Apc 5,6ff.) und die Vorstellung des göttlichen Hirten und seiner Herde (Lc 15,3–7; Io 10,1–16) betrachtet werden müssen: Geistliche Bukolik und Paradiestopik gehen eine Allianz ein. Als erklärungsbedürftig wird in der Forschung empfunden, dass bei Jean de Meun als zentrales Gebot der Ethik die Fortpflanzung zur Erhaltung der Menschheit proklamiert wird. Dieser angeblich ketzerische Gedanke wird mit der Rezeption des Averroismus im 13. Jahrhundert erklärt, nach dessen Lehre die Individualseele nur als Teil der Weltseele existiert, was bedeutet, dass es kein Leben nach dem Tode und keine Auferstehung des Leibes gibt. Völlige geschlechtliche Enthaltsamkeit wird geradezu als Übel angesehen, da nur über die Arterhaltung der Mensch weiterleben könne, was bei Jean de Meun auch deutlich zum Tragen kommt.[81]

Gegenüber dieser Auffassung ist allerdings Skepsis angebracht; denn der Sachverhalt stellt sich eher so dar, dass Jean de Meun, ähnlich wie sich Alanus ab Insulis in *De planctu naturae*[82] gegen der Fortpflanzung abträgliche Liebesformen, darunter nicht nur die Homosexualität, sondern auch den Narzissmus, gewandt hat,[83] ebenfalls die der Zeugung widerstrebende Selbstliebe verurteilt. Ähnlich wie Alanus ab Insulis geht es Jean de Meun offenbar darum, angesichts libertinistischer Tendenzen in der mittelalterlichen Gesellschaft eine Entkopplung der Liebe vom ehelichen Zweck der *generatio prolis* (im augustinischen Sinn) zu verhindern, ohne dass allerdings Augustins Konkupiszenztheorie als Teil seiner Erbsündelehre rezipiert wird.[84] Der Einfluss des Alanus ab Insulis zeigt sich auch flagrant darin, dass die Personifikation der Natur und die Figur des Genius aus *De planctu naturae* von Jean de Meun in den Rosenroman übernommen werden.

---

[81] Vgl. die Arbeit von Walter Müller, Der Rosenroman und der lateinische Averroismus des 13. Jahrhunderts. Frankfurt am Main 1947; vgl. dazu auch Erich Köhler, Der Rosenroman 161–168.

[82] Alanus ab Insulis, Liber de planctu Naturae, PL 210, 429–482.

[83] Ebd. 450.

[84] Vgl. Peter Ochsenbein, Studien zum Anticlaudianus des Alanus ab Insulis. Frankfurt am Main 1975, 122f.

9. GARTEN ALS TEXT – TEXT ALS GARTEN

Schon in der Antike deuten sich Relationen zwischen Garten und Text an, wurde doch z. B. von den Stoikern die Philosophie mit einem Garten verglichen, bei dem der Zaun die Logik, Boden und Bäume die Physik und der Ertrag an Früchten die Ethik versinnbildlichen.[85] In der Folgezeit wurde der Garten häufig als beschrifteter Raum begriffen: So erwähnt z. B. Plinius der Jüngere, der in seinen Briefen[86] sein Landgut Tuscum beschreibt, bei der Schilderung des Hippodroms Bux, der in Form von Buchstaben geschnitten ist, die den Namen des Gartenbesitzers oder des Gärtners ergeben: *alibi pratulum, alibi ipsa buxus intervenit in formas mille discripta, litteras interdum, quae modo nomen domini dicunt, modo artificis* (V, 6). Auch Nonnos von Panopolis liefert in seinen *Dionysiaka* einen Beleg für Hinweise auf Schrift in Gartenarchitekturen, befinden sich doch im Garten der Elektra, den Kadmos, der Vorfahre des Dionysos, besucht, Hyazinthen, die Apollo aus dem Blut des geliebten Hyakinthos, dessen Tod der eifersüchtige Zephyros verschuldete, sprießen ließ und deren Blättern er einen Klagelaut einschrieb (III, 153–163).[87]

Ein neuer Aspekt des Verhältnisses von Garten und Text wird im Hochmittelalter durch das Motiv der Lektüre im Freien markiert, das im *Iwein*[88] Hartmanns von Aue eine besondere, das dichterische Werk selbst reflektierende Ausprägung gefunden hat. Nachdem der Held zur Burg des schlimmen Abenteuers gelangt ist, kommt er in einen prächtigen Baumgarten, in dem ein betagter Ritter auf einer Lagerstatt liegt, dem seine Frau Gesellschaft leistet: Beiden vertreibt ihre Tochter die Zeit, indem sie ihnen aus einem französischen Buch vorliest (V. 6435–6462).[89] In Giovanni Boccaccios *Decamerone* zeigt die Gartenschilderung in der Vorrede zum 3. Tag gleichfalls Züge von Textualität und Lektionalität, sofern die vor der Pest geflohene Gesellschaft im Garten Lieder singt (*[...] canzonette cantate*) und sich neben

[85] Diogenes Laertius, Vitae philosophorum I–III, hg. von Miroslav Marcovich. Stuttgart 1999, 7,40; vgl. Carl Schneider, Art. Garten. In: Reallexikon für Antike und Christentum 7. Stuttgart 1972, Sp. 1048–1061.

[86] C. Plinius d. J., Epistularum libri decem, hg. und übers. von Helmut Kasten. München [5]1984; vgl. Clemens Alexander Wimmer, Geschichte der Gartentheorie. Darmstadt 1989, 7f.

[87] Dazu vgl. auch P. Ovidius Naso, Metamorphosen, hg. und übers. von Michael von Albrecht. Stuttgart 1994, 10, 214–216.

[88] Hartmann von Aue, Iwein, hg. und übers. von Thomas Cramer. Berlin [4]2001.

[89] Vgl. Ulrich Ernst, Formen der Schriftlichkeit im höfischen Roman des hohen und späten Mittelalters. In: Frühmittelalterliche Studien 31 (1997) 252–369, hier 275.

Brett- und Schachspiel die Zeit mit dem Lesen von Romanen vertreibt (*[...] chía leggen romanzi*).[90] Auch diese Hinweise gewinnen poetologische Relevanz, wenn man sich vergegenwärtigt, dass der Garten als Kulisse der Rahmenhandlung figuriert, vor der die einzelnen Geschichten erzählt werden.

Im *Tristan* Gottfrieds von Straßburg inszenieren die Liebenden in der ersten Baumgartenszene eine Geheimkommunikation mit Hilfe von im Wasser schwimmenden Spänen, auf denen ihre Initialen vermerkt sind (14421ff.), und auch im Rosenroman wird der Garten zu einem lesbaren Raum, wie schon dem ersten Teil zu entnehmen ist, in dem nicht nur die Gemälde auf der Gartenmauer mit Bildtituli versehen sind: *Quant j'oi un poi avant alé / Si vi un vergier grant e lé / Tot clos de haut mur bataillié, / Portrait dehors e entaillié / A maintes riches escritures* (V. 129–133), sondern auch der Brunnen eine Inschrift trägt. Die bei Guillaume de Lorris in den Marmorstein eingravierte Inskription wird bei Jean de Meun durch ein anderes Schriftmotiv ersetzt, und zwar hängt an dem Ölbaum, welcher der Quelle Schatten verleiht, eine Schriftrolle mit *letres petites* (20518), denen diejenigen, die im Schatten des Ölbaums liegen, folgende Information entnehmen können: *Ci cueurt la fontaine de vie / Par desouz l'olive foillie / Qui porte le friut de salu.* (V. 20521–20523).

Von dem altfranzösischen Rosenroman sind die Gartenbeschreibungen Geoffrey Chaucers[91] inspiriert, der den *Rosenroman* ins Englische übersetzt hat[92] (vgl. V. 647–733). Zu nennen ist vor allem seine allegorische, in eine Traumvision gekleidete und von Boccaccios *Teseida*[93] (VII, 51ff.) beeinflusste Gartenbeschreibung in der Dichtung *The Parliament of Fowls*[94] aus dem Jahr 1382, in welcher der von der Göttin Natur regierte Liebesgarten mit mythischem und allegorischem Personal bevölkert ist (123ff.). Das Janusgesicht des Gartens, das sich in der Ambivalenz zwischen heidnischer Liebesfreude und christlichem *contemptus mundi* bekundet, spiegelt sich in

---

90 Giovanni Boccaccio, Decameron I–II, hg. von Vittore Branca. Mailand 1985; vgl. Edith G. Kern, The Gardens in the Decameron Cornice. In: Publications of the Modern Language Association 66 (1951) 505–525.

91 Vgl. Kenneth Kee, Two Chaucerian Gardens. In: Medieval Studies 23 (1961) 154f.

92 Geoffrey Chaucer, Romaunt of the Rose. In: John H. Fisher (Hg.), The complete poetry and prose of Geoffrey Chaucer. New York 1977.

93 Giovanni Boccaccio, Teseida delle nozze d'Emilia, hg. von Alberto Limentani. Mailand 1992.

94 Geoffrey Chaucer, Parliament of Fowls. In: John H. Fisher (Hg.), The complete poetry and prose of Geoffrey Chaucer; zur Thematik allgemein vgl. Kenneth Kee, Two Chaucerian Gardens. In: Medieval Studies 23 (1961) 154–162.

der doppelten Inschrift am Eingangstor zu diesem irdischen Paradies: Die in Goldschrift stellt eine Verheißung, die in schwarzer Schrift eine Warnung dar.[95] Offenbar wird hier nicht nur das bereits in Homers *Odyssee* fassbare Motiv der zwei Pforten aus unterschiedlichem Material (19, 562–568), sondern auch die Inskription auf dem Höllentor in Dantes *Divina Comedia*[96] anzitiert (Inf. III., 1ff.).[97]

Im Spätmittelalter wird die *res significans* ‚Garten' von Hieronymus Lauretus auch auf die *sacra scriptura* bezogen: *Hortus praeterea dicitur sacra doctrina, quae dicitur paradisus deliciarum, propter sensum spiritualium delicias, ubi etiam virent spes et bona opera. Est etiam hortus sensus historicus sacrae scripturae, continens creationem, reconciliationem, et reparationem. Et hortus conclusus, est lux divina consita omni genere arborum, quia omnis doctrina, omnisque disciplina in divina lege sub mirabili cortice continetur. Ideò àrcitur hortus clausus, et etiam propter mysteria, quae in ea clauduntur* (522). Wenn Hieronymus Lauretus die Heilige Schrift als einen Garten begreift, zeigt sich eine neue Facette der Vorstellung von Garten als Text. Der Autor bezieht die *res* ‚Garten' auf den literalen Sinn der Bibel, die das Schöpfungs- und Erlösungsgeschehen berichtet, während er die *res* ‚verschlossener Garten' auf die vielfältigen Geheimnisse deutet, die in der Heiligen Schrift verborgen sind. Der *hortus conclusus* wird somit zur Metapher für die aus offenem *sensus historicus* und verschlossenem *sensus mysticus* bestehende Textstruktur der Heiligen Schrift.

Einen neuen gattungstheoretischen Aspekt der Vorstellung vom Garten als Text markieren enzyklopädische Werke, die den Raumbegriff Garten im Titel umschreiben, so der als Blütensammlung angelegte *Liber floridus*[98] des Lambert von St.-Omer, der bezeichnenderweise eine Palme der Tugenden als Baumdiagramm (Ghent, Univ.-Bibl., Hs. 92, fol. 76v) enthält, oder der *Hortus deliciarum*[99] der Herrad von Hohenburg, der ähnlich wie ein unterschiedliche Blumen und Beete umfassender Garten eine bunte Mischung von

[95] Zur Symbolik von Schriftfarben vgl. Ulrich Ernst, Farbe und Schrift im Mittelalter unter Berücksichtigung antiker Grundlagen und neuzeitlicher Rezeptionsformen. In: Testo e Immagine nell' Alto Medioevo I (Settimane di Studio del Centro Italiano di Studi sull' Alto Medioevo XLI) Spoleto 1994, 343–415 (Taf. I–XIX).

[96] Dante Alighieri, Die Göttliche Komödie, hg. und übers. von Hermann Gmelin. Stuttgart 1949–1957 (Neudr. I–VI. München 1988).

[97] Vgl. Wolfgang Clemen, Chaucers frühe Dichtungen. Göttingen 1963, 177–181.

[98] Lambert von St.-Omer, Liber Floridus-Autograaf, hg. von Albert Derolez. Ghent 1968.

[99] Herrad of Hohenbourg, Hortus deliciarum I–II, hg. von Rosalie Green u. a. Leiden 1979.

Textstücken, darunter eine diagrammartige Darstellung der Wurzel Jesse (fol. 80v), umfasst, oder auch die z. T. unter dem Titel *Pomarium* (Obstgarten) überlieferte Serie von Diagrammen und Figurengedichten (u. a. ein Laster- und ein Tugendbaum; z. B. MS Arundel 83 II, London, fol. 128v und 129r), die auf den Franziskaner Johannes von Metz zurückgeht.[100]

Nicht nur im Westen formiert sich im hohen Mittelalter der Garten als literarische Gattung, vielmehr findet sich kulturübergreifend auch bei den Arabern häufig die Anschauung vom Buch als Garten bzw. vom Garten als Buch. Ein bekanntes Beispiel ist der *Rosengarten* (*Gulistān*)[101] des Muslihuddin Saadi, ein persisches Werk des 13. Jahrhunderts, das man, weil aus Versen und Prosa bestehend, aus westlicher Sicht in die Tradition des Prosimetrums einordnen kann. „Titel, die den Begriff ‚Rosenhag' enthalten, werden häufig von persischen, osmanischen und indomuslimischen Schriftstellern verwendet", konstatiert Annemarie Schimmel.[102] In der frühen Neuzeit entwickelt sich im Kontext mit gattungspoetischen Konzepten vom Text als gegliedertem Raum eine reiche vegetabile Metaphorik, wie eine Fülle von einschlägig betitelten Werken, ‚Viridarien', ‚geistlichen Baumgärten' und ‚Seelen-Paradiesen', dokumentiert:[103] Als besonders prominente und kanontaugliche Beispiele für poetische Gartenanlagen in Form generistischer Projektionen dürfen der *Fruchtbringende Lustgarten*[104] (1647) des Justus Georg Schottel und Gerhard Tersteegens *Geistliches Blumengärtlein*[105] (1729) gelten, bis sich dann am Ende des 18. Jahrhunderts ein neues gattungspoetologisches Modell herausbildet: der Roman als Garten.

---

[100] Vgl. Lucy Freeman Sandler, The Psalter of Robert De Lisle in the British Library. London 1983, 23–29; vgl. Ulrich Ernst, Carmen figuratum. Geschichte des Figurengedichts von den antiken Ursprüngen bis zum Ausgang des Mittelalters. Köln 1991, 665ff.; Christel Meier, Die Quadratur des Kreises. Die Diagrammatik des 12. Jahrhunderts als symbolische Denk- und Darstellungsform. In: Alexander Patschovsky (Hg.), Die Bilderwelt der Diagramme Joachims von Fiore. Zur Medialität religiös-politischer Programme im Mittelalter. Ostfildern 2003, 23–53, hier 48f., Abb. CM 26 (233).

[101] Der Rosengarten, übers. von Karl Heinrich Graf, hg. und komm. von Dieter Bellmann. München 1998.

[102] Annemarie Schimmel, Kleine Paradiese. Blumen und Gärten im Islam. Freiburg im Breisgau 2001, 137.

[103] Vgl. Wolfgang Adam, Poetische und kritische Wälder. Untersuchungen zu Geschichte und Formen des Schreibens ‚bei Gelegenheit'. Heidelberg 1988, 176ff.

[104] Justus Georg Schottel, Fruchtbringender Lustgarten, hg. von Marianne Burkhard. Mit einem Nachwort von Max Wehrli. München 1967 (Nachdr. Lüneburg [1]1647).

[105] Gerhard Tersteegen, Geistliches Blumengärtlein. Stuttgart [15]1956.

Wernfried Hofmeister

Magische Verortung am Beispiel spätmittelalterlicher deutscher Liebesbeschwörungen

‚Liebesbeschwörungen' stehen innerhalb des breiten Stroms an diversen Adjurationen in einer besonders langen und bis heute lebendig gebliebenen Tradition: Ihr innerer Motor ist das unermüdliche Streben nach aktiver Einflussnahme auf das Mysterium der affektiven Partnerwahl.[1] Noch dem mittelalterlichen Denkkreis entstammen drei schriftlich überlieferte ‚Liebeszauber' aus dem 14. und 15. Jahrhundert. Sie sind seit ihrem Erst-Abdruck[2] vor über 100 Jahren wenig beachtet worden, verdienen aber mehr Aufmerksamkeit, weil sie eben prägnante Einblicke in virtuelle Raumvorstellungen bieten. Zuvor sollen aber ein paar ganz allgemeine Hinweise das Faszinosum der ‚Beschwörung' kurz charakterisieren.

Aus dem gesamten sprachmagischen Bereich ragen Beschwörungen ob ihres besonders intensiven, heischenden Wirkanspruchs heraus: Sie bemühen eine hoch ritualisierte Mischung aus Sprache und kultischen Handlungen, um an transzendente Kraftquellen zu appellieren. Verschiedene Wesenheiten sollen durch einen machtvollen Gestus dazu genötigt werden, Erwünschtes zu tun bzw. von Unerwünschtem abzulassen. Die so genannte ‚Weiße Beschwö-

[1] Vgl. Richard Kieckhefer, Magie im Mittelalter, aus dem Englischen von Peter Knecht. München 1992, wo sich verstreut zahlreiche Hinweise auf Liebesbeschwörungen auch aus der antiken Literatur finden. Vgl. auch mein ‚Kontrast-Beispiel' aus dem Internet am Ende dieses Beitrages.

[2] Siehe Anton Emanuel Schönbach (Hg.), Eine Auslese altdeutscher Segensformeln. In: Analecta Graecensia. Festschrift zur 42. Versammlung deutscher Philologen und Schulmänner in Wien 1893. Graz 1893, 29–50.

rungsmagie'[3] will durch die Vertreibung von Krankheit oder Gefahr Heil stiften; im gedachten Spannungsfeld zwischen sichtbaren und unsichtbaren Kräften bemüht sie sich um eine friedfertige „Wiederherstellung der Ordnung".[4] Ihr sehr nahe stehen – oft in fließendem Übergang – gebetsartige Segen, die sich aber im Gegensatz zu Beschwörungen nicht um eine unmittelbare Wirklichkeitsveränderung im ‚Akutfall' bemühen, sondern prophylaktisch wirken wollen. Die selten aufgezeichnete ‚Schwarze Beschwörungsmagie' kümmert sich wenig um die Wahrung einer Ordnung zwischen dem Makro- und Mikrokosmos, sondern möchte rücksichtslos den eigenen Vorteil der Beschwörenden sichern. Zwischen Weißer und Schwarzer Magie können Liebeszauber pendeln, und zwar je nachdem, ob sich ihre Wünsche innerhalb oder außerhalb von sozio-moralischen Normvorstellungen bewegen: Als eher ‚hell gefärbt' dürften wir die Absicherung ehelicher Zuneigung durch Beschwörung des eigenen Eheglücks begreifen; was dagegen in das magische Dunkel weisen würde, braucht wohl keine nähere Ausführung. – Gemeinsam ist beiden Couleurs der Beschwörungsmagie, dass eine Art Register adjurativer Bausteine benutzt wird, um eine ebenso komplexe wie phantasiereiche Wirk-Mechanik

[3] Diese traditionelle Kategorisierung ist zwar nicht immer scharf abgrenzbar, aber man mag an ihr (in Abgrenzung zur ‚Schwarzen Magie') festhalten, weil sie auf einer – in der Regel durchaus rekonstruierbaren – ‚moralischen' Opposition zwischen solchen Handlungsabsichten beruht, die für andere Menschen entweder hilfreich oder schädlich sind. Deutlich zeigt sich eine Bewusstheit für diese Bipolarität z. B. bei Wetterbeschwörungen, die als weißmagische Texte dazu dienen sollten, die Gemeinschaft vor drohendem Hagelschlag zu bewahren, als schwarzmagische Texte aber intendieren konnten, andere Menschen durch gezieltes Umlenken der Wettermächte zu gefährden (vgl. dazu Andrea und Wernfried Hofmeister, Drei „St. Lambrechter Wetterbeschwörungen": Edition und Analyse im Kontext mittelalterlicher Unwetterexorzismen. In: Anna Grotans, Heinrich Beck und Anton Schwob (Hg.), De consolatione philologiae: Studies in Honor of Evelyn S. Firchow (Göppinger Arbeiten zur Germanistik 682) Göppingen 2000, 161–176.) – Kieckhefer, Magie im Mittelalter (wie Anm. 1) gründet seine Grobgliederung statt auf ‚Weißer und Schwarzer Magie' auf jener zwischen ‚natürlicher' versus ‚dämonischer' Magie, vermag damit m. E. aber weder eine schärfere noch eine zutreffendere Kategorie anzubieten, denn zu diffus scheint diese Opposition zeithistorisch ausgeprägt und zu eng ausgerichtet z. B. für die Beschreibung zahlreicher Beschwörungen, die im Rahmen von heilenden Riten eine Kontaktnahme mit ‚Dämonen' beinhalten.

[4] So lautet der Untertitel bei Monika Schulz, Magie oder Die Wiederherstellung der Ordnung (Beiträge zur europäischen Ethnologie und Folkore. Reihe A: Texte und Untersuchungen 5) Frankfurt am Main u. a. 2000. Vgl. dazu auch die Besprechung dieses Buches durch den Verfasser in der Zeitschrift für deutsches Altertum 131 (2002) 373–379.

in Gang zu setzen.[5] Es handelt sich dabei um konstante Elemente, die jedoch – je nach Kulturkreis – variabel füllbar sind. Sie dienen z. B. der Anrufung hilfreicher Wesenheiten, sie erzählen oft in Analogie von einem vormals geglückten ‚Muster-Einsatz‘ und nützen diesen Kraftschluss dazu, im zentralen Akt der befehlsartigen Beschwörungsformel (dem die Bannung einer Wesenheit vorausgegangen sein kann) eine neuerliche Assistenz aus dem Reich des Unsichtbaren zu erwirken; rezeptartige Anweisungen zur Durchführung des Rituals sowie ausgleichende Opfergesten (zu denen ich auch die Gebetsleistungen rechne) gehören ebenfalls zum Standard-Repertoire. – Bei den gelegentlichen schriftlichen Fixierungen solcher Sprachhandlungen sind oft nur Bruchstücke dieses Repertoires aufgezeichnet worden: Dies kann viele Gründe haben, nicht zuletzt auch den, dass die Niederschrift von Stereotypem und Selbstverständlichem für entbehrlich erachtet wurde.

Auf die komplexe Wirkmechanik der Textsorte ‚Beschwörung‘ kann hier nicht eingegangen werden. Es mag dazu die Anmerkung genügen, dass adjurative Weltmodellierung von einer oft erstaunlich rationalen, kybernetischen Kausalistik geprägt ist. Diese gründet aber letztlich auf dem irrationalen Glauben an numinose, jedoch menschennahe Instanzen, welche durch die Kraft des Geistes dazu zu bewegen seien, in Grenz- und Problembereichen der Alltagswelt helfend einzugreifen. Wir haben es mithin mit einer Art ‚magischem Wirk-Paradoxon‘ zu tun in Form einer stark ‚verkrümmten‘, zwischen Rationalität und Irrationalität pendelnden Wirklichkeitsvorstellung. In sie eingespannt sind auch alle Strategien der Verortung. Welch geradezu konstitutive Rolle Raumvorstellungen für diese Denkhaltung spielen, sei nun anhand des Wortlauts dreier spätmittelalterlicher Liebesbeschwörungen stufenweise herausgeschält, beginnend mit dem ältesten der drei Texte, der ‚Erfurter Liebesbeschwörung‘.

Die Handschrift[6] zeigt uns einen mäßig sorgfältig aufgezeichneten Text des späten 14. Jahrhunderts in niederdeutsch gefärbter Mundart. Es fällt das kleine, hohe Duodez-Format des Überlieferungsträgers auf, das sich für einen

[5] Vgl. die zahlreichen Beispiele dazu bei Schulz, Magie (wie Anm. 4).

[6] Cod. Dep. Erf. CA. 12° 17, fol. 37v u. 38r: Vgl. die Beschreibung der Handschrift bei Wilhelm Schum, Beschreibendes Verzeichnis der Amplonianischen Handschriftensammlung zu Erfurt. Berlin 1887, 773: kleinformatige lateinisch-deutsche Sammelhandschrift, Pergament/Papier, „2. Hälfte 13. Jh. bis 1401“, 78 Blätter in ‚Drittelbrechung‘; enthält ferner (u. a.) einen Computus, Texte zu magischen Geheimwissenschaften, weitere Beschwörungen und Astrologisches. Unser Text findet sich in der 5. Lage aus dem Ende des 14. Jahrhunderts.

aktiven Textgebrauch empfohlen hat; daher darf von der einstigen Anwendung des Textes, also nicht bloß seiner ‚Archivierung', ausgegangen werden. Die folgende Transliteration stammt (wie auch die beiden weiteren) von Anton Emanuel Schönbach; kleinere Verbesserungen sind darin nach einer Kollationierung am Faksimile vom Verfasser durchgeführt bzw. werden in den textkritischen Anmerkungen vorgeschlagen.

‚Erfurter Liebesbeschwörung'[7]

> *Ad Amorem. In die Mercurij*[8] *vel nocte visu perquiras Venerem, teutonice avonsterre, et illam carminabis sic pro tribus vicibus, et certe appropinquabit tibi voluntas tua: ‚Hele vrouwe Avonsterre, Hele vrouwe Lieve, langhe hebbic u gesocht, nu hebbic u vonden; nu man ic u, vrouwe, des diere, dat ghi mi*[9] *lonet mine stont. Ic mane u bi den banne ende bi den goeden sente Janne ende bi den heligen lichame ons heeren ende bi gode al der werelt heere; Ic mane u bi den V wonden, ic mane u bi der heliger orconde, ic mane u bi*[10] *dusentich westelbarenscher zielen, ic mane u bi den goeden sente Michiele, ic mane u bi XII ghewieden zouteren, ic mane u bi XII ghewieden outeren, dat ghi schijnt int huus, da er N. ute ende in gaet. Schijnt hem in tsine oren, schijnt hem unt ten ogen, benemt hem allen lust van wive, sonder*[11] *alleene van minen*[12] *live! Schijnt hem onder zine voete ende wecten*[13] *zo onzoete, dat hi enmach slapen no waken no eten no drinken, hi enmoet om mi dinken ende comen to*[14] *mi ende doen dat mi lief zij ende niet dat mi leet zij. In gods namen. Amen.*
>
> Übersetzung: Für die Liebe. Mittwoch bei Nacht oder bei Tag sollst du mit deinem Blick die Venus ausfindig machen, welche auf Deutsch

[7] Abgedruckt als „Liebeszauber I" bei Schönbach, Auslese (wie Anm. 2); Aufzeichnung stark durch Abbreviationen geprägt. Schönbach hat generell eine stark normalisierende Grafie gewählt, die beibehalten wurde, da sie der Erfassung des Text-Inhalts keinen Abbruch tut. Darüber hinausgehende abweichende Lesarten finden sich aber hier annotiert. – Alle angebotenen Übersetzungen stammen vom Verfasser.

[8] Nach (gekürztem) *Mercurij* (Schönbach liest *Mercurii*) durchgestrichen *tarde.*

[9] Könnte auch als *nu* gelesen werden.

[10] Nach *bi* durchgestrichen *den.*

[11] Schönbach schreibt *sunder*.

[12] Der gekürzte Nasal könnte auch als *m* aufgelöst werden.

[13] Die Handschrift hat *wectene*.

[14] Über durchgestrichenem *te*.

> der ‚Abendstern' heißt, und diese in dreifacher Abfolge anrufen, so wird dir dein Anliegen sicher gewährt. „Helle Frau Abendstern, helle Frau Liebe, lange habe ich Euch gesucht, jetzt habe ich Euch gefunden; jetzt fordere ich von Euch ganz dringend, dass Ihr mich in dieser Stunde belohnt. Ich fordere das von Euch beim (Jüngsten) Gericht und beim gütigen Sankt Johannes und beim Heiligen Leib unseres Herren und bei Gott, dem Herren der gesamten Welt; ich fordere das von Euch bei den fünf Wundmalen, ich fordere das von Euch im Namen der Heiligen Verkündigung, ich fordere es von Euch im Namen tausendfacher Reihen von Täuflingen, ich fordere es von Euch beim gütigen Sankt Michael, ich fordere es von Euch bei den zwölf geweihten Tierkreiszeichen, ich fordere es von Euch bei den zwölf geweihten Außensphären,[15] dass Ihr ins Haus scheint, in dem N. aus- und eingeht. Scheint ihm in seine Ohren und scheint ihm an seine Augen, raubt ihm alle Lust auf Frauen ausgenommen auf mich! Scheint ihm unter seine Füße und bewirkt kraftvoll, dass er nicht mehr schlafen noch wachen, essen noch trinken kann, ohne an mich zu denken und zu mir zu streben und das zu tun, was mir angenehm ist, aber nichts, was mir unangenehm wäre. Im Namen Gottes. Amen."

Die Anwendung dieses Textes setzt – auf der untersten Verortungsebene – einen geeigneten Handlungsraum voraus, also ganz konkret z. B. ein Zimmer, in dem eine weibliche Person des ausgehenden Mittelalters solche Worte hatte in gebotener Ernsthaftigkeit und Sicherheit sprechen können. Wie dieser mittelalterliche Raum ausgesehen haben mag, kann uns ein kleines, nur 24 x 18 cm messendes Ölgemälde aus dem späten 15. Jahrhundert zeigen, das in der (deutschsprachigen) Fachwelt ‚Liebeszauber'[16] heißt und das daher erwartungsgemäß eine enge motivliche Verwandtschaft zu unserem Text besitzt; zudem ist es auch in räumlicher Nähe entstanden, nämlich im Kölner Bereich.

Dieses Bild (Abb. 1) zeigt, wie eine junge Frau das Herz ihres Geliebten für sich gefangen nimmt, wobei dieser – als anscheinend bereits erfolgreich gebanntes ‚Liebes-Opfer' – rechts hinter ihr wie in Trance durch das

---

[15] Unsichere Deutung von *outeren.*

[16] Vgl. die aktuelle Katalog-Beschreibung bei Bernard Aikema, Anonymus Painter of the Lower Rhineland. „The Enchantment of Love", ca. 1470–1480. In: Bernard Aikema und Beverly Louise Brown (Hg.), Renaissance Venice and the North. Crosscurrents in the Time of Bellini, Dürer and Titian. Mailand 1999, 230.

‚Glückstor' blickt oder wankt. Seit Brigitte Lymants[17] Detailstudien von 1994 missinterpretieren wir dieses kleine Gemälde nicht mehr als direkte Illustrierung einer Liebesbeschwörung, sondern sehen darin ein sublimierteres minneallegorisches Spiel. Dennoch scheint diese Darstellung nicht völlig frei von magischen Gedanken und enthält vielleicht sogar magische Worte, welche man sich auf einigen der spruchbandartigen Girlanden hinzudenken mag. Wie auch immer: Es präsentiert sich hier in plastischer historischer Aufmachung eine Art von ‚Kommandozentrale' eines Liebes-Rituals, und diese Schaltstelle der Macht werden wir uns auch für unseren Text nicht unbedingt von einer hässlichen Hexe besetzt vorstellen, sondern eher von einer gut situierten, in Herzensangelegenheiten sehr wählerischen Frau, die zudem literat war, verfügte sie doch über den Machtfaktor Schrift und wusste insbesondere auch mit dessen lateinischen Passagen umzugehen.

Nach diesen Spekulationen über das äußere, reale Handlungsumfeld wenden wir uns den konkreteren Raum-Signalen des Text-Inneren zu. Hier betreten wir eine höhere Raum-Sphäre, und das im wahrsten Sinn des Textes, denn die beschwörende Anrufung gilt der Venus: Als nächtens geschauter Abendstern wird sie in typisch animistisch-magischer Weltsicht zur personifizierten, dienstbaren Wesenheit. Flankiert zeigt sich diese *vrouwe Lieve* von zwölf gestirnten Tierkreiszeichen mit den zwölf *outeren*, die wohl ebenfalls als sphärische Teile zu verstehen sind. Mit ihnen gemeinsam formt sich ein Raum aus, den ich den magischen Kontakt-Raum nennen möchte. Dass er im vorliegenden Text mit der Venus besetzt ist, macht Sinn, zum einen inhaltlich angesichts ihrer auch im Mittelalter weithin geläufigen Liebes-Symbolik, und zum anderen lässt sich damit topographische Bedeutung verknüpfen, indem die Liebesgöttin auch als ein real geschautes Himmelsgebilde wahrgenommen wird. Diese Verortung formt sie zu einem strahlenden Medium, welches eine ‚überirdische' Reichweite entfalten und den Kontakt zum fernen Auserwählten herstellen kann. – Dass sich solche Überbrückung von Disloziertheit und Ausstrahlung affektiver Botschaften beschwörungstechnisch auch etwas anders lösen lässt, kann der nächste Text desselben Genres offenbaren.

---

17 Vgl. Brigitte Lymant, Entflammen und Löschen. Zur Ikonographie des Liebeszaubers vom Meister des Bonner Diptychons. In: Zeitschrift für Kunstgeschichte 57 (1994) 111–122.

Abb. 1: ‚Liebeszauber'. Leipzig, Museum der bildenden Künste

Die Rede ist von der ‚Ersten Heidelberger Liebesbeschwörung'. Wieder könnten wir es mit einer gebrauchsorientierten Überlieferung zu tun haben, wofür u. a. das handliche Format spricht. Allerdings bewegt sich die flüchtige, um nicht zu sagen schlampige (z. B. von Korrekturen durchsetzte) Textaufzeichnung manchmal am Rande der Lesbar- und Verständlichkeit.[18] Notiert wurde auch nur Substanzielles, es fehlt u. a. eine Text-Schlussformel:

‚Erste Heidelberger Liebesbeschwörung'[19]

> *Biß gotwilkum, du liebeu*[20] *abentsun! du scheinst mir in meins herczen wund*[21]*, du scheinst mir an ir bett und an irn arm und an iren atom warm*[22] *und an ir trüb*[23]*, das ich ir zum herczen ziech durch ir lungen und durch*[24] *ir leber*[25]*, durch ir flaysch und ir plut: dy sey mir für all man gut, und fur mein lib müßestu versegnot sein! das helfen mir allu die kint, die in gottes himel sind und alle die westerparn*[26] *und alle die buch, die got selber schuff, und der wyrach und der mirrach und der maidflachs*[27] *und die stainwurtz und die die*[28] *fraw sunn selber uberschin.*
>
> Übersetzung: Sei Gott willkommen, du liebe ‚Abendsonne'! Du strahlst auf meine Herzenswunde, du strahlst auf ihr Bett und auf ihren

---

[18] Cod. pal. germ. 691, fol. 79b. Vgl. die Beschreibung der Handschrift bei Karl Bartsch, Die altdeutschen Handschriften der Universitätsbibliothek in Heidelberg (Katalog der Handschriften der Universitätsbibliothek in Heidelberg 1) Heidelberg 1887, 169: Papier, 15. Jahrhundert, deutsch-lateinische Sammelhandschrift im Format 15,3 x 21,6 cm, 81 Blätter (die u. a. einen Computus, eine Mondtafel sowie astronomisch-mathematische Texte und ein paar weitere ‚Segen' enthalten).

[19] Abgedruckt als „Liebeszauber II" bei Schönbach, Auslese (wie Anm. 2), 48f.; zur Textherstellung vgl. Anm. 7; anhand eines Faksimiles konnte auch hier eine neuerliche Textkollationierung durchgeführt werden.

[20] Die Handschrift hat *lieb(e)n*, wie Schönbach vermerkt.

[21] Vor *wund* durchgestrichen *grund*; Schönbach vermutet ursprüngliches *wunne* (= Wonne).

[22] Die Handschrift hat *darm* (was aber schon von Schönbach korrigiert wurde).

[23] Eventuell ist hier (laut Schönbach) ursprünglich *triel* (Mund) gemeint?

[24] *durch* von Schönbach ausgelassen.

[25] Nach *leber* durchgestrichen *vnd.*

[26] *wespar(e)n*, davor gestrichen *vn*; Schönbach vermutet danach den Entfall der reimenden Ergänzung *die ze himel sint gevarn.*

[27] Die Handschrift zeigt undeutliches *medflachs* (Schönbach liest fraglicheres *medslachs*); gemeint scheint jedenfalls das Jungferngras oder Bruchkraut.

[28] *die* folgt auf *fraw* und scheint durchgestrichen.

> Arm und ihren warmen Atem und in ihre Trübheit, sodass ich ihr zum Herzen einziehe durch ihre Lunge und Leber, durch ihr Fleisch und Blut: Sie möge mir mehr als allen anderen Männern zugetan und mir allein geweiht sein![29] Dazu sollen mir alle Kinder verhelfen, die bei Gott im Himmel sind, und alle Täuflinge und alle die Bücher, die Gott selbst erschaffen hat, und der Weihrauch und die Myrrhe und das Jungferngras und die Steinwurz und alles, was Frau Sonne beschienen hat.

Vor der Kommentierung des hier postulierten Kontaktraums sei vorab zum Handlungsraum festgehalten, dass dieser aller Wahrscheinlichkeit nach von einem männlichen Adjurations-Ich dominiert wird, das versucht, einen weiblichen Partner in seinen Bann zu ziehen. Diese personale Variante ändert aber nichts am Grundanliegen der Textsorte ‚Liebesbeschwörung', denn es regiert der Wunsch nach emotionaler ‚Fernsteuerung' durch magische Berührung. Verändert hat sich bloß die mediale Umsetzung der Raumüberwindung: Nicht Frau Venus wird hier bemüht, sondern die ähnlich symbolträchtige Frau Abendsonne.[30] Diese motivliche Abtönung macht für uns das konstante funktionale Wirkprinzip beider magischer Kontakträume klarer erkennbar: Es gründet in der polytopischen Sichtbarkeit von Venus und Sonne, d. h. in ihrer simultanen ‚Anwesenheit' für mehrere Menschen, die sich zur gleichen Zeit an verschiedenen Orten aufhalten; dank dieses geographischen Phänomens eignen sich beide Himmelskörper aus irdischer Sicht für einen hoch suggestiven magischen ‚Verbindungsaufbau'. – Ans Ende dieser räumlichen Wirkkette tritt in unserem zweiten Text eine weitere intensive raumartige Vorstellung: Es wird nachvollzogen, wie die cölestischen ‚Liebesstrahlen' vom Äußeren ins Innere des Körperraums der Verehrten vordringen. Man könnte darüber gesondert handeln, etwa mit Hinweis auf die allgemeine Vorliebe von Adjurationen für ‚organhafte Verortungen' (z. B. in Wurmbeschwörungen, aber auch in einigen Diebsbeschwörungen); dies würde freilich bezüglich unserer übergeordneten Technik der sphärischen Raumprojektion keine neuen Erkenntnisse liefern und kann daher unterbleiben.

Stattdessen konzentrieren wir uns nun auf jene oberste Verortungsebene, die schon eingangs im Zusammenhang mit dem ‚magischen Wirkparadoxon'

---

[29] Wörtlich, mit schwankenden (ev. verderbt überlieferten?) Personalpronomina: „Diese möge mir [...] und du mögest mir allein [...]."

[30] Ob diese ‚Abendsonne' womöglich nur als Verballhornung des Wortes ‚Abendstern' in den Text geraten ist, muss hier wohl offen bleiben.

als etwas geradezu Konstitutives für alle Magievorstellungen (also nicht nur für Liebesbeschwörungen) bezeichnet worden war. Venus und Sonne gelten ja nur als Botinnen, welche allein im Namen der Urkraft Gottes und seines gesamten ‚Personals' dazu bewegt werden könnten, die Macht ihres Schöpfers zu transportieren. Er ist es (gemäß adjurativem Willen), der seine Kraftquelle dem dreidimensionalen Welten-Raum erst öffnet. Solche Koppelung führt zur Frage nach der visionären Beschaffenheit dieser ultimativen transzendenten Verortungsebene, die ich (als dritte und letzte Verortungsebene) den magischen Macht-Raum nenne. Er findet sich in einschlägigen Texten des Mittelalters nicht direkt abgebildet, lässt sich aber doch indirekt erschließen, und das besonders gut ausgehend von der folgenden ‚Zweiten Heidelberger Liebesbeschwörung', die im Anschluss an die erste niedergeschrieben wurde.

‚Zweite Heidelberger Liebesbeschwörung'[31]

> *Ich waiß nit wo du bist, so schick ich dir unsern lieben herren*[32] *Jhesu*[33] *Crist, das er dir verkund und verbiett und dich wol*[34] *behüt, das du mit kaim andern man nie*[35] *mugest zu*[36] *schicken han die weil du lebst dan on mich allain*[37]. *das verbiett dir der man, der tod und*[38] *marter*[39] *an dem hailigen crutz nam, das ich dir als lieb muß*[40] *sein, als unser*[41] *lieben frawen ir liebs kind was, da sie es vor ir an dem hailigen fron krütz hangen sach*[42]; *das du mich als luczel mugest vermiden, als luczel*[43] *der priester das hailige ewangelium am*[44] *hailigen suntag*[45], *und er die*[46] *hailige gottlich meß mug verpringen*[47]; *das du*

---

[31] Abgedruckt als „Liebeszauber III" bei Schönbach (wie Anm. 2) 49; vgl. auch Anm. 7.

[32] Vor dem Falz nur bruchstückhaft (mit Kürzel für ausgespartes *er*) erkennbar.

[33] In Kurzschreibung.

[34] Nur *w* vor dem Falz sichtbar.

[35] Fragliche Lesung, ev. *nit* (wie Schönbach meint) oder *minn*?

[36] *z* vor dem Falz sichtbar.

[37] *al* vor dem Falz sichtbar.

[38] Davor *and* durchgestrichen.

[39] Fragliche Lesung.

[40] *mu* vor dem Falz zu lesen.

[41] Gekürztes *unsern* (laut Schönbach) in der Handschrift.

[42] *sa* vor dem Falz zu lesen.

[43] *lucz* vor dem Falz zu lesen.

[44] Schönbach hat hier *an dem.*

[45] *sunta* vor dem Falz zu lesen.

als wol müßest versegnot sein als der crism vnd der wein vnd[48] *als das hailig brot, das unser herr*[49] *seinen jungern am antlatztag bot.*

Übersetzung: Ich weiß nicht, wo du dich aufhältst, und so sende ich dir unseren lieben Herrn Jesus Christus, der es dir ausrichten, verbieten und dich so davor behüten möge, dass du dich jemals einem anderen Mann hingibst, solange du ohne mich bist. Das untersage dir dieser Mann, der Tod und Marter auf dem Heiligen Kreuz auf sich nahm, damit ich dir so teuer sei, wie es das Kind war, welches unsere Liebe Frau vor sich am Kreuz hängen sah; damit du mich ebenso wenig meiden mögest wie der Priester das Heilige Evangelium am Heiligen Sonntag, wenn er die Messe zu lesen hat; damit du genauso geweiht seist wie der Crisam und der Wein und das Heilige Brot, das unser Herr seinen Jüngern am Gründonnerstag reichte.

Dieser zweite Heidelberger Text zeigt sich ähnlich fragmentarisch aufgezeichnet wie der erste. Und wieder herrscht für einen Mann ein Distanz- und Zuneigungsproblem, doch wird diesmal als Handlungs-Hintergrund weniger an die erstmalige Gewinnung einer Frau zu denken sein, sondern vielleicht – wie Schönbach[50] vermutet hat – an eine Reisetrennung, und falls das zutrifft, am ehesten an eine solche zwischen bereits verheirateten Partnern. Für die Lösung dieses oder eines ähnlichen Problemfeldes imaginiert der Text keine romantische Sternenhilfe mehr, sondern setzt gleich die ultimative Kraftquelle selbst ein: Der Heiland persönlich ist – als Garant zwischenmenschlicher Treue – zum Boten gemacht und soll den Kontakt direkt herstellen. Solch lebendiges, leibhaftiges Auftreten des Machtursprungs verdeutlicht etwas, was in aufgezeichneten Ritualhandlungen sonst zwar weit weniger markant zum Ausdruck kommt, aber auch dort als selbstverständliche Vorannahme für ein geisthaftes Wirken gelten darf, nämlich das magische Aufschmelzen realer Zeit- und Raumdistanzen: Christus vermag – wie alle Schöpfer bewährter Kraftquellen – Raum und Zeit zu überwinden, um hic et nunc helfend zur Stelle zu sein. Als Katalysator eines derartigen Schmelzprozesses, der zu einer Diffusion zwischen realem und transzendentem

[46] *die* von Schönbach eingefügt.

[47] Unsichere Lesung.

[48] *und* hat Schönbach.

[49] Schönbach liest *herre*.

[50] Vgl. Schönbach, Auslese (wie Anm. 2) 49.

Raum führt, dienen Akte kollektiver, mythisch aufgeladener Erinnerungen: Sie gelten in den Adjurationen der verschiedenen Kulturkreise unterschiedlichen numinosen Instanzen (hier dem menschentreuen, christlichen Erlösergott), und sie treten entweder unspektakulär in Erscheinung – etwa durch formelhafte Huldigungen – oder ganz prägnant durch ausführliche Schilderungen von Geschichte und Mustereigenschaften des verehrten Wesens. Nur der Vollständigkeit halber sei angefügt, dass uns letztere Form einer elaborierten Erinnerung vor allem in Gestalt der vielen adjurativen Analogiehandlungen begegnen kann: So erzählen etwa die ‚Merseburger Zaubersprüche' vom erfolgreichen Wirken germanischer Götter, und Wurmbeschwörungen verweisen gerne auf die glaubensstarke ‚Selbstheilungskraft' des biblischen, von Maden geplagten Hiob.

Wie aber darf man sich nun diesen virtuellen magischen Macht-Raum vorstellen, der solche ‚Wunder' zulässt? Fast jede Antwort scheint mir möglich außer der, er sei ganz normal: Es handelt sich ja nur mehr um einen rein imaginierbaren Raum, für den ganz eigene Gesetze gelten. Am besten lässt er sich anhand der funktionalen Eigenschaften beschreiben, die ihm aus Sicht der Textgläubigen innewohnen. So scheint der magische Macht-Raum in deren Augen vor allem allumfassend zu sein. Er ermöglicht den in ihm wirkenden Geistwesen eine atemberaubende, überirdische Omnipräsenz, denn an allen denkbaren Orten des Textvollzugs zeigen sie sich für irdische Zurufe erreichbar. Ferner ahnen wir, dass es sich um einen angrenzenden Raum handeln muss. Es sei diesen Wirkmächten nämlich gegeben, aus ihrer diffusen Räumlichkeit heraus unsere terrestrischen Geschicke augenblicklich und tatkräftig zu beeinflussen. Das Einfallstor für solch funktionale Kontaktnahme bildet eine aktive Erinnerungsarbeit der Adjurantenschaft und insofern dürfen wir den magischen Raum zugleich als mythischen Erinnerungsraum begreifen. – Dieses sehr urtümliche Vorstellungsbündel war zur Zeit unserer spätmittelalterlichen Texte längst in das Gewand christlicher Machtträger gehüllt. Das war fast reibungslos möglich gewesen, denn ‚magische Omnipräsenz' deckt sich weitgehend mit dem, was laut Markus Enders[51] (spätestens) im Hochmittelalter als göttliche Ubiquität begriffen wurde, als grenzenloses Dasein des Heilands. Und auch der Gedanke, dass

[51] Vgl. Markus Enders, Zur Begriffsgeschichte der Allgegenwart und Unendlichkeit Gottes im hochmittelalterlichen Denken. In: Jan A. Aertsen und Andreas Speer (Hg.), Raum und Raumvorstellungen im Mittelalter (Miscellanea Mediaevalia 25) Berlin-New York 1998, 335–347.

solch virtuelle Räumlichkeit durch eine intensive ‚memoria' ausgeformt werde, hatte – gemäß Rolf Schönberger[52] – schon Augustinus postuliert. Wir haben also unter raumfunktionalen Aspekten eine hohe Verträglichkeit zwischen christlichen und allgemein magischen Vorstellungen vor uns und dürfen darin einen der ganz wesentlichen (und meines Wissens bisher nicht erfassten) Gründe dafür sehen, dass sich in unserer Kultur die ursprünglich pagane Textsorte ‚Beschwörung' so fließend hatte durch christliche Nothelfer neu besetzen lassen.

Zum Abschluss soll der Zugewinn an Erkenntnis anhand eines ganz modernen Textzeugen überprüft werden, der auch die bis heute ungebrochene Beliebtheit von Liebesbeschwörungen dokumentieren soll. Er entstammt – wie zahllose andere – dem Internet[53], über das (auf päpstliche Entschließung hin) seit 2001 der altehrwürdige Isidor von Sevilla zu wachen hat.[54] Frei und

---

[52] Vgl. Rolf Schönberger, Der Raum der *memoria.* In: Aertsen und Speer, Raum und Raumvorstellungen 471–488, wo u. a. auf die „Confessiones" X 17, 26 des Augustinus Bezug genommen wird.

[53] Die folgenden ausgewählten Link-Beispiele sollen die ungebrochene, pankulturelle Beliebtheit diverser Liebeszauber in der Gegenwart widerspiegeln; viele der darin enthaltenen Text-Riten stützen aber – anders als das oben vorgestellte Internet-Beispiel – ihre innere Wirkmechanik nicht unmittelbar auf das Medium Internet, sondern liefern einfach Material für konventionelle Anwendungen ohne weitere elektronische Ausrichtung; ein Bild von der ‚Seriosität' des Angebots möge man sich selbst machen – was die vage Hoffnung einschließt, dass die Links auch nach Drucklegung dieses Beitrags noch aktiv sind:
http://www.online-mysteries.de/paranormal/hexenkulte/wiccakult/wicca.html (Informationen zum so genannten Wicca-Kult);
http://www.love-spells-pheromones.com/ („Free Love Spells and Information");
http://www.fortunecity.de/hockenheim/vandaemen/513/ („Liebeszauber, Liebeskummer, Beziehungen und mehr");
http://www.luckymojo.com/lovespells.html („Free Love Spells", Love Magick, and Amulets for Love etc.);
http://www.egyptian-witchcraft.com/Lovespells.htm („Love Spells" mit Ausrichtung an einer „Egyptian Witchcraft");
http://www.newmoon.uk.com/spells/spells2.htm (bietet als ‚online Magie-Shop' auch ein „book of spells");
http://www.orakelimweb.de/magie2.htm (kostenloser deutschsprachiger „Liebeszauber");
http://madame.faithweb.com/main.html („instant spells", u. a. für Liebesangelegenheiten, von einer Voodoo-Priesterin).

[54] Vgl. die kompakten Informationen aus berufener Quelle unter: www.heiligenlexikon.de/index.htm/BiographienI/Isidor_von_Sevilla.htm.

kostenlos zugänglich findet sich eine englischsprachige Liebesbeschwörung unter der Adresse www.spellmaker.com/marie.htm (Abb. 2):

1. Download the picture below to your hard drive.
2. Open the picture in any paint program you have.
3. Somewhere on the tomb, make three red X's side by side (XXX).
4. Knock on the picture three times.
5. Ask Marie Laveau outloud to grant your love wish (Example: „Beautiful Marie Laveau, love queen of New Orleans, please grant my wish that Johnny loves me.“).
6. Exit your paint program without saving the picture.
7. The same day that you make a wish, make an offering of fruit, flowers, or candy to Marie Laveau by leaving them in a cemetary.

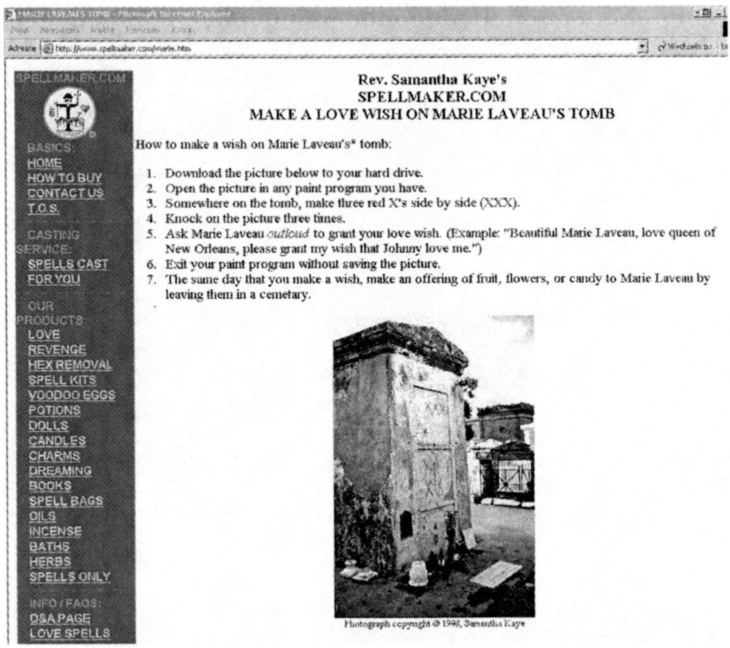

Abb. 2: ‚Liebesbeschwörung‘ am Grab der seligen Voodoo-Priesterin Marie Laveau

Sinngemäß habe man also im Angesicht des digitalisierten Grabes der seligen Voodoo-Priesterin Marie Laveau aus New Orleans, von der man ‚Erste Hilfe‘ in Sachen Liebe erhalten könne, die Abbildung ihres Grabmals herunterzuladen, dieses Bild zu öffnen und 3 X (d. h. X-förmige Kreuzzeichen) darauf zu malen. Dann möge dreimal auf den Monitor geklopft und Marie um Beistand angefleht werden. Hernach schließe man das Bildbearbeitungsprogramm ohne Abspeicherung und trage Opfergaben auf einen beliebigen Friedhof. – Das sind mutige neue Vorschläge, aber durchaus keine völlig neuen, wie schon ein grober struktureller Vergleich mit unseren mittelalterlichen Liebes-Adjurationen lehrt: So dürfen wir – auf der untersten Verortungsebene – wieder einen Handlungsraum annehmen, der genügend Intimität besitzt, um das Ritual mit gebotener Konzentration durchzuführen. Dass sich magische Kräfte dort um einen PC herum sammeln, der übrigens diverse Kräuter oder Devotionalien überflüssig macht, verweist bereits auf den magischen Kontaktraum: Er zeigt sich technisch reduziert auf die Lichtquelle eines PC-Monitors. Aber den sphärischen Liebes-Medien wie Venus oder Sonne (in den altdeutschen Liebesbeschwörungen) nicht unähnlich, vermag der ‚beklopfte' Bildschirm ebenfalls eine Art von Omnipräsenz zu vermitteln, denn er verdankt ja seinen adjurativen Bildschirminhalt dem weltumspannenden Elektronenstrom aus dem Internet. Dessen alldurchdringende Kraft scheint übrigens derartig stark, dass die Zielperson auch ohne aktive Verbindung zum Transport-Medium als magisch berührbar gilt, d. h. offenbar auch dann, wenn sie gerade nicht online ist. Bleibt noch die Frage nach dem magischen Macht-Raum: Ja, er ist auch im Internet-Zauber etabliert; aber als appellative, beharrlich erinnerte Kraftspenderin fungiert die Voodoo-Priesterin und wartet auf liebeshungrige Adjurantinnen und Adjuranten. – Beschwörungsgeschichtlich gesehen, haben wir also hier zwar recht gewagte, aber funktional stimmige Innovationen vor uns, welche in Summe eine zeitgemäße ‚Optimierung' des archaischen ‚magischen Wirkparadoxons' anstreben.

Am Ende sei zu dieser ‚Raumdeutung' von Liebesbeschwörungen knapp zusammenfassend festgehalten: Magisches Raumdenken ist anscheinend über Zeiten und Kulturen hinweg in seinem Kernbereich gleich geblieben, denn fast unverändert begegnet uns der Glaube an einen transrationalen, allumfassenden und potenziell wirkmächtigen Macht-Raum. Zeittypisch variiert zeigt sich jedoch die numinose Besetzung dieses virtuellen Raumes. Und variiert wird auch seine kontakttechnische Erschließung, bei der zeittypische Vorstellungen zum Einsatz kommen können, um einem möglichst suggestiv-symbolträchtigen, wirksamen Transport der Machtquellen zu dienen.

ULRICH MÜLLER

Räume der Erinnerung und der Liebe

Tristans Höhle, Lancelots Turm und das Schloss des burgundischen Adligen Roger de Bussy-Rabutin (1618–1693)

1. EINLEITUNG: FESTGEHALTENE ERINNERUNG

Die Gegenstände sind allen bekannt: Aschenbecher mit einer einfachen Abbildung und einem Ortsnamen, Brieföffner oder Wanduhren mit dem selben ‚Schmuck', oder aber kleine wassergefüllte Glaskugeln (eigentlich: Halbkugeln), in denen zum Beispiel der Schiefe Turm von Pisa oder das Bayreuther Festspielhaus dargestellt sind und in denen man durch leichtes Schütteln Schneefall simulieren kann.

Solche oder ähnliche Gegenstände, die inzwischen sogar Gegenstand ernst gemeinter Sammeltätigkeit geworden sind, finden sich weltweit im Angebot der touristischen Souvenir-Industrie, vielfach belächelt, aber sichtlich häufig gekauft, und daher als Gegenstand der ‚Popular Art' und der Mentalitäten-Geschichte aller Beachtung wert.

Denn das Erinnern, eine Fähigkeit, die in ihrer speziellen Ausprägung Menschen überhaupt erst zu Menschen macht,[1] ist auf Signale angewiesen, die es auslösen, an denen es sich festhalten kann: Bilder, Töne, Worte, auch Gerüche, aber vor allem Gegenstände. Die gesamte Souvenir-Industrie lebt von dem menschlichen Grundbedürfnis, die Erinnerung an bestimmte Ereignisse (in diesem Fall angenehme, ungewöhnliche, ja auch exotische) durch die Fixierung auf signalhafte Gegenstände festzuhalten; auch die Foto-Industrie und die Hersteller von Digital- und Video-Kameras verdanken zu einem großen Teil diesem Bedürfnis ihre Existenz. Und insofern sollte man solche Schnee-Glaskugeln und andere Erinnerungs-Gegenstände, die ja ihre Funktion in der französischen Bezeichnung ‚Souvenir' (zu französisch ‚souvenir' = ‚erinnern') tragen, nicht nur belächeln, sondern als beliebte, ja fast notwendige Träger von Erinnerungs-Signalen ernst nehmen.

2. Die Tradition von Erinnern und Raumvorstellung

Räume der verschiedensten Art wurden bereits in der Antike mit dem Gedächtnis, dem Erinnern, der *memoria* in Verbindung gesehen. Die Metapher vom Gedächtnis als einem Raum, in dem die Erinnerungen gestapelt und aufbewahrt werden, von wo sie abgerufen werden können, dies ist am eindrucksvollsten durch Augustinus dargestellt worden. Im 10. Buch seiner Autobiographie, den *Confessiones*, als er auf die Stufen der Gottes-Erkenntnis und der Liebe zu Gott zu sprechen kommt, nennt er als höchste Stufe die *memoria*, also das ‚Gedächtnis', in dem man wie in einem Gebäude herumgehen könne (lat. *spatiari*): *Ecce quantum spatiatus sum in memoria mea, quaerens te, Domine, et non inveni extra eam! Neque enim aliquid de te inveni quod non meminissem, ex quo didici te. Nam ex quo didici te, non sum oblitus tui* (X, XXIV, 1): „Siehe, wie sehr habe ich die Räume in meinem Gedächtnis durchwandert, auf der Suche nach Dir, Herr, und ich habe Dich (nur dort), nicht draußen gefunden! Denn nichts habe ich über Dich gefunden, was ich nicht seit dem Tag im Gedächtnis getragen hätte, an dem ich Dich kennen gelernt habe."[2]

---

[1] Siehe dazu den Sammelband von Siegfried J. Schmidt 1991; ferner – als medizinischer Vortrag auf einem geisteswissenschaftlich ausgerichteten Symposion – Ernst Pöppel und Wolfgang Schopf 2001/2002.

[2] Text nach der Ausgabe von P. H. Wangnereck 1962.

Sed ubi manes in memoria mea, tu, Domine? ubi illic manes? quale cubile fabricasti illic tibi? Tu dedisti hanc dignationem memoriae meae, ut maneas in ea (X, XXV, 1): „Aber wo weilst Du in meinem Gedächtnis, Du, mein Herr? wo weilst Du dort? welche Kammer hast Du Dir dort bereitet? welchen heiligen Raum hast Du Dir errichtet? Du hast mein Gedächtnis dadurch gewürdigt, daß Du in ihm weilst."

Augustinus beschreibt dann das Gedächtnis als riesigen Ort, als Felder und große Gebäude, als Höhlen mit vielen einzelnen Räumen: [...] *et venio in campos et lata praetoria memoriae meae, ubi sunt thesauri innumerabilium imaginum, de hujuscemodi rebus sensis invectarum* [...] (X, VIII, 1): „[...] und ich komme zu den Feldern und großen Palästen meines Gedächtnisses, wo Schätze unzähliger Bilder sind, die von den Dingen jeder Art durch meine Sinne zusammengetragen wurden [...]". Dabei verweist er ausdrücklich auch auf die unzähligen Höhlen des Gedächtnisses, die in unendlicher Anzahl und Vielfalt gefüllt seien (*Ecce in memoriae meae campis, et antris, et cavernis innumerabilibus, atque innumerabiliter plenis innumerabilium rerum generibus* [...] X, XVII, 1).

Daneben gibt es aber in der antiken Philosophie und Rhetorik auch die Überzeugung, dass für den speziellen Vorgang des Erinnerns die Vorstellung von Räumen, also virtuelle Räume von größtem Nutzen seien: Aristoteles spricht in zweien seiner Werke (*Topica, De Memoria*) davon, dass die Technik des Erinnerns mit *topoi*, also mit Örtern, Stellen, Plätzen und Gebäuden zu tun habe. In diesem Zusammenhang wurde immer auch auf die viel erzählte Geschichte von dem griechischen Lyriker Simonides (ca. 556–468 v. Chr.) verwiesen, der nach dem Einsturz eines Saales die darinnen zerschmetterten Teilnehmer eines Gastmahls deswegen nachträglich identifizieren konnte, weil er sich die Sitzordnung, also die *topoi* der Einzelnen, gemerkt hatte. Die Technik des Erinnerns, die Mnemotechnik, war für viele Bereiche des Lebens in der Antike wichtig, unter anderem für den Vortrag oft großer Reden in Politik und Rechtswesen; deswegen enthalten die Lehrschriften der Rhetorik Teile über die *memoria*, über die Technik, wie man solche langen Texte, die häufig höchst kompliziert und vor allem raffiniert waren, für den Vortrag memoriert. Immer wieder wird dort empfohlen, Raumvorstellungen als Gedächtnishilfen zu verwenden, also beim Memorieren virtuelle Räume wie beispielsweise ein Haus oder eine Wohnung mit dem sinnvoll gegliederten und diskursiv angeordneten Inhalt des zu Lernenden auszustatten und aufzufüllen, und diese Inhalte dann im Moment des Vortrags durch inneres

Abschreiten dieser Räume sicher ins Gedächtnis zu rufen: Cicero (*De oratore*), der unbekannte Verfasser der Lehrschrift für Herennius (*Auctor ad Herennium*[3]), Quintilian (2. Hälfte des 1. Jahrhunderts n. Chr.), in der Spätantike dann die für das Mittelalter wichtigen Autoren Chirius Fortunatianus (*Ars poetica*, 4.–5. Jahrhundert n. Chr.) und Martianus Capella (*De nuptiis Philologiae et Mercurii*, 5. Jahrhundert n. Chr.) haben diese Methode empfohlen und beschrieben, und in den mittelalterlichen Schriften zur Mnemotechnik finden sich vergleichbare Empfehlungen[4] – siehe dazu zuletzt und umfassend die Habilitationsschrift von Sabine Heimann-Seelbach (2000)[5] sowie ergänzend dazu die englischsprachige Sammlung von mittelalterlichen Text- und Bild-Zeugnissen ‚The Medieval Craft of Memory' (2002).[6]

3. Lancelots Turm und Tristans Höhle: Literarische Räume der Erinnerung und Liebe

Zwei berühmte Beispiele für solche Räume, die der Erinnerung dienen, finden sich in den beiden größten Skandal-Geschichten der mittelalterlichen Literaturen des lateinisch-christlichen Europa, nämlich in den Geschichten/Legenden/Mythen um Tristan und Isolde sowie um König Artus, dessen Gattin Ginover und den ‚First Knight' Lancelot. Die beiden Geschichten sind deswegen so skandalös, weil dort ja nicht nur von einem Eingriff in die ehelichen Besitzrechte eines Adligen erzählt wird, sondern – jeweils als Steigerung – überdies vom Treuebruch eines Vasallen gegenüber seinem Herrn, ja

[3] III, 29, 15: *Constat igitur artificiosa memoria locis et imaginibus:* „Das mit Absicht gefüllte Gedächtnis nämlich [im Gegensatz zu dem, was man sich unwillkürlich, d. h. ‚durch die Natur' merkt] besteht aus Orten und Vorstellungen."

[4] Oft unter Verwendung von zumeist in der Bibel erwähnten Bauwerken, wie etwa der Arche Noahs bei Hugo von St. Viktor; siehe ferner auch den kleinen Traktat *De sex aliis Cherubim* (‚Über die sechs Flügel des Cherubim'), der dem Alanus ab Insulis zugeschrieben wird, oder den ‚Turm der Weisheit' (*Turris sapientiae*) des Johannes von Metz – mittelalterliche Abbildungen der beiden letztgenannten Bildvorstellungen, zusammen mit einer englischen Übersetzung des dazugehörigen lateinischen Textes, finden sich in: The Medieval Craft of Memory (2002).

[5] Bei Sabine Heimann-Seelbach möchte ich mich auch für weitere wichtige Informationen zum Themenbereich ‚Memoria' bedanken.

[6] Ich habe übrigens einige Bekannte und Freunde in der Theaterwelt, wo Auswendiglernen bis heute zum Beruf gehört, gefragt, wie man das heute dort eigentlich machen würde. Die Antworten: Ganz unterschiedlich, oft in irgendeiner Verbindung zum Schriftbild; von den alten Methoden der Mnemotechnik wusste aber niemand mehr etwas.

gegenüber einem Freund und Verwandten. Grundlegende soziale und religiöse Werte und Regeln der mittelalterlich-christlichen Adels- und Feudalgesellschaft werden hier verletzt. Und dennoch: Genau diese beiden Stoffkreise waren die beim Publikum beliebtesten innerhalb der weltlichen Literaturen des mittelalterlichen Europa.

Die Räume, die ich hier meine, sind die zweite[7] Höhle des Tristan, der sog. Statuensaal, ferner der Turm des Lancelots. Aus der Perspektive der beiden Stoffe handelt es sich hierbei, für die jeweilige Handlung, beide Male um wirkliche, um reale Räume. Hingegen aus der Perspektive der Realgeschichte sind es natürlich Räume, die sich die jeweiligen Autoren vorgestellt haben und diese ihrem zuhörenden oder lesenden Publikum vermitteln, also virtuelle Räume. Sie seien im Folgenden beschrieben.

3.1. Lancelots Turm

Ein Teil der Geschichte des ‚First Knight' der Artus-Runde, also des Lancelot du Lac, ist erstmals in Chrétien de Troyes Versroman vom Karrenritter Lancelot und seiner Liebe zu Königin Ginover erzählt: *Lancelot/Le chevalier de la Charrette*, etwa um 1160/70 im Auftrag der Gräfin Marie de Champagne, der Tochter von König Ludwig VII. und Eleonore von Aquitanien geschrieben.[8] Etwas später, im 1. Drittel des 13. Jahrhunderts, entsteht der riesenhafte französische Prosa-Zyklus, der in der Forschung die etwas unpoetischen Titel *Graal-Cycle-Vulgate* oder *Lancelot-Graal-Cycle* trägt. Er erzählt in fünf Teilen die Geschichte des Grals, des Magiers Merlin, von König Artus und den Rittern der *table ronde*, von der Gralssuche und dem Untergang der Artus-Welt. In der Mitte, als dritter Teil, steht der *Lancelot en prose*: Allein dieser Teil des Zyklus umfasst ca. 2500 Seiten (dessen moderne Edition durch Alexandre Micha neun Bände einnimmt).[9] Zentrales Thema ist dort die verbotene Liebe zwischen Ginover und Lancelot.

---

[7] Die erste Höhle wäre die in der Version Gottfrieds von Straßburg ausführlich dargestellte Minne-Grotte, jene paradieshafte Kathedralen-Allegorie der Liebe; sie kann man gleichfalls zu den virtuellen Räumen der mittelalterlichen Literatur rechnen, doch gehört sie nicht eigentlich in den hier behandelten Zusammenhang. – In der sonstigen Tristan-Tradition steht an dieser Stelle üblicherweise das Leben des Paares in der Wildnis, im Wald von Morois (siehe dazu Müller und Springeth 2001).

[8] Zum angeblichen Mitautor Godefroiz siehe Müller 2000.

[9] Zu den Editionen und Übersetzungen dieses französischen Zyklus siehe die Angaben in der Bibliographie; eine zusammenfassende Darstellung ist der Sammelband von Carol

Es ist hier nicht der Ort, um auf den Inhalt und Aufbau des Lancelot-Gral-Zyklus oder auch nur des Lancelot-Teiles einzugehen.[10] Verfasst wurden sie offenbar von einer Gruppe von namentlich nicht bekannten Autoren. Ebenso wenig kann ich mich hier mit der sonstigen, umfangreichen Lancelot-Tradition des europäischen Mittelalters beschäftigen. Erwähnt sei nur, dass das französische Werk wenig später ins Deutsche übersetzt wurde, wahrscheinlich von einem Team von wiederum nicht namentlich bekannten Autoren: Sie konzentrierten sich auf die Geschichte von Lancelot, seine vergebliche Gral-Suche und den von ihm verursachten Untergang der Artus-Welt (‚Mittelhochdeutscher Prosa-Lanzelot'‘).[11] Im Netzwerk der vielen Aventiuren-Reihen wird dort, und so auch in den anderen Lancelot-Dichtungen des Mittelalters, über diesen Ritter unter anderem auch das Folgende erzählt:[12]

Die (Halb-)Schwester von Artus, die Fee Morgane, nimmt aus verschmähter Liebe Lancelot gefangen, um ihn ganz für sich zu haben, und sie sperrt ihn in einem Turm ihrer Burg ein. Im Laufe der zweijährigen Gefangenschaft beginnt Lancelot, an die Wände seines Gefängnisses (Größe: 20x30 Schuh[13]) die Geschichte seiner Liebe zu Ginover zu malen. Die Bilder sind ihm Erinnerung und Ersatz zugleich: *Er sah das bild syner frauwen an, er neygt sich vor im und grußt es, darnach umbfing er es und kust es vor den munt als inniglich als er eyner frauwen gethun möcht dann syner frauwen* (Kluge II, 478, 3–5). Es gelingt ihm schließlich, sich zu befreien,[14] und er

---

Dover 2003. – Zu den literarischen Figuren von Lancelot/Ginover siehe meine beiden Beiträge in: Mittelalter-Mythen III (2001).

10 Eine gute Vorstellung von der überbordenden Handlungsfülle vermittelt der ‚Index of Proper Names‘ (von Samuel N. Rosenberg, with Daniel Golembeski) im 5. Band der von Norris J. Lacy herausgebenen englischen Übersetzung des Lancelot-Gral-Zyklus.

11 Edition: Reinhold Kluge 1948–1974; eine zweisprachige Ausgabe, hg. von Hans-Hugo Steinhoff, erscheint im Deutschen Klassiker-Verlag. Informationen zu dem Werk finden sich bei Uwe Ruberg 1984, eine umfangreiche Inhaltsübersicht, die einen Eindruck vom Inhalt des mittelhochdeutschen Prosa-Romans (und damit auch des entsprechenden Teils der französischen Vorlage) vermittelt, bei Langosch 1980, 357–564.

12 Da der französische Roman und die mittelhochdeutsche Übersetzung im Inhalt der Lancelot-Geschichte identisch sind, macht es keinen Unterschied, ob man die erzählten Ereignisse nach der französischen oder der mittelhochdeutschen Version zitiert; ich verwende im Folgenden dafür die Ausgabe des mhd. Lancelot durch Kluge (hier: Band II, 473ff.).

13 Also etwa 6/8 mal 9/12 Meter, d. h. ungefähr zwischen 60 und 95 m^2.

14 Dieser Part ist auch vom Psychologischen interessant: Lancelot sieht nach zwei Wintern zur österlichen Frühlingszeit durch die vergitterten Fenster seines Turm-Gefängnisses heraus im Baumgarten eine Rose, deren Schönheit ihn an Ginover erinnert. Dadurch wird er

verflucht Morgane. Lange Zeit später, als Artus sich auf das Schloss Morganes verirrt, zeigt ihm diese die von Lancelot gemalten Wandbilder, und der König gelobt, die beiden gemäß dem Gesetz zu bestrafen, sofern er sie jemals in flagranti überraschen würde (Kluge III, 464,4–472,8).

3.2. Tristans Höhle

Bereits im Mittelalter wurde der Geschichte um Lancelot diejenige von Tristan und Isolde an die Seite gestellt, die – wie erwähnt – ebenso beliebt war. Die sehr umfangreiche und komplizierte Geschichte der Tristan-Tradition des europäischen Mittelalters ist jetzt übersichtlich und erschöpfend aus dem Nachlass von Peter K. Stein (2001) veröffentlicht worden.

In der höfischen Vers-Fassung der Geschichte von Tristan und Isolde durch Thomas de Bretagne (ca. 1172–1175, nur in Fragmenten erhalten), die von dem norwegischen Kleriker Robert im Jahr 1226 für König Hakon IV. in Prosa nacherzählt wurde und deren gesamten Inhalt wir auf diese Weise kennen, wird bzw. wurde über Tristan das Folgende erzählt (ich verwende die durch Wagner üblich gewordenen Namensformen):

Nach seiner erzwungenen Trennung von Cornwalls Königin, also ‚seiner' Isolde mit den blonden Haaren, geht Tristan in die Normandie, besteht verschiedene Abenteuer und lernt dort die Schwester seines neuen Kampfkameraden Kaerdin kennen. Da diese ebenfalls den Namen Isolde trägt (‚Isolde mit den weißen Händen'), verfällt Tristan der Magie des Namens, heiratet Isolde Weißhand, kann und will die Ehe mit ihr aber nicht vollziehen. Ein gewalttätiger Riese hat sich in der Nähe der Burg von Tristan und Isolde Weißhand ein prachtvolles Grotten-Gewölbe gebaut. Als dieser durch König Artus im Kampf getötet wird, richtet sich Tristan dort heimlich ein. Er lässt sich Figuren fertigen und vergolden, und zwar: Königin Isolde in all ihrer überwältigenden Schönheit, zusammen mit ihrem Lieblingshündchen; unter ihren Füßen den Zwerg, der das Liebespaar an König Marke verraten hatte; ferner Isoldes Zofe Brangäne, die ihrer Herrin den Liebestrank reicht; sowie schließlich einen Riesen und einen Löwen in der Pose von Wächtern (wobei der Löwe mit seinem Schwanz einen weiteren Feind des Paares schlägt).

Immer wieder verlässt Tristan heimlich die Burg, wo er mit der zweiten Isolde lebt, und er geht zu seinem Statuen-Saal. Und der norwegische Kleri-

---

zu einem solchen Kraftakt motiviert, dass es ihm gelingt, die starken Eisenstäbe aufzustemmen (Kluge II, 484,1ff.).

ker Robert erzählt dann gemäß seiner Vorlage Thomas de Bretagne über Tristan das Folgende:

> „[...] sooft er die Figur der Isolde (an.: Isond) besuchte, küßte er sie regelmäßig, er nahm sie in seine Arme, umhalste sie, als ob sie lebe, und flüsterte ihr viele zärtliche Worte zu über ihre Liebe und ihr Leid. Gleiches tat er mit der Figur der Brangäne (an.: Bringvet). Er erinnerte sich wohl an alle Worte, die er gewöhnlich mit ihnen gewechselt hatte. Auch gedachte er des Trostes, der Lust, des Glückes und der Wonne, die er bei Isolde genossen hatte, und immer dann, wenn er an ihre Tröstungen dachte, küßte er die Figur. Sobald er sich aber ihres Kummers, Ungemachs und Elendes erinnerte, die er durch die Schuld jener erduldet hatte, von denen sie geschmäht worden, war er zornig und traurig zugleich, und er ließ dies die Figur des bösen Ratgebers entgelten."[15]

Als später Kaerdin erfährt, wie seine Schwester durch Tristan behandelt wird, will er sich rächen; doch dieser beschreibt ihm die Schönheit der ersten Isolde und zeigt ihm als Beweis die Statue im Grotten-Gewölbe.

4. LIEBESNOT UND ERSATZ DER WIRKLICHKEIT: RÄUME DER ERINNERUNG

Die Funktion der beiden geschlossenen Räume, also von Lancelots ausgemaltem Turm-Gefängnis und Tristans Statuen-Grotte, ist klar und eindeutig von den jeweiligen Verfassern benannt: Sie dienen für den Liebenden, der von seiner Geliebten getrennt ist, zum einen zur Erinnerung, zum anderen als Ersatz.[16] Aber anders als im antiken Mythos von Pygmalion (der vielleicht mit zur Anregung für die beiden Szenen gedient haben könnte) werden das Gemälde bzw. die Statue der Geliebten dadurch nicht zum Leben erweckt,

---

[15] Da es hier nur auf den Inhalt ankommt, zitiere ich eine Übersetzung, und zwar diejenige von Buschinger und Spiewok 1991, 311.

[16] Im Fall von Tristans Isolde-Statue kommt noch das folgende Detail hinzu: „Ihrem Munde entströmte ein betörender Duft, der die ganze Grotte erfüllte, als hätte man da die köstlichsten Spezereien zusammengetragen. Daß nun dieser Geruch der Figur entströmte, war einem Einfall Tristans (an.: Tristrams) zu danken, der in der Herzgegend – gerade unter der Brustwarze – ein Loch eingelassen hatte. In dieses Loch hatte er ein Gefäß mit den wohlriechendsten (golddurchmengten) Spezereien der Welt geschoben. Aus diesem Gefäß ragten zwei Röhrchen aus reinem Gold. Eines öffnete sich am Nacken – am Haaransatz –, das andere im Mundraum. Diese Figur war der Königin Isolde so täuschend nachgestaltet, als ob sie blühend und voller Leben selbst dastünde" (Buschinger und Spiewok 1991, 309).

sondern sie bleiben starre Kunstwerke. Die beiden Räume sind beide Male von der normalen Welt getrennt und geschieden, und sie besitzen trotz ihrer realistischen Schilderung deutlich eine symbolische, wenn nicht allegorische Bedeutung: Es sind Kunst-Räume, künstliche Räume, die sich die beiden Männer der zwei Geschichten in ihrer Liebessehnsucht und Liebesnot schaffen, zum einen zur Erinnerung an ihre Liebe, zum anderen zur ersatzweisen Linderung ihres Leides. Sie ersetzen das in der Realität nicht Erreichbare, stehen also anstelle der Wirklichkeit. Es handelt sich um Rituale der Erinnerung und der Ersatzbefriedigung.

Die abgeschlossenen Innenräume der beiden Erzählsequenzen, und darauf möchte ich wenigstens hinweisen, rufen überdies nach einer Interpretation in den Kategorien der Psychoanalyse und der Tiefenpsychologie, denen zufolge solche Räume ja eine bestimmte Bedeutung haben: Nämlich abgeschlossenes Zimmer und/oder Höhle als Symbol von Mutter und Mutterleib, also im Kontext von Geburt und Wiedergeburt, aber auch von der Rückkehr in den ‚Schoß' (!) der Erde (d. h. Grab/Tod).

5. LITERARISCHES MOTIV UND TATSÄCHLICHE REALISIERUNG: DER BURGUNDISCHE ADLIGE ROGER BUSSY-RABUTIN UND DIE ERINNERUNGSRÄUME IN SEINEM SCHLOSS

Lancelots Turm und Tristans Statuen-Gewölbe sind literarische Fiktionen, aber Vergleichbares ist ja auch aus der Wirklichkeit bekannt: Die hier zu nennenden Beispiele reichen von Fotografien, Briefen oder Gegenständen des/der fernen Geliebten bis hin zu der Galerie der Schönheiten und seiner (angeblichen) Liebschaften, die sich der bayerische König Ludwig I. im 19. Jahrhundert in München malen ließ.[17]

Aber: Gibt es Räume von der Art, wie sie für Lancelot und Tristan beschrieben werden, auch tatsächlich in der Realität? Hat sich jemand solche Räume der Liebe und der Erinnerung jemals wirklich geschaffen? Wenigstens e i n besonders markantes Beispiel dafür habe ich im Burgund der Zeit von Louis Quatorze, also des Sonnenkönigs gefunden – und es wird wohl noch weitere geben.[18] Im genannten Fall sind die Parallelen so schlagend,

---

[17] Siehe dazu Augusta von Oertzen, Die Schönheiten-Galerie König Ludwigs I. in der Münchner Residenz. München 1927; Gerhard Hojer, Die Schönheitsgalerie König Ludwigs I. München-Zürich ^{3}1990.

[18] Siehe dazu den Epilog.

dass ich dieses Beispiel abschließend in Wort und Bild vorstellen möchte. Denn damals hat ein vom Hof verbannter französischer Adliger sich in seinem heimatlichen Chateau in der Bourgogne genau solche Erinnerungsräume zur Erinnerung und zum Ersatz schaffen und sie mit Gemälden und Wandbildern ausstatten lassen: Roger de Rabutin, Comte de Bussy (abgekürzt: Bussy-Rabutin, 1618–1693). Der reale Fall Bussy-Rabutin zeigt wieder einmal, wie Literatur das Denkbare und Vorstellbare virtuell entwirft, und wie dieses dann gelegentlich in der Realität nachgeahmt werden kann.

Abb. 1: Roger de Rabutin, Comte de Bussy (1618–1693)

5.1. Die Geschichte von Rogers Verbannung vom Königshof

Die Geschichte von Roger Rabutin, Comte de Bussy (1618–1693),[19] hört sich wie ein Roman an (Abb. 1): Dieser im Jahr 1618 in Epiry, Bourgogne, nahe Autun, geborene Adlige, dessen Lebensmitte – wie bei allen seinen adligen Zeitgenossen und ganz entsprechend dem französischen Herrschaftssystem – der königliche Hof in Versailles war, fiel schon früh durch seinen freizügigen Lebenswandel (was damals normal war), aber auch durch seine scharfe Zunge und Feder auf; seine Cousine war die Marquise de Sévigny, geborene Marie de Rabutin-Chantal, bis heute berühmt durch die Briefe, die sie im Verlauf von 25 Jahren an ihre Tochter über Paris schrieb.

Roger Rabutin, Comte de Bussy, war ein sehr fleißiger Schreiber: Er verfasste nicht nur einen Roman und eine Autobiographie, sondern Gedichte, Lieder und Prosa-Schriften verschiedener Art; von ihm stammen auch die ersten Übersetzungen aus dem Briefwechsel, der Abaelard und Heloise zugeschrieben wird.[20] Außerdem sind zahlreiche Briefe von ihm erhalten, für deren Publikation später sein Sohn Sorge trug.

Abb. 2: Das Wasserschloss in der Bourgogne

[19] Zum Leben von Bussy-Rabutin gibt es zahlreiche Darstellungen; für das Folgende stütze ich mich auf die in der Bibliographie genannten; eine genaue tabellarische Aufstellung zu seinem Leben findet sich in der Edition von Jacqueline und Roger Duchêne 1993, 213–218.

[20] In *Mémoires* I/II, zusammen mit Übersetzungen zu Catull, Ovid, Petronius und Martial; ich plane eine kleine Untersuchung zu diesen frühen Übersetzungen aus dem Lateinischen und Mittellateinischen.

Der Roman von Roger Bussy-Rabutin ist ein Schlüsselroman über die erotischen Zustände am Hof von Versailles (*Histoire amoureuse de Gaules*). Das Manuskript, das er aus guten Gründen verschlossen hielt, lieh er dann aber doch leichtsinnigerweise 1662 einer Freundin aus, die es heimlich abschreiben ließ und seinen Inhalt damit *assez public* (Bussy-Rabutin) machte. Als der Text auch König Ludwig XIV. bekannt wurde, traf Bussy-Rabutin dessen Zorn – nicht wegen der erzählten Freizügigkeiten, sondern wegen kaum verhüllter Anspielungen auf die königliche Familie. Bussy-Rabutin wurde am 17. 4. 1665 in der Pariser Bastille gefangen gesetzt,[21] wegen einer schweren Krankheit auf Bitten seiner Frau am 15. 5. 1666 zur ärztlichen Behandlung aber freigelassen und dann am 10. 6. 1666 von König Ludwig XIV. in seine Heimat Burgund verbannt – mit dem Verbot, nie wieder den königlichen Hof zu betreten.

Bussy-Rabutins Unglück wurde noch dadurch gesteigert, dass seine langjährige Geliebte, Cécile-Elisabeth Huraut de Cheverny, Marquise de Montglat, mit der er seit 1653 eine Liaison hatte und die für ihn von zentraler Bedeutung war, welche aber natürlich gleichfalls verheiratet war, ihn aus durchaus nachvollziehbaren Gründen sitzen bzw. eher ziehen ließ. Biographische Angaben zur Marquise geben Dumolin 1933[22], und Duchêne 1992[23]: Sie war die einzige Tochter des Henri Hurault, Comte de Cheverny und heiratete am 6. 2. 1645 François-de-Paule de Clermont, Marquis de Montglat (gest. 1675). Sie hatte einen Sohn und zwei Töchter, wovon die zweite ganz offen als Kind von Bussy-Rabutin galt; die Liaison mit ihm dauerte von 1653 (so Duchêne) bis 1665. Die Marquise galt als eine sehr schöne Frau und sie ‚sammelte' nach ihrer Heirat „les amants titrés" (Duchêne); Saint-Simon bezeichnete sie als „une femme extrêmement du grand mode et sur le pied de laquelle il ne faisait pas bon de marcher." Sie starb 1695, also zwanzig Jahre nach ihrem Mann und zwei Jahre nach dem mit ihr etwa gleichaltrigen Bussy-Rabutin.

---

[21] Das Vernehmungsprotokoll ist erhalten (abgedruckt in der Edition von Roger und Jacqueline Duchêne 1993, 242–244).

[22] Dumolin 1933, 77f.

[23] Duchêne 1992, 111–113.

Abb. 3: *Salle des devises*

5.2. Die Konzeption der mit Erinnerung ausgemalten Räume

Nach seiner Verbannung und dem Bruch mit der Marquise de Montglat schuf sich Bussy-Rabutin auf seinem Wasserschloss in der Bourgogne (Abb. 2) genau das, was von Lancelot und Tristan erzählt worden war, in der Realität (wobei es kaum anzunehmen ist, dass er diese Vorbilder kannte) – und dies möchte ich nun in Wort und Bild vorführen:[24]

Bussy-Rabutin ließ einige Räume seines Schlosses mit Bildern behängen und an den Wänden bemalen. Darunter befinden sich insbesondere diejenigen Räume, die hier in unserem Zusammenhang wichtig sind: Der ‚Saal der Devisen' (*Salle des devises*), der ‚Saal der Großen Krieger' (*Salle des grands hommes de guerre*) sowie der ‚Goldene Turm' (*Tour dorée*). Sie sind hinsichtlich ihrer Bild-Ausstattung im wesentlichen bis heute unverändert erhalten.

[24] Die verwendeten Fotos stammen alle von mir; ich habe sie, teilweise unter sehr ungünstigen Lichtverhältnissen, im Januar 2002 mithilfe hochempfindlicher Diafilme aufgenommen. Einige Farbbilder finden sich, in nicht gerade hervorragender Qualität, auch im Internet. – Einen guten Abbildungsband zum Bilderschmuck von Schloss Bussy-Rabutin gibt es bisher nicht, aber eine sehr eingehende Beschreibung, die alles Wesentliche enthält, darunter auch die wichtigen Texte, die bei den Wandbildern stehen: Dumolin 1933; seine Informationen waren für meine folgenden Ausführungen schlechthin unverzichtbar.

Abb. 4: *Tour dorée*

In diesen Räumen war erst einmal all das dargestellt, was Bussy-Rabutin aufgrund seiner Verbannung vermissen musste: nämlich die wichtigen Orte des Königreiches sowie seine vielen Bekannten im Umkreis des Königshofes, adlige Damen und Herren, die ihm in positiver wie in negativer Weise wichtig und verbunden waren (Abb. 3–5).

Abb. 5: *Salle des grands hommes de guerre*

Abb. 6: Roger de Bussy-Rabutin und die Marquise de Montglat

Die Bilder der hohen Damen versah er zum Teil mit Kommentaren, die manchmal wieder von seiner scharfen Feder zeugten. Zwei Beispiele dafür aus dem ‚Salon des Goldenen Turms': So lobt er Isabelle de Harville-Paloiseau, Gattin des Marquis de Thury und Baron de Fousseux, wie folgt (Abb. 4, rechts): „Würdig nicht nur eines Mannes von höchster Qualität, sondern des liebenswürdigsten Mannes."[25] Bei den Schwestern d'Angennes, links davon, vermerkte Bussy-Rabutin bei der Linken dagegen anzüglich: *Catherine d'Angennes, Comtesse d'Olonne, la plus belle femme de son temps, mais moins fameuse pour sa beauté que pour l'usage qu'elle en fit* („Catherine d'Angennes, Comtesse d'Olonne, die schönste Frau ihrer Zeit, aber weniger berühmt für ihre Schönheit, sondern für den Gebrauch, den sie davon machte").

Doch begnügte sich der Herr von Schloss Bussy-Rabutin nicht mit diesen Erinnerungsbildern an seine höfische Welt, sondern er arbeitete auch seine sichtliche Wut, seinen Ärger und seine Frustration über das Verhalten seiner ehemaligen Geliebten in Bildern ab. Wie die Marquise de Monglat, auf die er zeitlebens fixiert war, aussah, das wissen wir deswegen genau, weil ihr Porträt natürlich auch unter den vielen Bildern hängt, und zwar gleichfalls im ‚Goldenen Turm', direkt neben einem weiteren Gemälde von ihm selbst (Abb. 6).

Doch ist nicht nur dieses Bild im ‚Goldenen Turm' erwartungsgemäß mit einer grimmigen Unterschrift versehen,[26] sondern einer der anderen Räume, nämlich der ‚Saal der Devisen' ist voll von solchen Bezügen. Dort ließ Bussy-Rabutin in zahlreichen Wandbildern seine unglückliche Liebesgeschichte darstellen, nicht in realen Szenen, sondern in einer besonderen Form der Verschlüsselung, und zwar in Form der damals sehr beliebten Devisen. Also in symbolisch-allegorischen Bilddarstellungen, die mit sentenzenartigen Texten, und zwar in verschiedenen Sprachen, versehen waren. Dafür einige Beispiele: Unterhalb seines dort hängenden Porträts (Abb. 1) findet sich die Darstellung eines Vulkanausbruchs mit der Devise: *La cause en et cachée* („Der Grund davon ist verborgen"). Relativ harmlos erscheinen dagegen zwei andere Bilder und Devisen, jeweils unter dem Bild eines Schlosses: Das eine zeigt einen Oran-

---

[25] *Digne non pas d'un homme de plus grande qualité, mais d'un homme plus amayable* (Text, wie auch bei den folgenden Beispielen, nach Dumolin 1933).

[26] *Isabelle-Cécile Huraut de Cheverny, Marquise de Montglat, qui, par la conjoncture de son inconstance, a remis en honneur la Matrone d'Ephèse et les fames d'Astolphe et de Joconde.*

genbaum, mit dem Kommentar *Miscent autumni et veris honores* („Es mischen sich die Freuden des Herbstes und des Frühlings"); das andere stellt die Sonne dar, welche eine Sonnenuhr anstrahlt: *Si me mira, me miran* („Wenn man mich ansieht, sieht man mich"). Man darf tiefsinnig werden, welche Bezüge hier verborgen sind. Eindeutig ist dagegen, was die beiden Bilder und Devisen in einem der Fenster bedeuten:[27] Auf der einen Seite ist unten (Abb. 7) eine Rose zu sehen, mit der Beischrift: *Sa v[e]ue me donne la vie* („Ihr Anblick gibt mir das Leben"), wobei das alliterierende Wortspiel im Deutschen nicht nachzuahmen ist; gegenüber findet sich dann das Gegenstück (Abb. 8), nämlich eine Rose, die den Kopf hängen läßt: *Son absence me tue* („Ihre Abwesenheit tötet mich") – eine Erklärung dafür erübrigt sich.

Abb. 7/8: *Sa v[e]ue me donne la vie – Son absence me tue*

Von wirklich uncharmanter, fast verbitterter Eindeutigkeit wurde Bussy-Rabutin mit den beiden folgenden Wandbildern, gleichfalls im ‚Saal der Devisen' (Abb. 9): Das eine zeigt einen Regenbogen über einem Schloss, das andere den zunehmenden Mond mit ihn umgebenden Sternen. Über dem Bild links steht: *Minus Iris quam mea* – wenn man weiß, dass Bussy-Rabutin die Marquise de Montglat in Liedern als ‚Iris' besungen hat, dann bedeutet

[27] Laut Dumolin 1933, 45 und 46f. sollen sich die sechs Gemälde in den drei Fenstern ursprünglich im ‚Saal der Großen Krieger' befunden haben.

dies etwa: „Der Regenbogen ist weniger Iris-haft, also weniger schillernd und unstet, als die Meine".

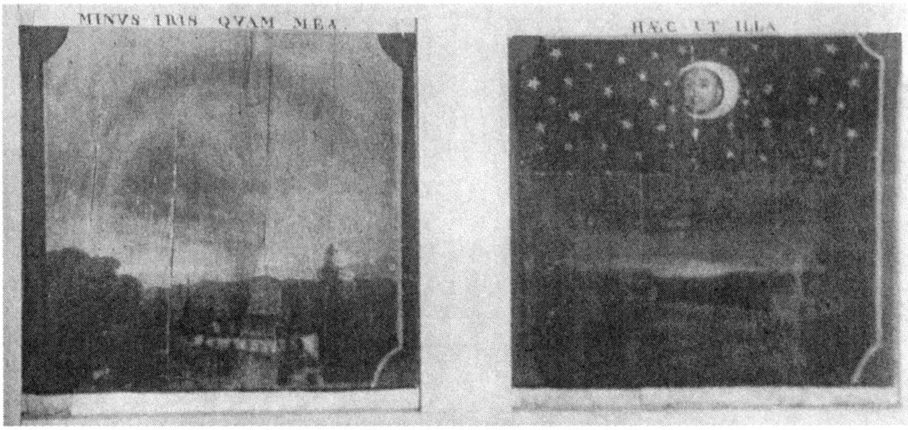

Abb. 9: *Minus Iris quam mea – Haec ut illa*

Abb. 10: Porträt der Marquise de Monglat

Noch direkter ist das Gemälde rechts (Abb. 10): Darüber steht nicht nur: *Haec ut illa* („Die eine ist wie die andere")[28], sondern in den zunehmenden Mond ist ein kleines Porträt eingemalt und zwar ganz eindeutig Bussy-Rabutins ehemalige Geliebte. Auch hier ist ein Kommentar unnötig, die Bilder und Devisen sprechen für sich.

---

[28] Hier ist zu bedenken, dass die Bezeichnung für den Mond im Lateinischen und in den romanischen Sprachen ein Femininum ist (*luna*/*lune*); als eingedeutschtes Fremdwort wurde es dort zu deutsch ‚Laune'.

Abb. 11: *Leves ambo, ambo ingratae*

Abb. 12: *Levior aura – Plus légère que le vent*

Eine Steigerung findet sich im ‚Saal der Großen Krieger', der in der Etage über dem ‚Saal der Devisen' liegt: nebeneinander, unter den Monogrammen M und B[29], sind zwei Bilder: Das linke zeigt die Figur der Fortuna, das rechte eine weibliche Halb-Gestalt, die sich in einer hochgestiegenen Waagschale befindet (Abb. 11/12). Beide Frauengestalten haben dasselbe Gesicht – natürlich das der Marquise de Montglat. Über dem Bild der Marquise-Fortu-

[29] Siehe dazu unten.

na steht: *Leves ambo, ambo ingratae* („Leicht sind beide, und beide sind undankbar“). Über dem anderen ist zu lesen: *Levior aura* („Leichter als Luft“), darunter *Plus légère que le vent* – was dasselbe jetzt auf Französisch meint. D. h.: die Marquise, wenn man sie auf eine bewertende Waage legen würde, würde noch weniger als Luft und Wind wiegen – d. h. sie habe überhaupt keinen Wert. Hier spürt man fast handgreiflich die Enttäuschung und den Zorn eines Mannes, der sich von einer Frau verlassen fühlt, und der zur Linderung seines inneren Drucks seine Wut an die Wand malen ließ.

Abb. 13: Monogramme im *Salle des grands hommes de guerre*

Damit man ja nicht vergisst, um welche Personen es hier immer geht, ist dieser Salon noch mit den Monogrammen B, C, H und M förmlich ausgepflastert (Abb. 13). Natürlich ist damit Bussy-Rabutin selbst (B) sowie wiederum die Marquise gemeint, deren voller Name ja Isabelle-**C**écile **H**uraut de Cheverny, Marquise de **M**onglat lautete.

Im ‚Goldenen Turm‘, dort wo die Porträts der schönen Damen hängen (darunter das der Marquise: Abb. 4), kommen in allen Fenstern noch als Spruchbänder gemalte Sentenzen hinzu. Sie handeln gleichfalls vom Thema

'Liebe', jeweils links im Fenster auf Latein und gegenüber auf Französisch, und auch sie werden einen Bezug zu Bussy-Rabutins Biographie haben, etwa: *Crede mihi res est ingeniosa dare*[30] / *Lacrymae pondus vocis habent* („Glaube mir, es ist eine intelligente Sache, Geschenke zu geben / Tränen haben das Gewicht von Worten"); gegenüber steht jeweils deutlicher: *Qui donne est le maître des coeurs / Les larmes en amour valent bien le paroles* („Wer schenkt, der ist Herr der Herzen / Tränen in der Liebe sind so viel wert wie Worte").

Eine Reise zum Schloß Bussy-Rabutin lohnt sich, und zwar umso mehr, je mehr man unter Liebeskummer leidet.

6. DER FALL DES ROGER BUSSY-RABUTIN

Der Fall Bussy-Rabutin ist, wie schon erwähnt, deswegen so interessant, weil er dasjenige, was in der mittelalterlichen Literatur als Denkmöglichkeit dargestellt worden war, in die Realität überführte: So wie die literarischen Figuren Lancelot und Tristan schuf er sich einen Innenraum bzw. sogar Innenräume, die einerseits der Erinnerung dienen, und zwar der Erinnerung an eine ihm ferne, eine ihm nicht mehr zugängliche, aber zugleich zentral wichtige Welt. Außerdem haben auch diese Räume die Funktion einer Ersatzbefriedigung, auch bei ihm im Zusammenhang mit einer offenbar unstillbaren Leidenschaft zur fernen und unerreichbaren, in seinem Fall ungetreuen Geliebten, und zwar zur Abreaktion seiner lebenslangen Enttäuschung, seines Ärgers, ja seiner Wut über ihr Verhalten. Im übertragenen Sinne kann man auch diese Räume in gewisser Weise der Kategorie der virtuellen Räume zurechnen: eine künstliche Welt, die der Erinnerung an eine bessere Vergangenheit sowie der Abreaktion einer tiefen existentiellen Enttäuschung dienen sollte.

Bussy-Rabutin bekam zwar dreimal zur Erledigung wichtiger Angelegenheiten einen sehr kurzen Urlaub aus seinem Provinz-Exil (1673, 1676, 1679), und am 18. 4. 1682 wurde die Verbannung überhaupt aufgehoben, also nach beinahe sechzehn Jahren; doch er lebte weiterhin auf seinem burgundischen Schloss, denn erst 1690/1691, mit der Zuerkennung einer jährlichen Pension,

---

[30] Diese Einsicht ist immer wieder formuliert worden; vgl. etwa schon Ovid (*Ars amatoria* III 653): *Munera, crede mihi, capiunt hominesque deosque* („Geschenke, glaube mir, wirken sowohl bei Menschen als auch Göttern").

wurde er auch effektiv wieder in Gnaden von Ludwig XIV. aufgenommen. Wenig später (9. 4. 1693) ist er in Autun gestorben.

Einen großen Teil seines Lebens musste Bussy-Rabutin also in der Kunstwelt verbringen, die er sich sicherlich in jahrelanger Arbeit geschaffen hat. Wenn man den Termin seiner ersten Militärcampagne, an der er im Jahr 1638 im Alter von zwanzig Jahren teilgenommen hat, als Beginn seines selbständigen Erwachsenen-Lebens rechnet, dann war Bussy-Rabutin, der 1693 starb, fast die Hälfte dieses Lebens in Exil und königlicher Ungnade. Es gibt Anzeichen dafür, etwa im Ton und Stil seiner Briefe, dass die mit Bildern geschmückten Räume in seinem Schloss in der Bourgogne wenigstens teilweise auch tatsächlich die Funktion erfüllten, die er ihnen zugedacht hatte: nämlich Räume der Erinnerung und der Liebe zu sein, zum Zweck der Psychohygiene.

7. Epilog: Gabriele d'Annunzio

Ein entfernt an Bussy-Rabutin erinnerndes Verhalten zeigte über zweihundertfünfzig Jahre später Gabriele d'Annunzio (1863–1938), berühmt-berüchtigt durch seine Werke, seine vielen Affären und seine spektakulären, wenn auch letztlich wirkungslosen Militär-Abenteuer im und nach dem Ersten Weltkrieg: Er lebte viele Jahre, von 1921 bis zu seinem Tod (1938) in Gardone Riviera am Garda-See wie in einem goldenen Käfig des italienischen Faschismus; auch er baute sich auf seinem Besitz eine Art von persönlichen Erinnerungshöhlen an bessere, vergangene Zeiten, mit Einschluss von militärischen Groß-Souvenirs wie einem Flugzeug und zwei Kriegsschiffen: „Il Vittoriale“[31]. Doch dies ist eine andere Geschichte – Nota bene: *Magna ista vis est memoriae* (Augustinus, *Confessiones* X, VIII, 5/ X, XVII, 1).

[31] Dazu Annamaria Andreoli, Il Vittoriale, Milano 1993, Nachdr. 2002 (deutsch von Francesca Tatò 1996); dort finden sich auch Informationen zu der nahe liegenden Frage, wie d'Annunzio das große Anwesen überhaupt finanzieren konnte.

KOMMENTIERTES LITERATURVERZEICHNIS

1. Texte:

a) Latein:

Augustinus: P. H. Wangnereck S. J. (Hg.), S. Aurelii Augustini Confessionum libri XIII. Torino 1962.

Auctor ad Herennium: Friedrich Marx (Hg.), Incerti auctoris de ratione dicendi ad C. Herennium libri IV. Verbesserter Nachdr. Leipzig 1964 (= Bibliotheca Teubneriana).

The Medieval Craft of Memory. An Anthology of Texts and Pictures, hg. von Mary Carruthers und Jan M. Ziolkowski. University of Pennsylvania Press: Philadelphia 2002 [repräsentative Auswahl mit sehr guten Erläuterungen].

b) Lancelot:

Heinrich Oskar Sommer (Hg.), The Vulgate Version of the Arthurian Romances. 7 Textbde., 1 Registerbd. Washington 1909–1913 [einzige vollständige Edition des gesamten Prosa-Zyklus].

Alexandre Micha (Hg.), Lancelot, roman en prose du XIIIe siècle. 9 Bde. (Textes litteraires français 247, 249, 262, 278, 283, 286, 288, 307, 315) Genève-Paris 1978–1983 [grundlegende neue Edition des Lancelot-Teils des Prosa-Zyklus].

Lancelot-Grail. The Old French Arthurian Vulgate and Post-Vulgate in Translation. Norris J. Lacy, General Editor. 5 Bde. New York-London 1993–1996 [einzige Übersetzung des gesamten Zyklus in eine moderne Sprache; der Lancelot-Teil, übersetzt von Carleton W. Carroll, William W. Kibler, Roberta L. Krueger und Samuel N. Rosenberg, findet sich in vol. 2/3].

Reinhold Kluge (Hg.), Lancelot. 3 Bde. (Deutsche Texte des Mittelalters 42, 47, 63) Berlin 1948, 1963, 1974; Neuhochdeutsche Übersetzung von Hans-Hugo Steinhoff. Frankfurt/M. 1995ff. – Der gesamte Wortbestand ist seit kurzem on-line abrufbar in: MHDBDB („Mittelhochdeutsche Begriffsdatenbank“: siehe unten).

Karl Langosch, in Zusammenarbeit mit Wolf-Dieter Lange, König Artus und seine Tafelrunde. Europäische Dichtung des Mittelalters (Reclams Universalbibliothek 9945) Stuttgart 1980 [Übersetzungen und Nacherzählungen auf Neuhochdeutsch, darunter des mittelhochdeutschen ‚Prosa-Lancelot'].

MHDBDB („Mittelhochdeutsche Begriffsdatenbank“, Universität Salzburg), on-line zugänglich: www.mhdbdb.sbg.ac.at; Auskünfte dazu bei Margarete Springeth, Universität Salzburg (e-mail: margarete.springeth@sbg.ac.at).

c) Tristan:

Thomas, Les Fragments du roman de Tristan, poème du XIIe siècle, édité avec une commentaire par Bartina H.Wind (Textes litteraires français 92) Genève-Paris 1960.

Tistrams saga ok Isondar, mit einer literarhistorischen Einleitung, deutscher Übersetzung und Anmerkungen ... hg. von Eugen Kölbing. Hildesheim 1878, Nachdr. Hildesheim-New York 1978.

Danielle Buschinger und Wolfgang Spiewok, Tristan und Isolde im europäischen Mittelalter. Ausgewählte Texte in Übersetzung und Nacherzählung (Reclams Universal-Bibliothek 8702) Stuttgart 1991.

2. Abhandlungen:

a) Grundsätzliches und zum Mittelalter:

Carol Dover (Hg.), A Companion to the ‚Lancelot-Grail-Cycle' (Arthurian Studies 54) Cambridge 2003.

Sylvia Harris, The cave of Lovers in the ‚Tristramsaga' and related Tristan Romances. In: Romania 98 (1977) 306–330, 460–500 [zur ersten Höhle des Paares].

Sabine Heimann-Seelbach, Ars und scientia. Genese, Überlieferung und Funktionen der mnemotechnischen Traktatliteratur im 15. Jahrhundert. Mit Edition und Untersuchung dreier deutscher Traktate und ihrer lateinischen Vorlagen (Frühe Neuzeit 58) Tübingen 2000 [grundlegend; mit umfangreicher Bibliographie].

Ulrich Müller und Margarete Springeth, Rosen oder Salat, Ziergarten oder Nutzgarten? „Tristan und Isolde im Wald von Morois" von Ingomar von Kieseritzky und Karin Bellingkrodt (1987). In: Blumen und andere Gewächse des Bösen in der Literatur. Festschrift für Wolfram Krömer zum 65. Geburtstag, gesammelt von Ursula Mathis-Moser, Birgit Mertz-Baumgartner, Gerhild Fuchs und Doris Eibl. Frankfurt am Main u. a. 2000, 313–327.

Ulrich Müller, Godefroiz de Leigni – Chretien de Troyes – Lancelot, le Chevalier de la Charette: Ein Autor im Gespräch mit seinem Publikum? In: Susanne Beckmann u. a. (Hg.): Sprachspiel und Bedeutung. Festschrift für Franz Hundsnurscher zum 65. Geburtstag. Tübingen 2000, 451–470.

Ulrich Müller, Guenievre/Ginover, eine „femme fatale" des Mittelalters? – Lancelot: „First Knight" und Liebhaber der Königin. Beides in: Ulrich Müller und Werner Wunderlich (Hg.), Verführer, Schurken, Magier (Mittelalter-Mythen 3) St. Gallen 2001, 343–362 und 547–554.

Lucy Polak, The Two Caves of Love in the ‚Tristan' by Thomas. In: Journal of the Warburg and Courtauld Institutes 33 (1970) 52–69.

Ernst Pöppel, Hirnforschung – eine neue Leitwissenschaft an der Schwelle zum dritten Jahrtausend? Ein Gastvortrag in der Rückschau von Wolfgang Schopf. In: Jahrbuch der Oswald von Wolkenstein-Gesellschaft 13 (2001/2002) 139–146.

Uwe Ruberg, ‚Lancelot' (‚Lancelot-Gral-Prosaroman'). In: Die deutsche Literatur des Mittelalters. Verfasserlexikon V 1/2. Berlin ^{2}1984, 530–546.

Siegfried J. Schmidt (Hg.), Gedächtnis. Probleme und Perspektiven der interdisziplinären Gedächtnisforschung (Suhrkamp Taschenbuch Wissenschaft 900) Frankfurt am Main 1991 u. a.

Peter K. Stein, Tristan-Studien, hg. von Ingrid Bennewitz unter Mitarbeit von Beatrix Koll und Ruth Weichselbaumer. Stuttgart 2001 [Habil.-Schrift, Salzburg 1983; aus dem Nachlass des Autors bearbeitet und herausgegeben].

Francis (Amelia) Yates, The Art of Memory. London 1966 (deutsch: Gedächtnis und Erinnern. Mnemonik von Aristoteles bis Shakespeare. Weinheim 1990 u. a.).

b) Bussy-Rabutin

Texte:

Bussy-Rabutin: Les lettres de Messire Roger de Rabutin, comte de Bussy. Nouvelle edition avec les Reponses. 2 Bde. Paris: Chez Florentin et Pierre Delaulne, 1697 [ein Exemplar dieser seltenen Ausgabe besitzt die Universitätsbibliothek Salzburg].

Bussy-Rabutin, Mémoires: Ludovic Lalanne (Hg.), Mémoires de Roger de Rabutin, comte de Bussy. Nouvelle édition, suivie de L'histoire amoureuse des Gaules, 2 Bde. Paris 1857.

Bussy-Rabutin, Dits et inédits. 1. Oeuvres choisies (hg. von D.-H. Vincent), 2. Chansons (hg. von V. Maigne) 1993.

Bussy-Rabutin, Histoire amoureuse de Gaules: Roger Duchêne, avec la collaboration de Jacqueline Duchêne, Bussy-Rabutin, Histoire amoureuse des Gaule (folio classique) Paris 1993 [mit einem ausführlichen „Dossier“: Informationen zur Biographie, zusätzliche Texte sowie bibliographische Angaben].

Abhandlungen:

Jacqueline Duchêne, Bussy-Rabutin. Paris 1992 [mit Bibliographie zu den Schriften von Bussy-Rabutin und zur Forschung].

Maurice Dumolin, Le Château de Bussy-Rabutin (Petites monographies de grandes édifices de la France) Paris 1933 [sehr genaue Beschreibung des Schlosses, mit allen notwendigen Einzelheiten zu den Gemälden und Wandmalereien; daher in diesem Zusammenhang unverzichtbar].

Emile Magnien, Cousin – Cousine en Bourgogne. Bussy-Rabutin et Marie de Sévigné. Bourgen-Bresse 1993.

F. A. Mertens, Bussy-Rabutin, Mémorialiste et épistolier. Louvain-la-Neuve 1984.

Jean Orieux, Bussy-Rabutin. Le libertin galant homme (1618–1693). Paris 1958.

Anschriften der Autorinnen und Autoren

Diesenberger Maximilian, Institut für Mittelalterforschung der Österreichische Akademie der Wissenschaften, Prinz-Eugen-Straße 8, 1040 Wien, Österreich

Eberlein Johann Konrad, Karl Franzens-Universität, Institut für Kunstgeschichte, Universitätsplatz 5, 8010 Graz, Österreich

Englisch Brigitte, Universität Paderborn, Fachbereich 1 – Geschichte, Warburger Straße 100, 33098 Paderborn, Deutschland

Ernst Ulrich, Bergische Universität, Fachbereich A, Geistes- und Kulturwissenschaften, Allgemeine Literaturwissenschaft, Germanistik, Gaußstraße 20, 42119 Wuppertal, Deutschland

Friede Susanne, Seminar für Romanische Philologie, Humboldtallee 19, 37073 Göttingen, Deutschland

Hofmeister Wernfried, Karl Franzens-Universität Graz, Institut für Germanistik, Universitätsplatz 3, 8010 Graz, Österreich

Knoch Wendelin, Am Kistner 5, 45527 Hattingen, Deutschland

Lichtblau Karin, Universität Wien, Institut für Germanistik, Dr. Karl Lueger-Ring 1, 1010 Wien, Österreich

Müller Ulrich, Universität Salzburg, Institut für Germanistik, Akademiestraße 20, 5020 Salzburg, Österreich

Vavra Elisabeth, Institut für Realienkunde des Mittelalters und der frühen Neuzeit der Österreichischen Akademie der Wissenschaften, Körnermarkt 13, 3500 Krems, Österreich

Wittstock Antje, Murtener Straße 25, 12205 Berlin, Deutschland